智慧水务

典型案例集

（2022）

刘新锋◎等 编

中国建筑工业出版社

图书在版编目（CIP）数据

智慧水务典型案例集. 2022 / 刘新锋等编. —北京：中国建筑工业出版社，2023.12
ISBN 978-7-112-29342-1

Ⅰ. ①智… Ⅱ. ①刘… Ⅲ. ①城市用水－水资源管理－案例－中国 Ⅳ. ①TU991.31

中国国家版本馆CIP数据核字（2023）第226173号

责任编辑：于 莉 杜 洁
文字编辑：李鹏达
责任校对：张 颖
校对整理：董 楠

智慧水务典型案例集（2022）
刘新锋 等 编
*
中国建筑工业出版社出版、发行（北京海淀三里河路9号）
各地新华书店、建筑书店经销
北京科地亚盟排版公司制版
临西县阅读时光印刷有限公司印刷
*
开本：787毫米×1092毫米 1/16 印张：21 字数：442千字
2023年12月第一版 2023年12月第一次印刷
定价：**190.00**元
ISBN 978-7-112-29342-1
（42112）

编 委 会

主　　编：刘新锋

副 主 编：黄海群

参编人员：田永英　任海静　黄海伟　石春力　赵尤阳
于　栋　倪晓棠　蒋梦然　刘红杰　尚海源
彭　康　黄　冲　纪昕雨　周　驰　张孝洪
高旭辉　肖　磊　周　强　余　翔　董玉帅
林　立　牛豫海　李　波　曾红专　蔡　然
曾　亚　王春虎　陈宏景　李向东　刘继扬
李陆泗

前　言

水是城市发展资源的核心要素，是城市建设和发展的根本支撑。城镇给水排水是保障人民群众身体健康、稳定社会秩序的重要城市生命线工程。住房城乡建设领域高度重视城市生命线的安全建设与运营管理，鼓励使用互联网、大数据、云计算、人工智能等新一代信息技术手段支撑城市治理工作，加强对供水、排水等城市生命线的实时监测，提高城市安全保障能力，支撑城市高质量发展。

当前，在“双碳”“绿色”以及“数字经济”发展目标的指引下，城镇供水排水行业已经进入“创新驱动发展”的变革期。物联网、互联网、5G、GIS、大数据、云计算、AI等新技术与传统水务行业深度融合，成为传统水务行业升级加速的驱动力，推动水务企业在规划、建设、运营和管理等方面进行创新。水务企业利用数字化平台和智能化系统辅助运营管理，有效降低运营成本，提高资源利用效率，为用户提供更精准、更高效的服务，实现良好的经济效益和社会效益。

国内很多城市，如北京、上海、苏州、常州、福州、深圳等，都开展了大量的智慧水务建设工作，积累了很多经验，为城市的供水安全保障、水体污染治理、绿色低碳发展、服务品质提升提供了强大助力。为了能够全面了解我国智慧水务技术发展水平、掌握各地智慧水务建设运营模式和先进经验。自2021年开始，住房和城乡建设部科技与产业化发展中心组织开展智慧水务建设典型案例征集和遴选工作，并得到了全国各地供排水企业、设计单位、运维单位等的积极响应。2022年，我们共征集案例134项，经过院士和行业权威专家评审，遴选出典型案例18项，其中包括饮用水安全保障类9项，排水防涝与水环境综合治理类4项，供排水一体化管理类5项。

本书将入选的18项典型案例集结成册。每个案例从智慧水务平台建设的背景、问题与需求分析、建设目标和设计原则、技术路线和总体设计方案、项目特色、建设内容、应用场景和运行实例、建设成效和项目经验总结9大方面进行阐述。同时，编写组在案例编制过程中，进一步聚焦智慧化技术手段在工程项目实施过程中的实际成效，注重提炼智慧水务建设中使用的软硬件技术。希望通过本书的出版发行，能够为智慧水务的技术创新和工程推广提供助力，为企业运营模式创新提供借鉴。

由于编者水平有限，书中不免有错误或遗漏，恳请读者不吝指正。我们将会在今后的工作中不断修改与完善。

住房和城乡建设部科技与产业化发展中心

2023年11月6日

目录

供水篇

— 排水篇 —

— 供排一体篇 —

供水篇

智慧水务在城市供水领域的应用场景，覆盖了“从源头到龙头”供水全过程，包括多水源调度、水厂运行管理、管网漏损控制、二次供水设施监管、智慧客服等。先进的信息化技术，如实时感知、大数据分析、预警与辅助决策等，与供水企业业务的运营和管理深度融合，成为水务系统科学化和精细化管理的重要辅助手段。水务企业利用数字化平台和智能化系统进行运营管理，降低运营成本，提高资源利用效率，为用户提供更精准、更高效的服务，实现良好的经济效益和社会效益。

第一章 | 水源智慧调度与安全管理

1 长沙引水工程水锤监测与智慧调控系统

项目位置：湖南省长沙市

服务人口数量：200万人

竣工时间：2022年6月

1.1 项目基本情况

1.1.1 项目主体业务领域

长沙引水工程项目主要包括输水管线建设及配套关键防护设备等内容。

1.1.2 覆盖范围

长沙引水工程管线全长106.9km，为重力流多分水口输水工程，始末端水位高差约100m，隧洞段约为46km，隧洞直径3m，工程横跨4区2县（市）23个乡（镇）。项目于2010年8月正式供水，目前承担向永安联合水厂、廖家祠堂水厂、新河水厂、秀峰水厂等水厂输送原水的任务，重点服务于浏阳、星沙和长沙主城区等区域，日输送原水65万m^3，服务人口约200万人。

1.1.3 主要功能

水锤监测与智慧调控系统具有设备健康监测，水锤风险、漏失爆管的识别与告警，在线瞬态水力模型分析和智慧调控，管道余压发电等功能。

1.2　问题与需求分析

1.2.1　问题分析

1）输水管线部分节点安装常规的自动化监控系统，只能在稳态工况下对管线的压力及流量等参数进行监测，无法感知调度过程的水锤风险。同时，各监测站点独立运行，站点间信息化、自动化系统不交互，缺乏数据共享和深度挖掘，无法达到智能调度的目的。

2）分水口调度采用传统的人工调度模式，当分水口流量需求变更时，主要依靠调度人员个人经验进行阀门开度调节，调度时间长、精度差，且调度过程中产生的压力波动较大，无法实现整个输水工程的安全、高效、精确调度。

3）莲花寨计量调度站双主管新增的2台并联发电机组甩负荷时，需切换至*DN*2000双主管供水，操作不当会引起过高的水锤增压，进而导致下游水流断流出现负压，影响水厂制水和供水安全。

4）输水管线距离长，其中65%的管线分布在山区，35%管线分布在市区，沿途穿山越岭，地形条件复杂，管线设备巡检难度大、效率低，巡检人员无法直观地判断阀门健康状况及运行性能。

1.2.2　需求分析

长沙引水工程信息化和智慧化水平低，不能有效辅助管理人员日常监测、调度和运维管理，存在发现问题、处理问题不及时，巡检和调度人员工作强度大等问题。上述问题是长沙引水工程需求的具体体现，对工程的安全与高效运行提出了挑战。具体需求如下：

1. 水锤事件的感知

对于重力流有压输水工程，取水口水位、沿线分水口流量的需求变化会引起阀门的调节，导致复杂的水力瞬变，引起调水系统流量、管道压力等水情状态的剧烈变化。需要增加全面的参数测量手段，获取水锤发生的时间、地点，分析水锤的发生规律；同时需要减少多个监测站点间系统误差，增加数据的一致性，对运行工况进行系统的分析判断，实现量化管理。

2. 引水工程多分水口水量智慧调控

系统依靠调度人员人工发出的指令来实现水量调度，浪费了大量人力、物力、财力。工程现阶段调度手段与“无人值班、少人值守”的调度目标之间存在较大距离，迫切需要提高引水工程的智慧调控水平。而透彻感知和精准预测是引水工程生成未来调度方案或实时控制指令的基础。

3. 关键设备健康状态管理

水锤防护设备的防护效能对于工程运维人员来说是一个“黑盒子”，其安全检查主要依靠人工巡检，但是人工巡检具有专业判断限制性，很难及时了解水锤设备防护效果以及机械效能的退化情况，难以及时发现事故隐患，因此需要对复杂输水系统的关键设备健康状态进行监测、预测和管理。

4. 余压利用

由于引水工程始末端自然落差大，需要沿途设置调流调压阀降低输水管道运行压力，减压过程中由于压降的存在会产生一定的能量，若不进行能量收集利用，会造成较大能源闲置，能源再利用空间大。因此需要在降低输水管道水压的同时将输水管道的压力能转化利用，既能减轻输水管道承受的压力，又能实现能源有效利用。

1.3 建设目标和设计原则

1.3.1 建设目标

根据上述需求，建立水锤监测与智慧调控系统，主要建设目标如下：

1. 关键设备监控及瞬态过程感知

借助无线网络、物联网、云计算等新一代信息技术，实时监控管路流量、稳态和瞬态压力、设备健康状态等参数，建成统一监控平台，实现24h动态监控供水安全，消除系统监控盲区。同时采用“平台标准化、接口服务化、数据规范化、功能组件化”消除“信息孤岛”，实现信息互联互通。

2. 数字赋能

通过模型和算法，提供生产分析和调度决策支持。建立水锤识别算法，实现供水系统的水锤监测、事件识别、爆管预警。通过算法分析对需水量进行预测，制定控制策略和建议，破除经验的局限性，提高决策的科学性。

3. 安全、高效、实时调度

保障引水工程的输水安全性，调水的高效率，管线系统正常供水。要从根本上解决调度和管理的难题，节约企业运营成本，降低次生灾害发生的概率，减少因供水中断导致的公共事件，提升引水工程数字化、智能化水平。

4. 运维和管理优化

通过监控系统的可视化和调度过程的智慧化改造，有效增强对长沙引水工程的宏观把控力及微观控制力，加强工程管理业务过程标准化、流程化，并逐步实现自动化及智能化，使运维和管理工作的效率和效能获得全面提高。

5. 水循环系统微水力新能源的利用

建设管道余压发电装置，利用引水工程富余压力能进行发电，不仅能提高水资源利用效率，还能优化能源结构，解决环境污染问题，对促进资源节约型、环境友好型社会建设起到积极的推动作用。

1.3.2　设计原则

1. 兼顾实用性与先进性原则

项目设计时要综合考虑工程应用的适用性和运维人员的可操作性，有效指导生产计划，确保水厂安全、有序供水。通过全面感知工程和智慧调度系统的建设，实现对多分水口的安全、高效调度。

2. 安全第一、经济合理原则

在满足4座水厂供水量需求的前提下，应确保发电机组的运行对输水管线全线的安全不会造成影响，最大限度地降低源水水量调度的波动幅度，使工程安全稳定运行，满足设计要求，同时提高供水安全度，避免管道爆管、设备损坏，保障城镇的正常生产、生活及公共安全。

3. 一体化、平台化原则

将引水工程现有信息系统及新增监测和调控系统进行统一规划，并在统一的平台上实现一体化设计，基于云计算、大数据、分布式服务、分布式数据库、分布式缓存等技术，实现分布式处理、统一管理、弹性扩展、快速联网接入等功能。

1.4　技术路线与总体设计方案

1.4.1　技术路线

长沙引水工程水锤监测与智慧调控系统的技术路线如图1-1所示，该系统以稳态和瞬态压力管理为核心，以保障水压、水量和运行调度安全为目标。其底层水力组件为阀门、管道、管道余压发电机组等。系统基于稳态和瞬态水力模型及水力监测相关参数，形成数据中心，其主要包括模型库、策略库、案例库等，用于支撑引调水工程的常规水锤分布式防护和瞬态过程智能调度，通过计算和实测数据来验证系统防护效果并评估智能调控方案，将不符合要求的优化建议向下反馈，形成闭环，实现供水调度目标和调度安全。

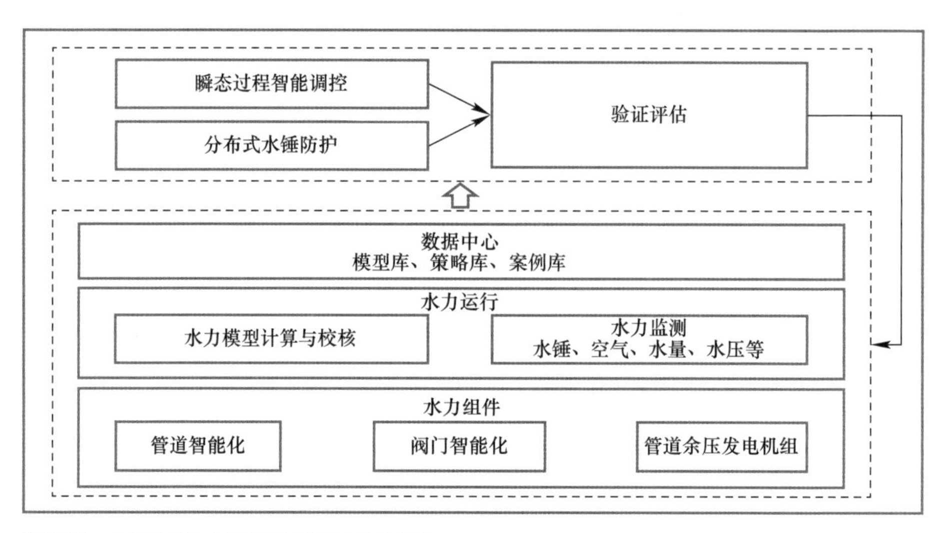

图1-1 水锤监测与智慧调控系统技术路线图

1.4.2 总体设计方案

水锤监测与智慧调控系统采用系统工程方法，集成了水锤防护设备、水力模型、管道水锤与设备健康状态监测以及智慧调控等，形成了具有系统完整性、连接兼容性、功能协同性的智慧水务安全监测与调控系统，使工程安全防护由常规的独立硬件防护，转变为软、硬件结合，同时具备监测、分析、诊断以及预警的多重安全保障的引水工程安全防护支撑系统。水锤监测与智能调控系统功能架构如图1–2所示。

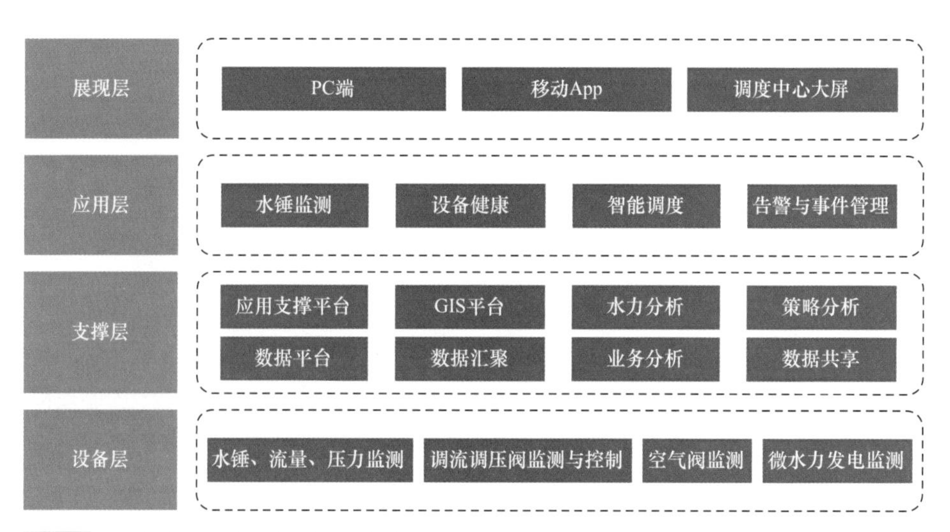

图1-2 水锤监测与智慧调控系统功能架构

1. 设备层

设备层主要包括数据感知部分和执行控制部分，数据感知部分用于满足应用层的需求，提供现场数据的采集功能，主要包括对管线上配置的水锤与水力运行参数、空气阀与调流调压阀等水力组件的健康状态以及微水力发电设备运行等数据进行采集。执行控制部分，以控制单元为对象，接收并执行由智能调度模块制定并确定的控制指令以及本地自动控制策略等，本项目主要有分水口对水量、水压目标调度的调流调压阀执行单元。

2. 支撑层

支撑层主要是基于GIS平台和分析引擎为应用层提供数据支撑，包括对采集数据的汇聚、清理以及业务分析和数据共享等数据平台功能，满足应用层的水力分析与智能调度控制策略分析引擎，并提供应用层功能管理支撑平台。

3. 应用层

应用层是本项目的核心业务功能模块。水锤与设备状态的监测与分析，是智能调度提供了基础。基于水力模型分析，确认调度需求，制定调度方案和调度策略，实现供水调度目标，降低系统运行能耗，对调度过程风险及时告警和辅助决策。

4. 展示层

为了满足用户监控和调度指挥需求，支持PC端、移动App，以及调度指挥中心大屏，使用户不仅可以在办公电脑进行查看，也可以在户外使用手机进行查看或操作。

1.5　项目特色

1.5.1　典型性

长距离引调水工程是优化水资源配置战略格局和提高水利保障能力的重要方式，也是未来我国供水工程建设和发展的重要方向。该项目典型性如下：

1）人工调度向智能调度转变解决大型引调水工程的智慧调控关键工程技术难题，能够提高引调水工程的自动化水平，降低调度人员劳动强度，助力实现“无人值班、少人值守”的智慧调水目标，对国内同类工程的安全运行具有很好的借鉴意义和推广价值。

2）改变传统输水系统安全防护理念，建设安全监测与评估系统，从被动式维护向主动式预测防护转变，通过算法分析，对于某些设备出现运行异常趋势、管段出现结垢变薄趋势等问题，提前预测、告警和维护。

3）建设余压发电机组替代减压耗能设备，对合理有效利用资源，维持经济社会可持续发展，构建节约型社会将会起到重大作用，为今后开发利用、增加经济效益和发展清洁可再生能源提供新思路。

1.5.2 创新性

在引调水工程的运行调度方面，已有学术研究主要针对历史过程或设定情景展开，无法满足实时精准决策需求。本项目在水锤监测与智慧调控系统平台中嵌入瞬态水力模型，基于在线监测系统，迭代实时监测压力、流量、阀门开度等数据实现在线瞬态仿真，解决离线水力模型固有数据滞后无法实时为供水管线提供运行状态，以及离线模型分析对调度人员专业技术要求高、适用性不强的问题。

采用在线瞬态水力模型分析和智能控制算法，对调度方案和调度策略进行科学合理的制定，并对调度效果进行评估，构建策略库，提升智慧调控的效率。同时，解决长距离输水管线分水口调度时间长、调度不精准以及调度过程中产生过高水锤增压等问题，实现大型调水工程的智慧调控。

大型引水工程“余压发电”装置完成了从构想到落地的全过程，为“余压发电”技术在供水行业内的推广应用积累了工程经验。

1.5.3 技术亮点

1. 建立“城市血管”安全监测与评估系统

本项目在反映输水管线水力变化的关键节点进行水锤与空气阀状态监测、调流调压阀状态监测及余压发电机组状态监测，形成一套完善的、系统的监测手段，对长距离输水管线工程中的瞬变现象进行实时监测，同时关联目前长沙引水工程已有的监测点，如常规压力、流量、水位等水力参数，进行系统性的水力分析、安全评估、预警预报，防患于未然。

2. 实现供水系统调度运行的“智能驾驶”

本系统能够根据明确的调度需求，运用经实时监测数据校核的在线水力学模型，结合智能策略算法自动生成调度方案和控制策略，通过模型安全验证，满足水量、水压安全调度目标，保障瞬态过程精细化调控过程安全。

管网水力模型和策略算法是“智能驾驶”的“大脑”，本项目突破了离线瞬态水力模型分析的时效性差和调度人员操作困难的技术瓶颈，迭代实时监测压力、流量、阀门开度等数据进行校核及计算。根据调度目标通过水力模型对系统生成的控制策略进行瞬态仿真，水量目标和安全风险在范围之内，形成可执行的控制策略指令，为“手”的调度执行提供决策，并通过水锤监测的“眼”，实时帮助管理者监测和预防管网水锤事故的发生，系统实现了准确、高效、智能化的管线调度。

3. 管道余压发电

管道余压发电不同于常规水力发电，在保障供水水量和水压目标的情况下，综合供水系统运行规律，应用水力模型分析，指导发电机组选型、设计和安全控制策略制定。同时也是一种新型分布式高效清洁能源，创新了水循环系统碳中和的模式。

1.6 建设内容

建设内容主要包括：（1）新增2台单机功率为1000kW的发电机组；（2）在输水管线沿线水力起伏关键节点设置33套水锤监测及空气阀监测仪器，搭建在线监测系统，覆盖输水管线全线；（3）针对主管调流调压阀设置6套调流调压阀健康状态监测仪器，新增2套余压发电机组运行状态监测仪器，搭建设备健康诊断系统；（4）根据输水系统管线和设备边界条件及性能，建立在线瞬态水力模型，基于在线监测系统、设备健康管理系统及在线瞬态水力模型，建设一套水锤监测与智慧调控系统。通过一张图的全管网系统展示，可视化的监测、预警和智慧化设备调控策略，实现分水口水量调度平衡及瞬态压力可控，达到提高系统输水效率、降低爆管风险和漏损控制的目的，满足日常调度及紧急调度操作需要。

1.7 应用场景和运行实例

1.7.1 水锤与空气阀监测

1. 水锤监测

在长沙引水工程管线中关键节点安装水锤监测仪器。水锤监测模块能够对瞬变流过程引起的压力波动进行实时监测分析，如图1-3和图1-4所示，辅助运维管理人员掌握水锤风险产生的过程，从而科学地开展管线维护与安全防护。

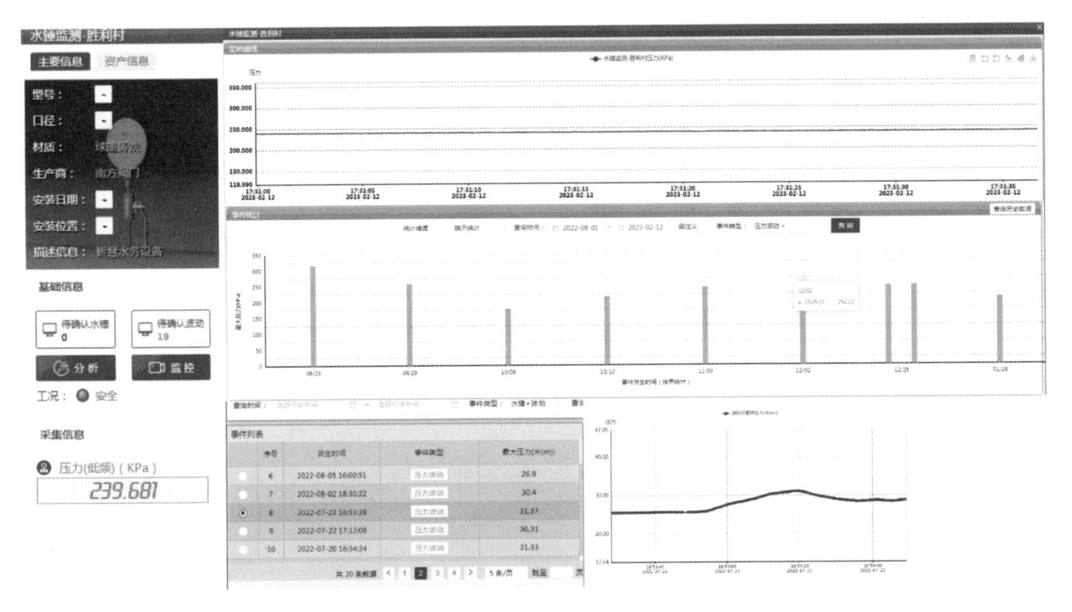

图1-3 基于GIS的监测点及水锤监测信息展示

图1-4 水锤监测安装现场图片

2. 空气阀监测

空气阀监测不仅可以监测空气阀本身工作状态，也可实时监测管线中压力波动，系统分析评估水锤风险和设备健康度，并在平台界面上进行告警，方便更多用户及时查看和追踪告警信息，及时进行维修，保障安全运行，监测界面如图1–5和图1–6所示。

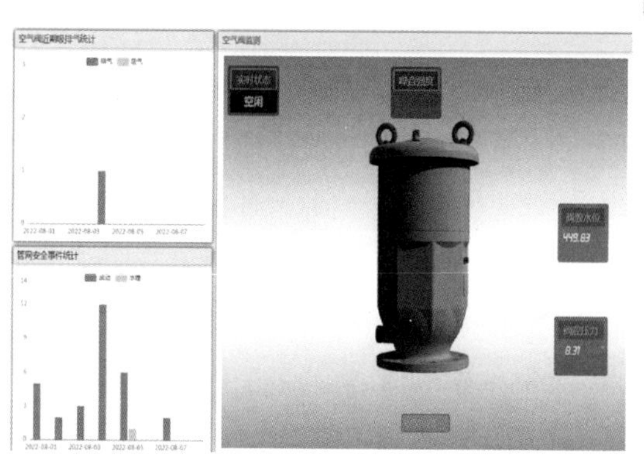

空气阀状态监测　管网安全监测

查询时间：2022-06-01 16:03:50 ~ 2022-06-30 16:03:58　事件类型：微量排气

空气阀状态列表

序号	发生时间	类型
1	2022-06-20 17:23:58	微量排气
2	2022-06-20 14:15:51	微量排气
3	2022-06-20 14:15:04	微量排气
4	2022-06-20 14:11:00	微量排气
5	2022-06-20 14:10:42	微量排气
6	2022-06-20 14:10:23	微量排气
7	2022-06-20 14:09:50	微量排气
8	2022-06-20 14:08:58	微量排气
9	2022-06-20 14:08:26	微量排气
10	2022-06-20 14:07:47	微量排气

图1-5　空气阀监测运行状态分析

1.7.2　爆管漏失监测

基于水锤监测并关联流量数据，采用压力－流量模型分析，定位爆管发生的位置，同时在系统平台发布响应告警信息，支撑维修人员快速响应，进行事故处置抢修。爆管泄水告警事件分析如图1-7所示，2022年8月2日，浏阳河管桥压力降为0m，根据模型分析，判断该事件疑似爆管漏损事件，管理人员根据报警信息，确认该管段正在进行检修泄水作业而非爆管，解除报警。

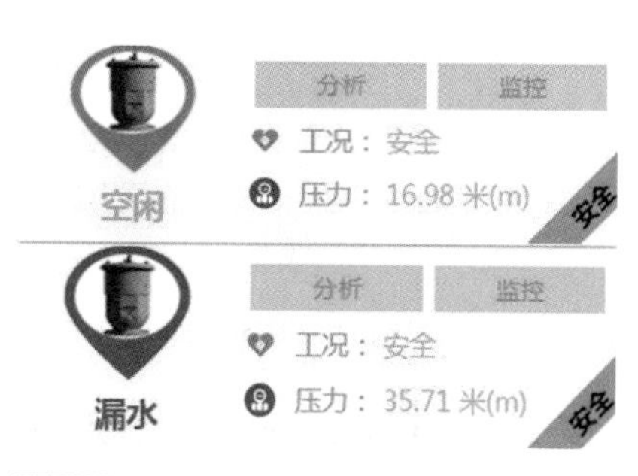

图1-6　空气阀故障状态告警

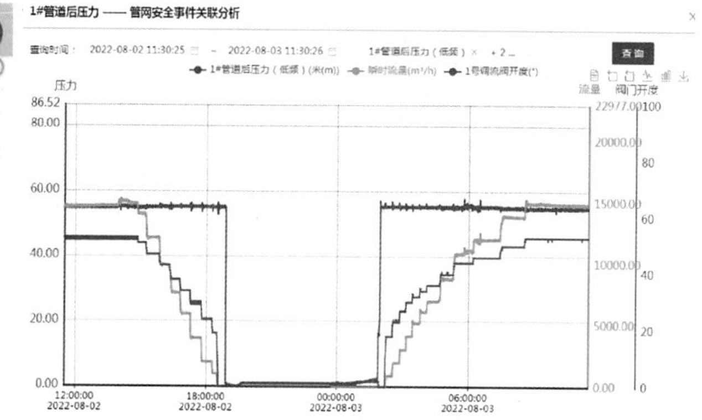

图1-7　爆管泄水告警事件分析

1.7.3 调流调压阀健康状态监测

根据调流调压阀运行特征，采集流量计、压力传感器、振动传感器以及噪声传感器等数据参数，监测调流调压阀的动作变化和管线系统内的流体状态参数，如图1-8和图1-9所示。通过数据分析手段对在线监测的各类数据进行统计分析，并与设计参数、历史数据进行比对，判断调流调压阀的健康状态。

图1-8 调流调压阀监测现场照片

图1-9 调流调压阀现场监测及控制检查

1.7.4 在线瞬态过程智慧调控

基于水力模型的机理分析，叠加水力组件特性曲线的水力模型对输水管线进行瞬态、稳态的机理分析，捕捉实际工况下管网和水力组件的性能，不断修正其特性和边界条件，形成更接近真实场景的工况参数和水力模型。通过稳态水力模型校核调度需求的可行性以及设备的调整参数，以满足调度水量的目标。调度过程中采用在线瞬态水力模型分析和智能控制算法，科学合理地制定调度方案及策略，并对调度效果进行评估，构建策略库，提升智慧调控的效率，瞬态过程智慧调控流程如图1-10所示，长沙引水工程管线调度示意图如图1-11所示。

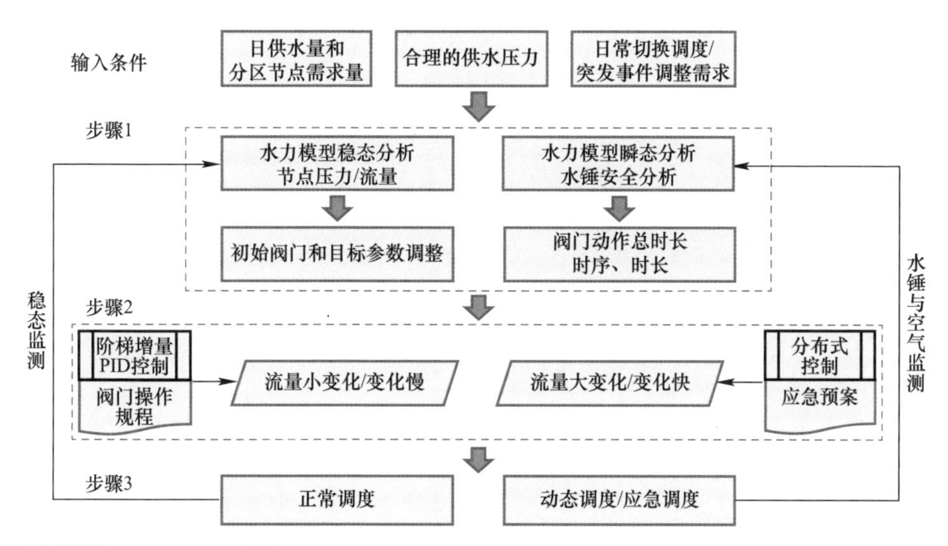

图1-10　瞬态过程智慧调控流程

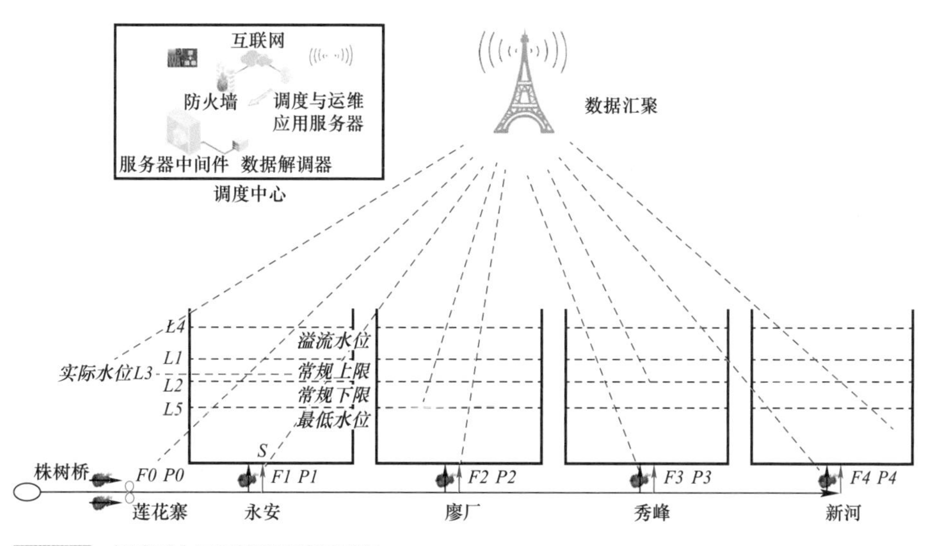

图1-11　长沙引水工程管线调度示意图

1）基于各分水口流量调度需求，通过稳态水力模型仿真计算得出调度策略，各分水口的调流调压阀的控制顺序与时长，优先通过控制策略库进行适配形成控制策略，驱动在线瞬态水力分析计算流程，如图1-12所示。

2）通过对比多种调度策略计算结果，从中选出最优调度策略，系统可直接或通过调度员确认后下发控制指令至调度终端进行调控，如图1-13所示。

3）调度控制过程中，系统通过对压力、流量、阀门开度等的在线监测反馈与瞬态分析结果进行对比，评估调度策略的安全性和准确性，并将符合要求的控制策略更新至策略库。

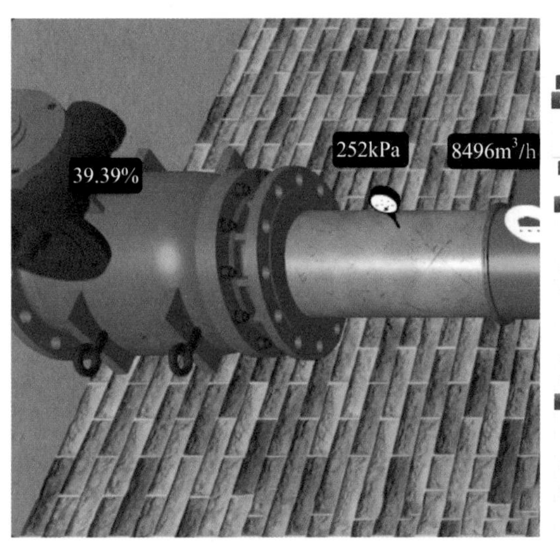

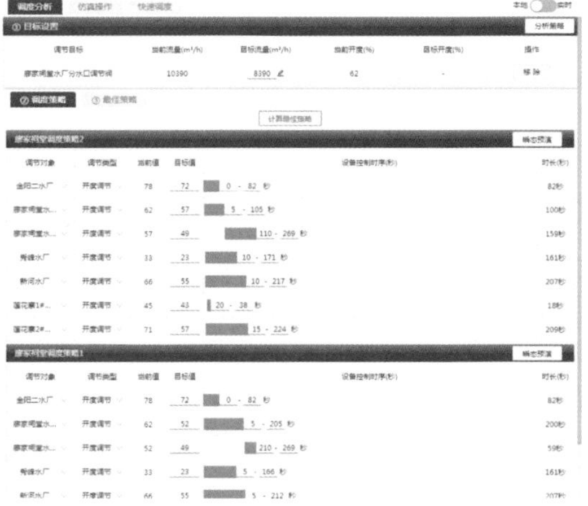

图1-12 瞬态过程调度策略及在线瞬态水力分析

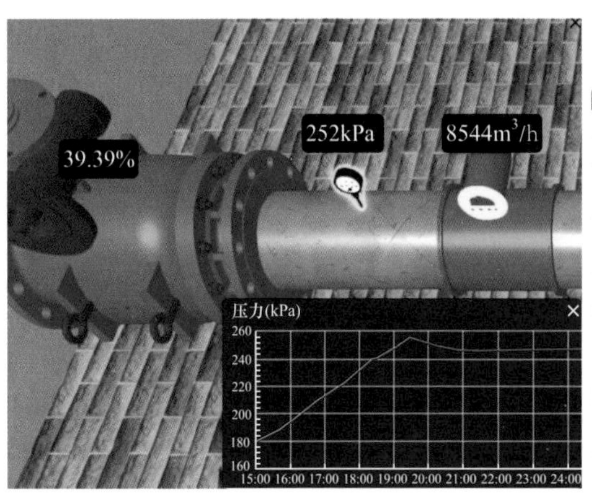

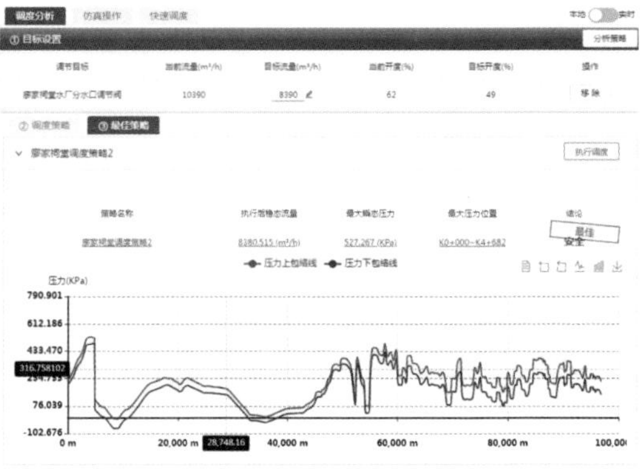

图1-13 调度策略瞬态分析结果评估

1.7.5　管道余压发电

莲花寨计量调度站的2台湿式全贯流发电机组，每台发电功率为1000kW。管道余压发电能够将管道压力能转换为电能，同时对管道有一定的减压作用，因此在满足管线水量水压的情况下，应尽量保持最高效率进行发电，通过发电功率与减压比的关系曲线来分析调节发电机转轮速度；在紧急工况下，根据瞬态水力模型分析的安全控制策略，可以通过发电机旁通管甩负荷等措施避免水锤风险，如图1-14所示。

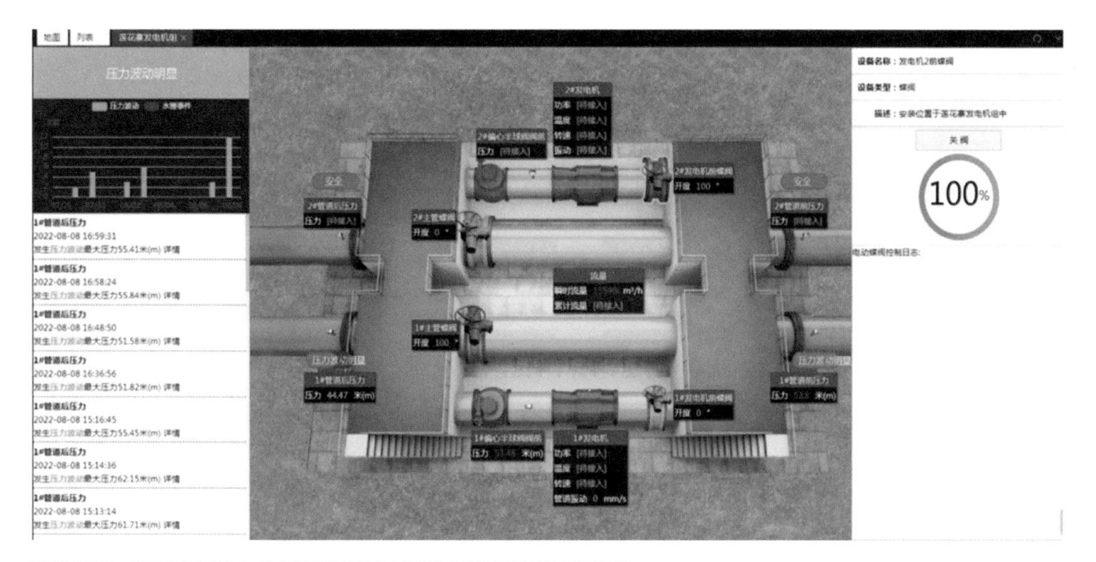

图1-14　管道余压发电机组日常运行控制和水锤风险的系统监测

1.8　建设成效

1.8.1　投资情况

长沙引水工程水锤监测与智慧调控系统共计投入资金约1460万元，建设内容主要包括余压发电装置、水锤监测设备、空气阀监测设备、调流调压阀和余压发电机组健康状态监测设备、稳态及瞬态水力模型、智慧调控系统等。

1.8.2　经济效益

水锤监测与智慧调控系统可以提高长沙引水工程输水效率。分水口各水厂需水量变更时，在线瞬态水力模型能够对整个输水系统进行分析计算，优化调度策略，改变原来人工调度模式下调试几天都无法达到目标流量及压力的现状，缩短调度时长，在1h内精准、快速、安全地响应重力流分水口水厂的需水量调度，增加水厂制水量，缓解高峰期供水压力，每年提升生产总值200万元。年余压发电1400万kWh，直接经济效益约460万元，减少碳排放约1万t。采用安全、合理的调度策略降低调度过程产生的压力波动，减少维修费用，项目实施后，每年减少维修费用约100万元。水锤监测、空气阀监测、关键调度设备调流调压阀健康状态监测实现对长沙引水工程24h实时连续监控，每年减少人工巡检费用约80万元，降低运营成本。

1.8.3 环境效益

通过水锤监测预警及智能瞬态调度降低水锤风险，减少爆管、漏水等事故，降低爆漏泄水导致地面塌陷及对周围环境的冲刷，保障供水工程的安全和高效运行，同时提高重点区域水资源水环境承载能力，保护工程周边的生态环境。

余压发电不消耗任何燃料及物料，减少碳排放，是解决可持续发展中合理利用资源和防治污染这两个核心问题的有效途径，既可以保障水资源的高效、合理利用，又可以解决环境污染问题，对促进我国经济“高消耗、高排放、低效率”的粗放发展方式转变具有十分突出的优势，为实现“碳中和”贡献力量。

1.8.4 管理效益

通过水锤监测与设备健康状态监测，解决人工巡检效率低的问题，同时缩短了查找管网及设备隐患的时间，减轻了劳动强度，提高了工作效率。基于水锤监测的智慧调控系统，科学合理地制定瞬态过程水锤防护策略，调度工作效率明显提高。

1.9 项目经验总结

1. 水力模型与精度校核

在智慧水务水力安全垂直域中，水力模型仿真是水锤防护和智慧调控的基础，其中模型精度是关键，需要不断对水力模型与边界条件进行迭代升级。同时要加强在水力实验室对模型软件算法和建模方法的验证，不断地对边界条件和计算结果进行验证，从而获得高精度的水力模型。

2. 系统思维与科学运维

供水工程是一个典型且复杂的系统，解决水量需求和运行安全，需要运用系统工程从全流程上改变传统的调度方式、运维理念，从被动式服务转向主动式服务，在日常运行和正常调度的预测方面，通过对设备运行异常、管道水锤风险、输水效率降低等问题进行预报和提前维护，达成水量规划、管理服务的智慧化，极大地提高供水系统能力和运维水平。

3. 团队协作与人才培养

本项目智慧水务建设的发展与实现路径是基于物联网、在线瞬态水力模型、大数据等高新技术，工程建设和运维管理需要人才的支撑，培养技术人才实现项目管理以及团队保障建设方案落地的关键，需从人力、物力和数据资源的角度提升运营效率和工程的整体管理水平。

业主单位：长沙水业集团有限公司
设计单位：株洲珠华智慧水务科技有限公司
建设单位：株洲珠华智慧水务科技有限公司
管理单位：长沙引水工程管理有限公司
案例编制人员：长沙水业集团有限公司：周驰、雷楚武、齐超
长沙引水工程管理有限公司：黄卫权、苏利民
株洲珠华智慧水务科技有限公司：徐秋红、罗剑宾、汪宇、蒋丽云

第二章 自来水厂运行与管理

2 舟山市定海水厂一体化智能加药平台

项目位置：浙江省舟山市定海区

服务人口数量：50万人

竣工时间：2022年

2.1 项目基本情况

舟山定海水厂位于定海区盐仓街道虹桥社区，水厂实景如图2-1所示。定海水厂占地面积77亩（约51333.3m^2），日设计供水规模14万m^3。原水主要来源为虹桥、岑港等当地水库以及大陆引水和河道水。水厂的制水工艺在常规工艺基础上，增加了预臭氧处理、臭氧活性炭及后置砂滤工艺，水厂在原水水质在线监测预警、工艺参数集中监控和三级控制自动化等先进管理技术应用方面取得良好的成效。

加药控制一直是水厂管理的重点与难点。传统的人工加药方式成本较高，对人的依赖性大，且水质存在较大的超标风险，加药系统自动化、智能化成为必然趋势。水厂一体化智慧加药平台是舟山建设智慧水厂的一项创新举措，该平台采用智能在线实验模拟系统与AI模型预测控制联动的创新思路，来解决目前水厂加药控制面临的粗放型投加、精准调控难等问题。平台涵盖智能水源预警、智能预处理、智能加药、智能矾花识别、智能消毒五大智能决策控制系统，并搭载了智能在线实验模拟系统，该系统可通过机理模型与数据模型协同的技术路线实现水厂混凝、消毒等工艺反应过程的准确响应模拟，同时根据原水水

图2-1　定海水厂航拍全景

质的变化情况，持续在线实验并准确给出药剂投加量建议值。

2.2　问题与需求分析

定海水厂目前已实现了自动控制，沿用进水量、浊度、pH、温度、氨氮、COD等数据，根据经验进行简单远程手动投加控制，辅助人工凭经验观察矾花闭环反馈。存在问题如下：大陆水和水库水“双水源”混合使用，切换频繁，水质不稳定；预处理，絮凝，消毒独立控制，不能协同作用；混凝效果的充分与否完全依赖人工经验，投加量差值较大，粗放型的投加在一定程度上造成了药剂的浪费；沉淀出水浊度值与控制目标值偏差较大，稳定性不好；水质突发变化时，人工检测数据滞后，控制及时性差，连续性不强。

定海水厂水质波动较大，如何根据来水水质的变化来动态确定最优药剂投加量，是水厂长期以来关心而又亟待解决的问题。具体需求如下：

1）精准投加需求

解决水厂来水水质不稳定，突发情况药剂投加跟不上的问题，节省药剂的使用。

2）传统实验升级需求

解决传统实验室离线实验与生产工艺偏差大，无法与控制系统联动的时效性问题，以及因历史数据不足、不准，无法建立基于数据的水厂加药控制模型问题。

3）多药剂投加联动需求

解决水厂预处理、絮凝沉淀、消毒工艺多种药剂投加系统独立运行，药剂之前无法协同作用的问题。

4）矾花智能识别需求

解决矾花状态通过人工识别无法做到标准化判别的问题。

2.3 建设目标和设计原则

2.3.1 建设目标

项目围绕水处理过程中精准加药难的问题开展攻关，充分利用AI人工智能和大数据分析等技术，深入结合水处理工艺技术及水厂管理方式，转变简单粗放的管理模式，让智慧系统赋能水厂运行管理，实现现代化水厂智慧、低碳、高效的管理目标。

具体目标如下：

1）确保水质稳定

（1）出厂水余氯稳定保持在出厂要求值±0.1g/m^{3}范围内；

（2）出厂水浊度长期稳定控制在0.1 NTU以内；

（3）出厂水pH处于7～8。

2）确保经济高效

（1）絮凝剂药剂使用量降低15%～30%；

（2）加氯使用量降低10%～20%。

2.3.2 设计原则

1. 合理性及可靠性

充分借鉴现有水厂管理及技术特点，取长补短，总结水厂原有“烧杯实验”“工程师经验”“结果控制”“过程观测”等常规管理方式的经验。

2. 先进性及创新性

利用当前新的互联网AI技术，创造性的实现具有“原水前馈模型、供水反馈模型、过程实时检测、矾花算法识别、模型自我更新”的水厂智能加药系统。

3. 便捷性及可操作性

加药控制采用一键化操作，在线模拟实验装置全自动、智能运行，控制模型自学习自更新，平台系统全方位直观展示水厂运行数据、告警实时追踪、过程管理点自动跟进分析。

4. 可复制性及适用性

智慧加药平台适用范围广，一般水厂的工艺均可以应用，平台嵌入到原有工艺环节和自控系统中，容易实施，无需水厂大量改造；在线模拟实验装置体积小，无需用水用电，安装简单，运行平稳。

2.4 技术路线与总体设计方案

2.4.1 技术路线

项目提出以实时实验模拟平台与AI模型预测复合控制联动的创新思路，解决目前加药控制面临的难点问题。项目技术路线如图2-2所示，首先，通过智能在线模拟实验设备与生产控制系统实时联动控制，可以进行预处理药剂与源水反应实验，也可以模拟絮凝和消毒反应过程；其次，采取前馈加反馈复合控制的精准控制方法实现加药精准控制；最后，通过矾花识别以及过程水质检测，并关联水质数据智能分析，加快反馈调整速度，解决反应过程大延时引起的反馈控制速度慢的问题。

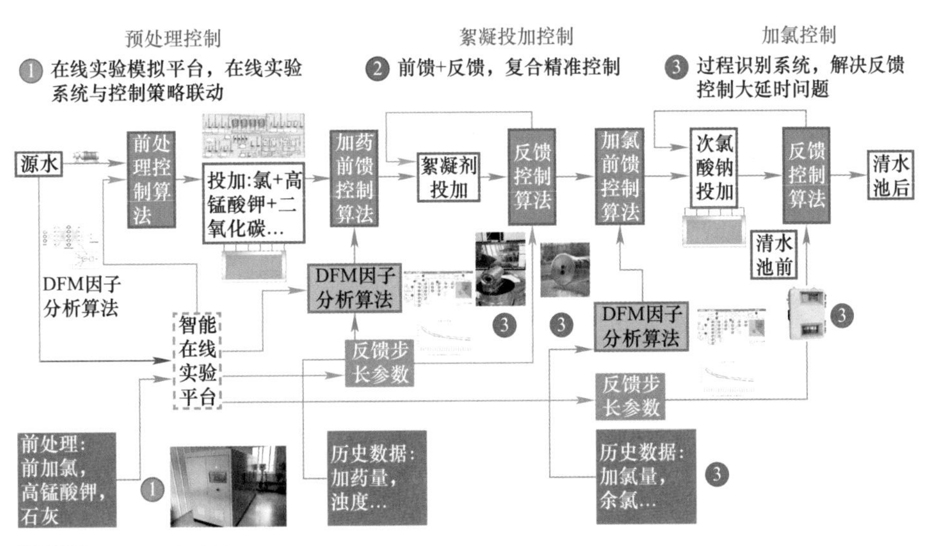

图2-2　项目技术路线

2.4.2 总体设计方案

1. 前馈+反馈复合控制策略

前馈控制是将水厂现状及该水厂的水质因素进行分析研究，然后以影响出水水质的主要因素为输入项，建立混凝投药量GPR前馈控制系统。反馈控制是指当被控量实际输出与设定值存在偏差时，控制器通过检测到的差值大小和方向，有针对性地进行调节的过程。

前馈控制是人为设定对某些需要处理的扰动进行补偿的一种超前补偿，而反馈控制是针对系统运行时所有的扰动进行补偿的一种滞后补偿。在实际加药过程控制中，由于多个干扰源（如浊度、pH等）的存在，对全部扰动采用前馈控制进行超前补偿不现实，仅采用反馈控制又不能达到快速、精确的控制要求。因此，项目将前馈与反馈的优点结合起来，构成复合控制系统，如图2-3所示。复合控制系统既可发挥前馈控制及时克服主要干扰对被控量影响的优点，又能保持反馈控制中多个扰动对被控量影响的长处，实现高精度的控制要求。

项目中前馈算法是自主研发的DFM模型，该模型具备自学习能力，能够利用统计学函数和可用的历史数据不断地验证算法的有效性，自动识别异常数据，使算法越来越精准和高效。

项目中反馈算法是将混凝反应过程分为确定性部分模型和浊度扰动随机模型两部分，采用Hammerstein-DMC算法，得到混凝过程的完整动态描述，优化

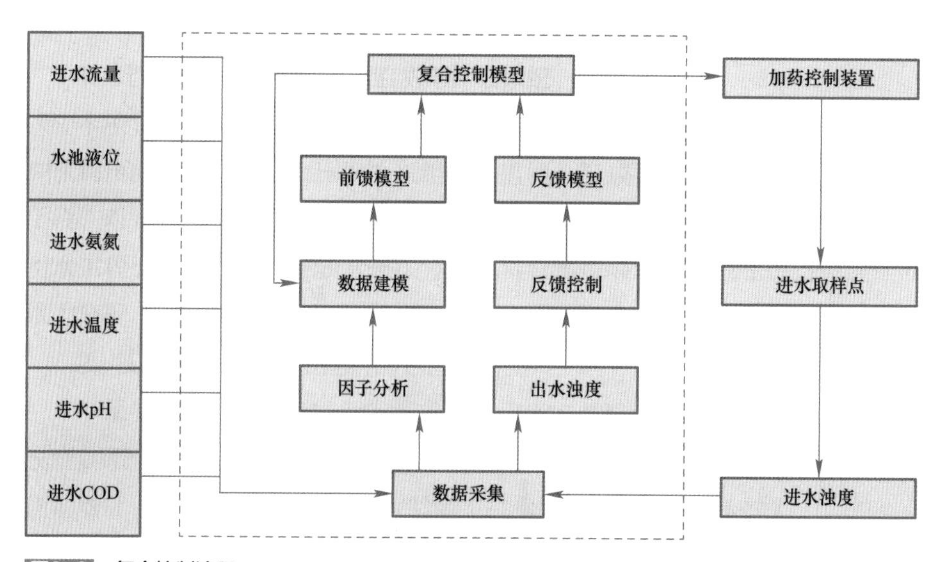

图2-3 复合控制流程

反馈调整速度。

2. 矾花图像AI识别

为了实现基于机器视觉的絮凝过程的自动控制，根据差分进化算法理论提出一种自适应进化的矾花图像阈值分割算法。将矾花图像中的每一个像素点看作一个染色体，随机初始化种群，以类间方差为适应度函数，在自适应变异率及适当的交叉率下获取最优阈值，从而获取分割效果最佳的矾花分割图像，取得分割图像后可提取各种特征，如图2-4所示。

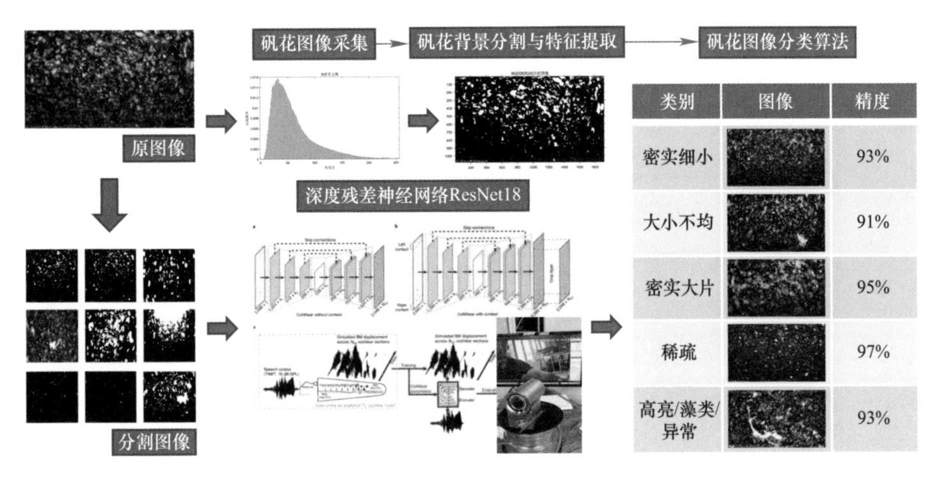

图2-4　矾花识别流程

如矾花二值图像中矾花平均面积、平均周长、平均等效直径等，经大样本试验数据训练，使用深度神经网络分类器学习，对矾花类型进行分类。历史数据分析表明，该算法能有效获得矾花图像的特征，为自来水絮凝过程控制提供实时图像状态反馈信息。

2.5　项目特色

2.5.1　典型性

智慧加药的建设是水厂运行控制与运营管理的关键环节，是当前水厂智慧化建设的深水区和前沿，是利用新的工业互联网AI技术解决水厂面临的普遍问题，其对技术成熟度要求高。本项目力图解决行业存在的重点难点问题，打破行业和技术的壁垒，体现当今前沿的科学技术和管理理念，符合当前社会发展的趋势，受到广泛关注和认可。

2.5.2 创新性

项目采用在线实验模拟装置与数字模拟结合的形式，相互辅助下共同建立核心的数学模型。通过创造性地建立在线实验模拟模型装置和实时实验，模拟不同水质条件对水厂运行的影响，并且可以将实验结果直接用于水厂的运行控制；同时通过大量在线实验，可以让模型的数据更加准确，促使控制模型更加精准；通过模型的实时动态更新，应对水厂的复杂运行环境。另外，本次研发还着重研究水下图像识别以及决策技术、水处理工艺过程、新水质监控等新技术领域。

2.5.3 技术亮点

1. 智能在线实验模拟技术

建设可模拟多种药剂投加反应过程的在线实验仿真平台，并与控制算法联动；自动参数校准，真实对应加药反应工艺；实现实验室烧杯试验升级；水质突发变化后，及时更新控制模型并自动计算，以提供不同水质条件下最优加药方案。在线实验模拟装置如图2–5所示。

图2–5 在线实验模拟装置

2. 构建前馈+反馈复合控制技术

搭建“前馈+反馈”复合控制流程，作为智慧加药平台的“大脑”。基于水厂运行大数据，挖掘分析进水流量、进水浊度、进水pH、水温、投药量等与出水浊度之间的关系。采用自主研发的算法模型，结合前馈信号、反馈信号，构建“前馈+反馈”复合控制策略。

3. 矾花的实时监测识别分析技术

自清洗的水下矾花图像采集装置通过对混凝反应水中矾花的大小、密集度等状态作连续、准确的拍摄，对图像进行处理识别，能够自动识别区分诸如密实、中片、大片、不均、稀疏、藻类等6种以上的矾花状态，并结合水质情况做出智能诊断，如图2-6所示。

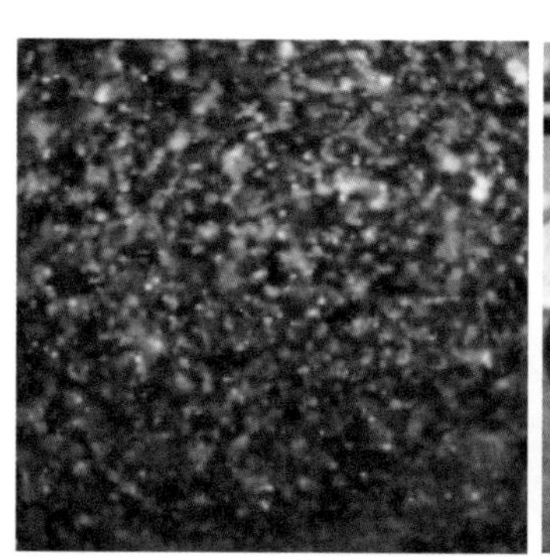

图2-6　水下矾花监测及图像采集装置

4. 沉淀池中在线浊度监测技术

产品创造性地在沉淀池中新增浊度仪，主要作用是对絮凝反应过程进行监控，用作絮凝剂反应的反馈控制，大幅缩短控制周期。仪表选用沉入式浊度仪，可直接放置于水中检测浊度。池中浊度仪可根据絮凝反应的要求自动改变位置。

2.6　建设内容

建设内容包括智慧加矾系统、智慧加氯系统、智慧预处理系统和矾花智能识别系统。

1. 智慧加矾系统

该系统应用于自来水厂絮凝工艺加矾的精准控制。采用“在线实验模拟平台”+“前馈+反馈”复合算法控制+过程矾花、池中浊度实时监控的核心控制模式。重点展示加矾工艺运行数据、矾花实时视频、智能控制、智能决策、数据分析等关键信息。

2. 智慧加氯系统

该系统应用池前余氯“反馈控制模型”和清水池全过程数据“衰减预测模

型”，实现了加氯后供水余氯平稳和药剂节约的目标，重点展示加氯工艺运行数据、智能控制、数据分析等关键信息。

3. 智慧预处理系统

该系统应用石灰投加控制模型、高锰酸钾投加控制模型及臭氧控制模型，实现供水水质平稳和提升絮凝反应效率的目标。重点展示预处理工艺运行数据、智能控制、数据分析等关键信息。

4. 矾花智能识别系统

该系统主要展示矾花视频、矾花图片、矾花结构状态以及运行辅助决策等内容。

2.7 应用场景和运行实例

舟山定海水厂一体化智能加药平台项目主要分以下三个实施阶段：

1）硬件仪表——部署改造阶段

研讨及分析，自控部署、调试设备，增加仪表，优化仪表的安装位置（实验平台接入，仪表接入，服务器部署）。

2）数据采集——模型建立阶段

在线实验平台参数调节，运行调试；结合各仪表采集数据进行数据清洗、分析，并调节前－反馈模型参数。

3）软件部署——持续优化阶段

软件系统与硬件、算法整合并部署运行，应用层各类参数调试，在稳定性测试同时，通过运行数据持续优化算法。

针对不同用户角色应用场景包括管理者、技术工程师、运行操作人员，具体如下：

1）管理者

查看加药量变化，主要是千吨水药耗，水质是否正常。

2）技术工程师

查看加药量的变化对水质的影响；查看矾花实时数据，分析矾花；查看模拟装置推荐加药量，如何加药更好、更合理（最佳水质加药量、最经济加药量、标准加药量推荐）；进行手动控制、自控模式、智能模式的切换设置。

3）运行操作人员

监控相关数据指标，查看水质数据以及对应的加药数据，便于出问题时可以确认问题点；查看告警信息，及时处理。

舟山定海水厂一体化智能加药平台项目实际运行实例及场景如图2-7和图2-8所示：

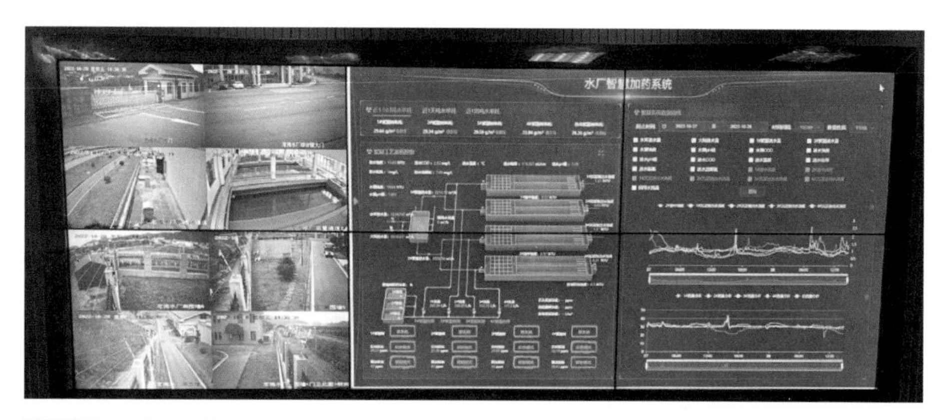

图2-7　一体化加药控制系统

图2-8　在线智能实验平台

2.8　建设成效

2.8.1　投资情况

根据舟山定海水厂的实际情况，完善基础设施建设和项目研发实施，项目总投资150万元，主要用于水厂仪表升级、控制集成、模拟实验、系统部署、算法开发等工作。

2.8.2 经济效益

项目以经济高效、低碳节能为经济效益目标，建立实用、高效的智能加药系统，在保证出厂水水质的前提下减少药剂使用量，同时降低淤泥沉淀总量，实现经济效益最大化，安全生产的同时降低碳排放。按照中等规模水厂估算，絮凝剂药剂使用量降低15%～30%；加氯使用量降低10%～20%；每年节约运行费用50万～100万元。

对舟山定海水厂一体化加药平台建设前后3个月的数据进行分析，经济性建设成效如下：

1）加矾系统建设成效

平台运行前平均药耗40g/m^3，平台运行后平均药耗25g/m^3，节省药量37.5%左右。

2）加氯系统建设成效

加氯系统平台运行前平均药耗1g/m^3，平台运行后平均药耗0.8g/m^3，节省药量20%左右。

3）预处理系统建设成效

平台运行前高锰酸钾投加量0.2g/m^3，平台运行后高锰酸钾投加量0.18g/m^3，节省药量10%左右。

2.8.3 供水水质安全效益

以提升水质稳定性为目标，建立集成预处理+絮凝+消毒全过程的智能加药系统，解决实际工作中依靠经验来决定预处理、絮凝沉淀、消毒等多种药剂投加导致的资源浪费和水质不稳定的问题，科学准确地指导生产。出厂水余氯稳定保持在出厂要求值±0.1g/m^3范围内；出厂水浊度长期稳定控制在0.1 NTU以内；出厂水pH处于7～8。

舟山定海水厂一体化加药平台项目新建设系统控制与原控制并行运行测试，结果如图2-9所示：原水浊度（绿色），原系统-3号池（蓝色），新系统-4号池（红色），设定控制目标0.5NTU，从数据来看，4号池更平稳，对应进水浊度的突变能快速做出调整，保持出水浊度在目标值附近。

2.8.4 管理效益

以确保管理简单、效率提升为目标，通过实现水厂加药智能化控制，取代

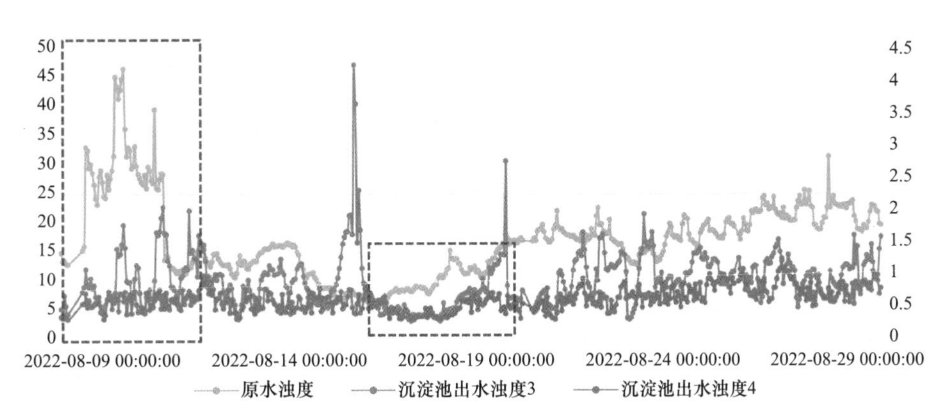

图2-9　改造前后同时运行出水浊度对比

原有人为控制、经验控制等控制方式，让运行管理人员操作更加简单。有效降低技术人员工作负荷、化验人员和运行人员工作量，合计节约工作量。最终实现水厂向少人化无人化方向发展。

2.9　项目经验总结

舟山定海水厂一体化智慧加药系统，将预处理药剂控制、絮凝剂投加控制、次氯酸钠投加控制核心业务进行一体化控制，解决了生产工艺环节各类药剂互相影响又无法协同优化控制的难题。加药控制采用一键化操作，在线模拟实验装置为全自动、智能运行，控制模型具有自学习自更新的功能。实现了快速响应水质突变、精准控制水质指标与控制目标偏差、多药剂协同控制、药剂经济节约的目标。

水厂一体化智慧加药系统方案成熟科学，具有非常好的落地性，且可以适应绝大多数自来水厂所采用的水处理工艺及部分污水处理厂工艺，具有良好的实用性、适应性、可复制性，应用范围广，并且在已建成的项目中，取得了良好的效果。

定海水厂一体化智慧加药平台，是舟山市建设智慧水厂的一个创新举措，助力水厂实现实时监控、信息整合、资源共享、全域覆盖，保障供水安全，数据赋能水厂，提升饮用水水质。

业主单位：舟山市自来水有限公司

设计单位：浙江大学滨海产业技术研究院、杭州智云水务科技有限公司

建设单位：杭州智云水务科技有限公司

管理单位：舟山市自来水有限公司

案例编制人员：

舟山市自来水有限公司：张孝洪、柳景青、张卫平、傅舟跃、段建锋、张宇翔、王江霞

3 智慧水厂建设项目

项目位置：广东省深圳市光明区

服务人口数量：120万人

竣工时间：2020年9月

3.1 项目基本情况

3.1.1 项目背景

深圳市深水光明水务有限公司隶属于深圳市水务集团有限公司，针对自来水厂普遍存在的自动控制精度不高、过度依赖人工经验、生产能耗和成本高、生产管理落后等问题，深圳市深水光明水务有限公司创新性地对两座设计规模为20万m^3/d的水厂进行数字化改造。智慧化数字水厂让水厂的运行变得高度智能、安全、高效和透明，成为深圳市智慧城市的一部分。

3.1.2 项目总体情况

智慧水厂建设项目分为甲子塘水厂和光明水厂两部分，两部分主要建设内容均包括：自控系统升级和设备冗余改造、全厂数字安防管理系统改造、厂级运行管控平台建设三个大项。

智慧水厂建设项目主要是运用“互联网+”和“物联网”思维和技术手段，通过对深圳市深水光明水务有限公司甲子塘水厂、光明水厂传统的自动化控制系统和安防监控系统的升级改造，并建立信息化、智能化、一体化的厂级运营管控平台，实现水厂生产运行的闭环自动化、工艺合理优化、风险控制快速适应以及管理决策科学化，使水厂能在少人/无人值守条件下安全、优质、高效地运行。

3.2 问题与需求分析

本项目总体目标结合水厂的实际情况进行改造和建设，以解决传统水厂普遍问题和满足智慧水厂目标要求。

在自控和设备方面，提高系统运行可靠性，针对自控系统和设备在运行过程中潜在风险点进行处理，降低未来潜在事故发生风险，并对自控系统和设备运行中存在的问题提供有效的应急处理预案机制，保障控制系统高可靠运行。

在工艺方面，对原粗放式工艺控制过程实现精细化、智能化运行，保障水质稳定的同时，有效降低企业能耗、药耗成本。

在运营管理方面，通过建立全数字化运营管理体系，将生产运行监控与管理有机地结合起来，创建企业管理层和现场自动化控制层数据共享、分析、交换的基础平台，实现生产运行数据实时采集、存储和优化处理，为上层管理决策提供有价值的信息。

利用该管理平台直观展示自来水厂的生产运行情况、分析指导生产运行调度、及时准确生成统计分析报表，全面提升生产管理效率和运营管理水平。系统建设完成后具备高可用性、高兼容性、高扩展性、高可靠性和超强计算能力，满足企业在“互联网+”时代的应用需求。项目最终将水厂建设成少/无人值守的现代化智慧水厂。

3.3 建设目标和设计原则

3.3.1 建设目标

1. 建设高可靠运行、少人/无人值守和支持区域集中管理的自来水厂自动化生产体系

通过覆盖全面的仪表、高可靠配置硬件、冗余控制逻辑和必要冗余设备及冗余网络与视频安防联动等技术方式，构建高可靠无人值守的自来水厂全闭环自动化控制系统。同时，可支持在区域中心部署监控系统，实现对下属所有厂站的集中运行监控。

2. 建设实现全生命周期的设备管理及维修保养体系

通过综合设备运行参数监测、设备在线诊断、设备智能评估、设备故障统计分析和预测预警（含视频智能预防等）、设备巡检工单（含预防性维护保养工单、整合生产巡检）等构建自来水厂设备全生命周期管理体系。

3. 建设敏捷反应、集中管控的运行管控体系

通过全流程全信息、三维全景方式的全渠道集成互联展示（电脑、移动终端和大屏幕等），智能融合巡检、安防视频、故障报警及诊断、事件流程管理、自来水厂运行工况、各业务关键绩效指标（简称KPI）计算及各类统计分析报表等，构建具有统一的数据资源、业务集中管控的自来水厂运营管控软件平台。

4. 建设节能降耗、高效运行的智慧应用体系

基于自来水厂运营管理软件平台的数据资源与能力，与运营调度平台及自来水厂自动化控制系统互联互通及联动，构建风险预判及处置、故障原因分析、能源优化利用、精细化加药控制和绩效评估等的智慧应用，在保障出水水质优良稳定的情况下实现自来水厂运行节能降耗，优化管理，提升效益。

5. 建设保障自来水厂运行的安全体系

通过整合电子门禁、视频监控、电子围栏和环境监测等构建环境与人员安全体系，应用网络安全技术（工控网络隔离、入侵检测等）、软件安全技术（用户认证、权限控制、日志与审计等）等构建自来水厂信息安全保障体系。

3.3.2 设计原则

安全性原则：关注各环节安全因素，建立安全体系，健全安全处理策略。

可靠性原则：技术路线和设备选型均以连续可靠运行为基础，重要节点应设置冗余、重要数据应备份。

实用性原则：以需求为导向，注重实效，坚持实用，提高性价比，节约成本。

先进性原则：充分采用新技术，符合行业发展方向，有长期使用价值，符合未来发展趋势。

开放性原则：采用开放性结构，建设符合行业标准，紧密围绕自来水厂业务需求，可全面融入深圳市水务集团有限公司智慧水务建设体系。

3.4 技术路线与总体设计方案

3.4.1 技术路线

实现智慧水厂的总体目标是利用先进的工业技术和信息化手段，实现信息化和工业化的深度融合，使得水厂的运营更加高效化、生产更加智能化、管理更加精细化、决策更加科学化、服务更加个性化，从而实现智慧化。通过提高水厂自动化水平、对水厂设备设施进行升级改造，结合先进技术应用，搭建区域中心集中监控系统，合理人员配置，创新水厂运行、维护维修管理模式，实现水厂可靠、高效的少人/无人值守安全运行。

3.4.2 总体设计方案

1. 构建高可靠、自动化、智能化的水厂自动控制系统

构建高可靠、自动化、智能化的水厂自动控制系统是实现智慧水厂的基础。采用当今先进且成熟的自动化检测与控制技术，通过对现有控制系统优化设计或改造，仪表设备的高可靠选型、冗余设计，各工艺环节进行优化控制，实现自来水处理各个工艺环节的闭环联动控制，从而达到全工艺流程生产设备的自动化运行。

控制程序依据在线仪表的检测数据自动调节设备运行参数，无需人工干预和操作。核心设备及网络采用冗余设计，故障状态下能够选择切换至备用部件。在自动化控制模式下，自主驱动自来水处理设备实现控制目标，并持续优化调整控制策略，以获得稳定与精准的控制效果，适应不断变化的运行工况。

2. 构建安全可靠、智能联动的安防和门禁管理系统

智慧水厂将在水厂现有安防监控系统的基础上，重点加强对厂区内的生产设备、公共区域等重点场所进行全方位、全天候实时视频监控，为水厂的安全生产提供强有力的保障，同时全面、科学、有效地提升水厂生产管理水平。水厂网络视频监控系统，采用独立线路，充分保证传输质量和信息的安全性。

在安防工作中，门禁系统发挥的作用是至关重要的，其设计之主要目的是为实现内部人员出入权限控制及出入信息记录。同时，安防系统可考虑与生产深度结合，引入巡检与视频联动、设备故障缺陷与视频联动、视频与门禁联动、人脸识别、人员轨迹分析等最前沿的技术手段，来体现智慧水厂安防系统的先进性，为生产提供更多支持和帮助。

3. 构建资产和设备全生命周期运维体系

构建水厂资产和设备全生命周期运维体系是建设智慧水厂的重要内容，通过对水厂各资产和设备的全生命周期建立电子化监管和存档，使水厂管理系统能全面掌握水厂资产和设备的运行状况、使用寿命、故障率、维修保养记录等信息，通过对这些信息数据的积累和智能化分析，可为水厂的日常运行决策及设备管理计划的制定提供科学依据。其根本目的是提高设备的保障性从而提高智慧水厂运行的可靠性。

通过构建设备全生命周期运维体系，尤其对于区域式多厂设备的维修与养护管理业务，可以采用协调作业团队，统一调度，实现人力及物力的资源共享，使设备运维管理体系得到优化整合。

4. 提高水厂的冗余备用率和逻辑冗余处理能力

无人或少人化值守运行的水厂对控制系统和设备的可靠性要求很高，冗余技术则是提高系统可靠性的一种有效方法。冗余就是通过增加多余的同等功能的部件，并通过一定的逻辑使其协调同步运行，当发生故障时冗余配置的部件自动介入并承担故障部件的工作，使系统运行不受局部故障的影响，让系统应用功能得到多重保障，合理的冗余设计可大大提高系统的可靠性。

冗余技术根据实现方式的不同可分为硬件冗余和软件冗余，硬件冗余包括：控制器冗余、电源冗余、I/O冗余、网络通信冗余、上位机冗余、仪表冗余等；软件冗余指通过程序实现数据同步和主备切换的技术，主要采用基于故障在线检测、专家系统诊断和自组织调整的方法实现冗余。

实现智慧水厂必须从硬件冗余和软件冗余两方面一起着手，既要对现有的硬件设备进行针对性的升级改造以提高其冗余备用率，也要对控制程序进行系统化的梳理优化以加强逻辑冗余处理能力。两者相互融合将显著提高系统的容错处理能力，形成智慧水厂运行的良好基础。

5. 加强重点和复杂工艺段的高级算法建模

智慧水厂的运行是全厂闭环连续运转的过程，对各工艺段的程控率要求都较高，其中一些工艺段如加药间絮凝剂、消毒剂等药剂的投加、原水进水量和出厂水量的调节控制等，因其工艺较复杂、影响大、非线性、难以精确控制等特点，一直是水厂生产工艺中的重点和难点，对其控制方法应予以着重考虑。目前水厂实际生产中对这些工艺段通常是根据实时工况和经验进行人工操作调整，人员的工作强度大且容易出现控制偏差。智慧水厂的建设如不能很好地解决这些问题就算不上成功。

据了解目前行业内没有十分成熟可靠的此类控制算法可以借鉴，而对这些工艺段使用普通简单的闭环控制算法效果不佳，因此建设智慧水厂过程中实施方必须根据水厂的实际工艺情况，对这些重点和复杂工艺段的控制加入一定的高级算法，要通过过程仿真技术，引用国内外最前沿的相关科研成果结合水厂历史生产数据、生产专家知识等信息对不同的工艺段进行建模，利用高级算法和数学模型实现这些工艺段稳定、精确、实用的闭环自动控制。

6. 构建精细化、规范化、科学化的水厂运维管理模式

智慧水厂对管理和维护人员的能力和效率有着更高的要求，因此构建一套精细化、规范化、科学化的运维管理架构和模式在智慧水厂建设中显得尤为重要，运维人员在此管理制度下的高效工作又能促进智慧水厂的运维水平和连续运转率的提升，降低人工干预程度，形成水厂运行的良性循环机制。

建设规范、科学、有效的巡检机制，对巡检养护记录进行综合管理，能及时预防生产事故的发生，为自来水处理设施与设备的养护和维修提供依据，并且人员工作成果将作为公司对人员绩效考核的参考标准。

巡检养护人员通过移动巡检、设备故障告警快速定位、移动控制等方式简化传统工作模式，同时，对人员统筹分配可以实现多站、多厂的巡检养护人员综合利用，提高工作效率，降低工作人员招录技能水平要求，降低公司用人成本。

对于“少/无人值守”型水厂，可以由信息系统建立全过程、精细化的巡检管理模式。借助手机或掌上电脑（PDA）等智能移动终端，采用“扫码—巡检—记录—上报—统计”的电子化作业方式并形成电子化巡检记录，为水厂安全管理提供支持和依据。

7. 构建水厂运营管控平台

利用现代化技术构建信息化的水厂运营管控平台是智慧水厂实现智能管理的基础和技术保障。水厂运营管控平台将涵盖但不限于水厂实时数据查看，生产运行管理、流程管理、KPI数据统计和分析、风险应急处理和预案管理等业务内容。

水厂运营管控平台也将通过信息加密等安全技术，构建基于移动互联架构设计的移动化管理平台。用户可采用App方式随时、随地、实时对全厂工艺运行及数据进行全方位的综合管理，实现对水厂的当前运行状态的实时监视、数据分析、远程巡检及设备控制等，从而简化运行管理人员工作方式和内容，降低企业经营过程中人工干预参与度，减少现场值班人员和巡检养护人员配备，实现“口袋中的中控室”，厂级中控室值班人员可实现无人或少人。

8. 构建水厂大数据分析及科学化决策平台

构建水厂大数据分析及科学化决策平台，基于对海量数据进行二次挖掘，按照各种算法及公式快速准确得到各类运行参数或统计分析数据。同时，采用专业的数据分析和报表集成工具，通过对整个生产过程数据的统计，使各级管理人员和调度人员能够及时、准确、全面地了解和掌握排水生产的实时数据和历史数据。公司管理人员可以随时主动调取下属水厂的各类运行报表，加强对水厂的监管。

建立水厂运行关键绩效指标评估机制，从管理质量、能耗分析、设备运行效率、运行工艺参数等多个方面定期对水厂的运行管理状况进行综合性评定。通过信息系统，应用绩效评估指标体系，对水厂业务管理数据进行统计计算与评估分析。以多维度统计图表的方式展现绩效结果，识别水厂运行管理薄弱环节，为水厂运行管理优化提供丰富的数据和决策支持，使得管理者的决策更加综合、合理、可行，形成智能化、科学化决策，为全厂可视化、精细化、智慧化运营提供数据依据和强有力的支撑。

3.5 项目特色

3.5.1 典型性

高可靠的水厂运营安全性是建设智慧水厂的根本保障。智慧水厂能够依靠先进的技术进行监测，及时发现问题，及时做出合理的方案，对设备运行过程中出现的故障、告警进行故障诊断分析，快速发现问题根源，及时处理问题。对水厂生产运行过程中各种突发事件，比如设备故障、进水水质变化等，能够提供准确的解决方案或建议，使应对处理更加及时、有效。

3.5.2 创新性

1. 全面的信息感知

智慧水厂对厂内自控系统数据、设备设施信息、设备运行数据、设备维护和巡检工单信息、视频监控信息、安防门禁信息等信息进行集中采集，同时对水厂周边数据（如管网数据、水文数据）进行按需收集。通过信息收集的全面性、信息处理的快速性，可以全面地把握水厂全局的信息状况。

2. 具备科学决策能力

智慧水厂基于全面的信息感知，依靠智能仿真、智能诊断、智能预报、智能控制和智能服务于一体，利用智能专家决策系统，对数据进行综合运用，能为水厂运营中的设备故障诊断、生产调配、方案择优、运营管理等提供科学化的辅助决策支持。

3.5.3 技术亮点

1. 实现水厂少/无人控制运行

通过厂内自控系统实现全工艺流程自动化运行，各类控制指令的下达不再单纯依赖人工，而是由系统自动下达完成。参与控制过程的设备及通信链路应采用冗余设计，保障设备故障或网络中断时自动切换至备用方案。在工艺智能化运行时，智慧水厂系统要求能动态调整控制参数，以获得稳定与精准的控制效果，满足不断变化的运行工况下设备的运行要求。

2. 实现闭环运行

实现全厂闭环控制，通过智慧水厂系统内专家库决策和系统风险预案可以针对性解决问题，提供科学、准确、及时的控制方法。大大提高自动化控制水平，为少/无人运行提供强有力的控制策略支撑，使系统的可靠性、安全性大大提高。

3. 系统自诊断能力

智慧水厂系统具备故障自诊断能力。当设备发生故障时自动定位设备故障位置，分析故障发生原因，给出故障相关信息，通知其他人员，帮助维修人员快速定位问题、解决问题。

4. 远程和移动监管

通过信息管理平台或手机移动端App，管理人员能够远程实时监视自来水厂运行状态，在线显示厂内仪表监测数据和设备运转参数。一旦系统检测发现运行异常，立即发布预警和报警信息，并以短信或微信等方式发送至相关人员。

3.6 建设内容

1. 自控系统升级改造和关键设备冗余改造

根据深水光明甲子塘水厂和光明水厂的运行情况，为了满足建设智慧水厂的需求，保证甲子塘水厂和光明水厂稳定可靠生产，本次智慧水厂的建设主要通过自控系统升级改造和增加水厂关键硬件设备的冗余，以进一步保障重要控制环节的稳定，对于一些可优化的控制单元，新增硬件设备，结合控制逻辑的优化，完善一些控制过程，增加故障切换的能力，增加设备的报警，进而将自动化控制系统优化，更好地做到生产和设备的安全保障，以满足建设智慧水厂的需求。

2. 建立全厂数字安防管理和联动门禁系统

根据甲子塘水厂和光明水厂安防监控系统的现状以及智慧水厂的建设目标，将甲子塘水厂和光明水厂全厂数字安防管理和联动系统建设分为两期进行，第一期为对现有视频监控系统的改造，包括视频监控网络的优化，重点解决视频监控点不足和监控网络卡顿问题；第二期是对安防系统进行智慧化功能升级和联动门禁系统建设。在建设的顺序上需优先考虑实施第一期内容。

3. 水厂资产管理（设备管理）系统优化完善

水厂资产管理（设备管理）系统的完善，是智慧水厂的重要实施内容。水厂有完善的自控系统，完善的安防系统，就有了智慧化需要的“眼睛和耳朵”。但这些“眼睛和耳朵”可靠不可靠、状况如何、日常保养如何，就需要有完善的资产管理（设备管理）系统来进行管理保障。甲子塘水厂和光明水厂目前均已经建设并在推广资产管理系统（SAMEX系统），本节对智慧水厂所需要的资产管理（设备管理）系统的建设内容进行描述，并不仅是针对现有的SAMEX系统的描述。

4. 建设高级控制软件平台

智慧水厂的建设，除了需要有完善的自控系统、完善的安防系统和完善的资产管理系统这些智慧水厂的“眼睛和耳朵”之外，还需要有高级控制软件平台这样带有思考和自主判断能力的“大脑”，高级控制软件平台是水厂自控系统的补充，也是水厂如何体现智慧化的关键。

5. 建设智慧水厂运营管控平台

智慧水厂运营管控平台为未来智慧水厂的管理和运行提供了统一的运营和管理信息化平台界面。平台集成了水厂自控、安防、资产管理、算法模型等多种应用数据，提供电脑登录和手机App登录等多种操作体验，是智慧水厂实现“少人/无人值守”的操作面板。智慧水厂运营管控平台还为深水光明综合调度管理系统提供智慧水厂运营和管理的相关数据。

6. 建立安全管理模块

安全管理模块建设的目标是根据智慧水厂各系统的网络结构和应用模式，针对可能存在的安全漏洞和安全需求，在不同层次上提出安全级别要求，并提出相应的解决方案，制定相应的安全策略、编制安全规划，采用合理、先进的技术实施安全工程，加强安全管理，确保智慧水厂各系统的应用和数据安全。

7. 其他辅助系统建设

全场Wi-Fi无线覆盖系统、水厂人员定位系统、BIM系统建设等。

3.7 应用场景和运行实例

3.7.1 原水自动配水

传统水厂调节原水量是运行人员根据经验、清水池水位进行人工调节，水量调整会直接导致混凝剂、主加氯面临调整，如果调整不及时，会对生产产生较大冲击，生产难以保持平稳。智慧水厂根据清水池液位、出厂水流量与原水流量的关系，优化调整泵组的频率（原水阀门开度），使得原水进水流量自动调节并且平稳。根据用水预测模型结合人工经验预测原水量，生产加药随即自动调整，既能确保生产平稳，又能保证清水池在高水位运行，如图3-1所示。

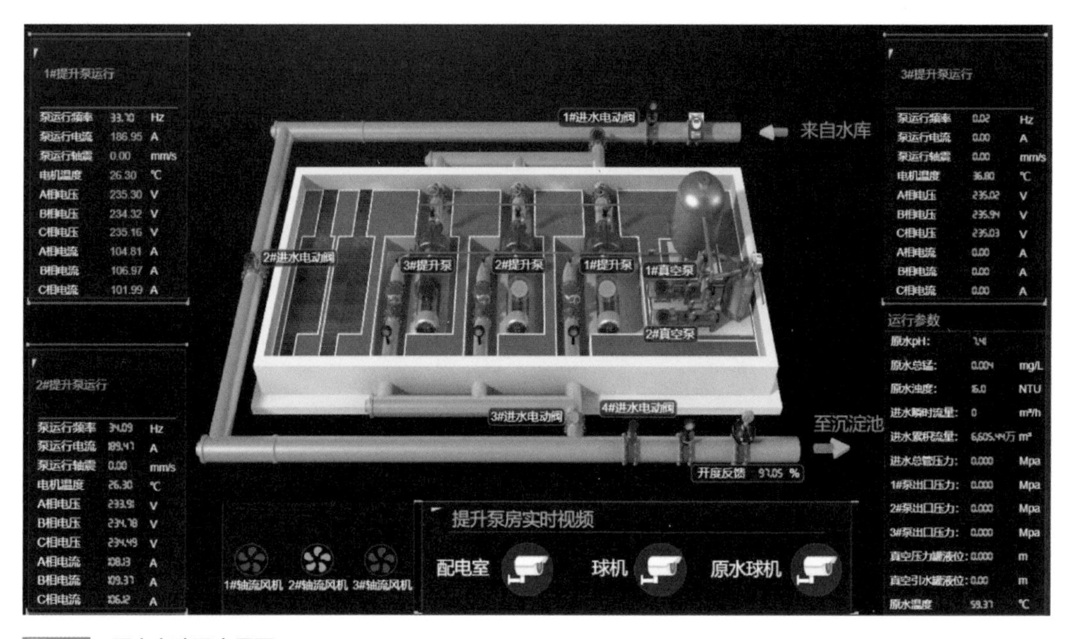

图3-1 原水自动配水界面

3.7.2 PAC智能加药

传统水厂混凝剂投加大多通过人工参考混凝搅拌实验结果设定加药量，凭经验对投药系统进行参数设定或按照原水流量进行比例投加，且运行人员需到工艺池现场检查药剂投加效果，核对药量投加是否合适。智慧水厂则通过建立神经元网络模型，通过输入端的参数计算输出加药量并以此控制加药系统，实现药剂智能精准投加，确保水质的同时又能达到降低药耗成本的目的，如图3-2所示。

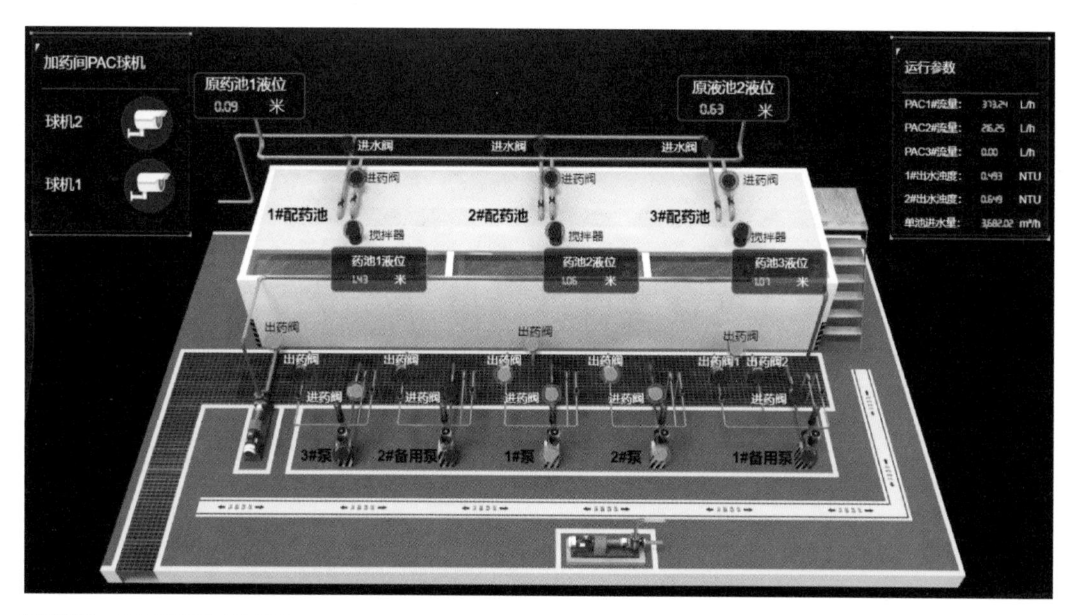

图3-2　PAC智能加药界面

3.7.3　沉淀池自动排泥

传统水厂排泥方式粗放，依靠人工经验，大多根据部门长、工艺工程师下达的指令排泥，这种方式容易造成排泥过度，导致废水产生较多，自用水率高，不节能环保。另外如果排泥不彻底容易对生产造成影响。智慧水厂针对平流沉淀池，优化程序中行车启停的时间以及行走距离，并根据行车行走的位置设定沿途排泥阀开启；针对斜板沉淀池，优化程序中排泥时间、周期及间隔，做到短时高频排泥，减少排泥水量。自动排泥既达到了排泥目的又减少废水排放。自动排泥界面如图3-3所示。

3.7.4　滤池自动反冲洗

滤池是水厂生产工艺的“心脏”，对水质起到至关重要的作用，传统水厂滤

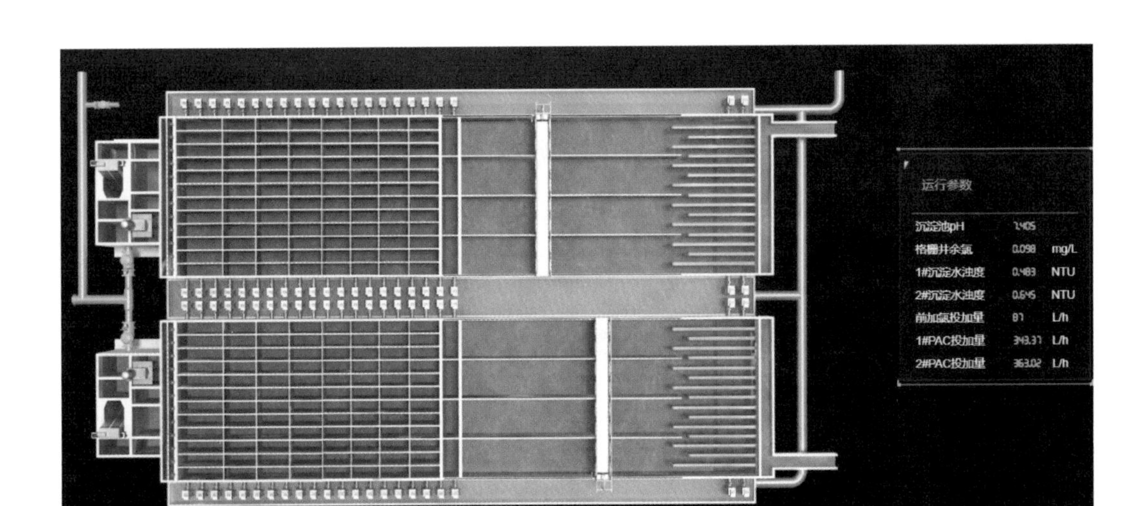

图3-3 沉淀池自动排泥界面

池反冲洗大多采用人工记录滤池运行周期进行滤池反冲洗，单纯靠人工记录可能造成滤池反冲洗提前或者滞后，对滤池运行维护造成一定影响。智慧水厂根据滤池反冲洗周期、清水阀开度（水头损失值），进行自动反冲洗，并对每个滤池反冲洗时间、间隔、反冲洗强制排水时间及反冲洗过程的故障退出机制进行进一步优化，如图3-4所示。通过系统设定滤池运行反冲洗启动条件、滤池运行

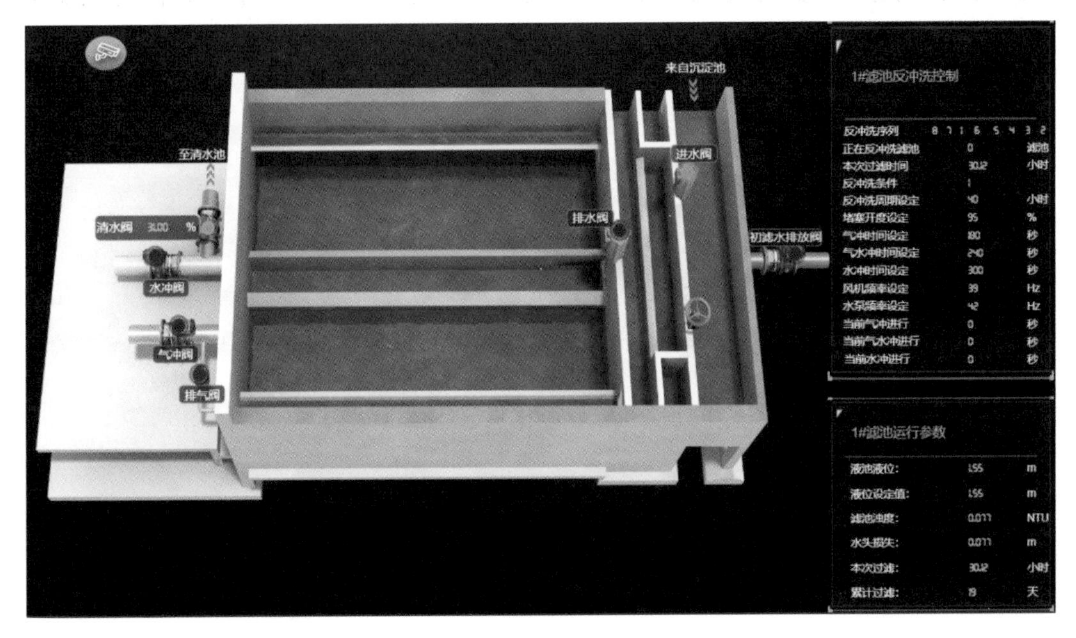

图3-4 滤池自动反冲洗界面

周期上下限，并形成滤池冲洗队列，当系统触发反冲洗启动条件时，程序自行判定、自动启动滤池反冲洗。

3.7.5　送水泵优化搭配组合

传统水厂送水泵机组搭配由运行人员根据清水池水位、管网压力并依靠经验加减水泵机组，达不到节能效果。智慧水厂则根据系统积累泵组相关数据，结合数据分析工具，搭配水泵机组运行组合，使水泵机组高效率运行，实现能耗下降，如图3–5所示。

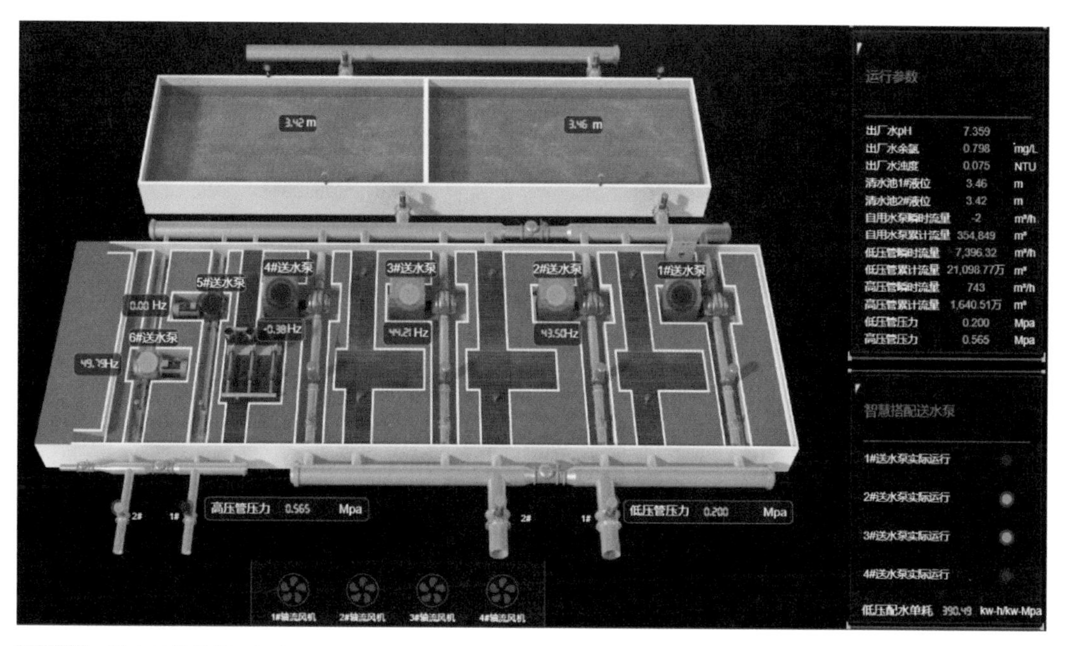

图3–5　送水泵优化搭配组合界面

3.8　建设成效

3.8.1　投资情况

智慧水厂建设项目分为甲子塘水厂和光明水厂两部分，甲子塘水厂投资789万元，光明水厂投资575万元。

3.8.2　经济效益

光明水厂和甲子塘水厂两座智慧水厂目前运行安全可靠，生产水质优良稳定，水厂生产的能耗、药耗均有不同程度的降低，运营人员减少超过40%。对生产工艺关键控制点参数、设备运行参数等设置合理报警阈值，并对报警之后的处置过程联动处置工单，实现了报警的全闭环工作模式，设备故障得到了有效的预防，故障率下降了约32%。设备管理模式从应急抢修向预防性维护进行转变，维修工单占比从19%降至8%，保养工单占比从81%增至92%。智慧水厂碱铝智能投加系统自使用以来，与历史同期药剂投加量相比，药耗平均下降约8%，节约了生产成本。

3.8.3 环境效益

通过建立全厂覆盖的安防系统、逻辑“软冗余”+设备“硬冗余”的自控系统以及资产全生命周期管理的资产管理系统，做到厂界安全、生产安全以及设备安全。通过建立基于神经元网络算法或矾花识别系统，建立碱铝投加智能控制数学模型，实现碱铝投加智能化控制，实时精准控制药剂投加，使得生产更平稳，水质更优。通过对送水泵压力调节实施自控改造，使出厂水压力控制更平稳，管网调度更高效。通过HACCP体系对流程关键水质指标进行分级报警，利用智慧水厂平台应急辅助决策，水质风险响应及时可靠，最大程度确保水质安全。通过改造减少了人员的现场操作，实现了生产条件、安全环境的提升。

3.8.4 管理效益

实现了“集中调度”“集中维修”“集中支持”三个集中的生产运营模式。充分利用智慧化、数字化工具，提升了水厂生产运营的管理水平。智慧水厂运营模式从原来的半自动人工工作模式向全自动数字化运行模式进行转变，从以前凭经验、感觉工作转变为凭数据工作。水厂的巡检由人工巡检转变为智能巡检，生产数据的记录方式也由人工记录转变成了系统自动生成。安全事件少，安全管理可量化、可溯源，水质更平稳，压力更平稳，人员效率得到提升，流程更快，决策更科学，提升了水厂的安全生产保障能力。

3.9 项目经验总结

3.9.1 智慧水务经验总结

1. 充分调研水厂生产中存在的痛点问题并加以解决

生产过程中痛点问题的解决是未来厂站项目建设的基础，是厂站安全生产的前提，是目前提升厂站管理水平的第一要务。要在项目建设前期深度挖掘生产痛点，列入项目建设内容之中，确保项目建设后效果立竿见影。

2. 如何在智慧水厂建设阶段保障水厂安全生产

安全生产始终是水厂运营的第一目标，在智慧水厂建设过程中，难免会遇到一些涉及停电或者停产施工的情况，必须提前做好相关施工或者调试方案，做好相关沟通衔接工作，充分讨论可能引起的影响，并制定相关计划，确定各环节负责人，落实具体操作内容，甚至有些系统要从自动运行模式切换为手动操作模式，确保各项工作对生产影响最小化，通过一些针对性的措施切实解决非常规时刻的问题，制定突发事件应急处置方案，提升水厂安全生产管理能力。

3. 如何从传统水厂运营模式向智慧水厂运营模式平稳过渡

智慧水厂运营阶段需结合当前运营模式制定过渡阶段运营计划，针对智慧水厂运营模式做试运行，针对人员、操作模式可以做相关测试，但是暂时不作调整，对试运行情况进行总结与评估，确保可靠后逐渐转为智慧水厂运营模式，确保智慧水厂运营模式平稳着陆。

4. 建立智慧水厂运营管理制度

首先梳理智慧水厂运营管理制度，对智慧运营模式中的操作进行规范化管理，制定具体操作指导书，形成智慧化运营管理机制。

5. 运营模式须与组织架构相匹配

组织架构调整是为了应对新的运营模式，提高组织工作效率，特别对于集中运营模式情况下，一定要通过组织架构的调整重新梳理各部室的岗位职责，制定新形势下各部门的岗位说明书，避免因组织架构设置不合理影响智慧化运营。

6. 智慧水厂运营团队建设

智慧水厂运营需要具有综合素质的团队，要对各个专业人才加以配置，通过培训以及轮岗丰富成员综合技能，当现有条件无法满足人才需求时可适当引入专业技术人才，并建立人才培养体系。

3.9.2 智慧水务发展建议

1. 突破传统水务行业边界，构建源头到龙头的管理模式

对原水加强水质监管，采集原水水质参数，做到提前感知，提前部署以应对原水水质风险；利用水量预测模型预测水量并自动制定进水计划，利用智慧投药模型自动投药，持续提升生产厂站的智慧化管理水平，加强生产安全保障工作；打通水厂之间的通道，实现高效联合供水；加强管网压力、流量、水质监测，通过建立管网水力模型，摸索水厂与管网之间的关系，结合管网最不利点压力设置供水压力低限，以及高压供水区域压力监测设置供水压力高限，实现科学调度，低能耗供水；推进供水业务进小区工作，加强二次供水设备设施管

理，推进供水业务服务到用户，将各个环节打通并形成联动机制，提升客户服务质量，提供更安全、优质、高效、节约的供水服务。

2. 加强人才队伍建设，建立人才培养体系

智慧水厂运营需要人才队伍作为支撑，人才是未来水务行业可持续发展的动力源泉，可以通过轮岗、内部经验分享、外部培训等手段打通不同专业之间的技术壁垒，培养综合技能人才，建立一套人才培养体系，不断提升团队管理能力，培养不同梯队的人才以服务于智慧水厂运营。

3. 深入挖掘数据价值，推进水务数字化转型

数据应用分为不同阶段，结合厂站的实际情况，首先要做数据积累，对未采集到系统的关键数据进行全面梳理，丰富基础数据，也就是业务数字化的阶段，为后期数据应用做铺垫；其次根据生产积累的大量数据进行筛选，找到数据与业务之间的联系，通过数字化分析工具找到隐藏的规律，挖掘数据的价值，将数字化分析成果应用于业务之中，实现数字业务化。

业主单位：深圳市深水光明水务有限公司
设计单位：无
建设单位：上海昊沧系统控制技术有限公司、上海积成慧集信息技术有限公司
管理单位：深圳市深水光明水务有限公司
案例编制人员：
深圳市深水光明水务有限公司：高旭辉、郭琴、王文会、陈栋、吴浩

第三章 | 供水管网运行与管理

4 常州通用供水企业漏损控制管理系统项目

项目位置：江苏省常州市

服务人口数量：230万人

竣工时间：2021年12月

4.1 项目基本情况

4.1.1 项目背景

项目实施前，供水企业缺少一个综合的漏损管理平台，漏损管理的数据分析和相应的业务改善分散在各个业务单位，没有实现整体策略下的漏损控制机制，在计算漏损率时，数据统计以人工统计为基础，客观性弱，年漏损率为11.97%。

本项目的实施意义在于将企业的漏损控制管理集成在一个平台上，业务数据共享，以数字化为驱动，实现漏损控制的定性分析决策与具体行动中定量化的业务数据相结合的管理模式，让行动有明确目标和过程控制参数，水量平衡分析数据基于系统优化而日趋准确，并验证控制过程中的策略效果，实现可持续的漏损控制模式。平台也提供众多工具化的功能，将漏损控制的各种技术应用融合到一起，为实现明确的策略化行动提供具体的支撑。

4.1.2 项目总体情况

项目主体业务领域：该项目属于供水管网领域中的漏损管理，结合物联网的感知设备、漏损管理系统，针对供水企业的漏损问题进行科学有效的管理。

覆盖范围：漏损管理系统用于常州通用供水企业的漏损控制工作。

管理范围：供水面积620km^2、管网总长9900km、服务人口230多万人、日供水量78.8万m^3（日供水能力106万m^3）。

主要功能：项目主要功能如表4-1所示。

主要功能表 表4-1

序号	功能模块	子功能	序号	功能模块	子功能
1	总体分析	漏损总体分析	27	压力管理	压力地图
2		分区总体分析	28		水锤地图
3		DMA总体分析	29		压力数据报表
4	智能报警	报警列表	30	噪声管理	噪声地图
5	大分区管理	分区地图	31		噪声数据报表
6		分区分析	32	水质管理	水质报警
7		分区结构	33		水质站点列表
8		产销差报表	34	消火栓管理	消火栓地图
9	DMA管理	DMA地图	35		消火栓列表
10		DMA报警列表	36	智能井盖管理	井盖地图
11		DMA属性	37		井盖数据报表
12		漏失分析	38	水平衡分析	水平衡分析
13		产销差报表	39	事件工单	工单列表
14		漏失管理目标	40		事件列表
15		DMA进度管理	41	绩效管理	绩效报表
16	大用户管理	大用户首页	42	基础信息管理	DMA列表
17		上报率统计	43		大分区设置
18		水量查询报表	44		压力设置
19		抄表对比	45		噪声设置
20		配表分析	46		水质设置
21		大用户表分析	47		消火栓设置
22	水表管理	设备一张图	48		井盖设置
23		水表列表	49		特殊水量录入
24		历史数据	50		特殊水量类型
25		多水表对比	51		评价指标设置
26		边界设备日报	52		水表参数录入

续表

序号	功能模块	子功能	序号	功能模块	子功能
53	基础信息管理	月度报表导入	55	基础信息管理	用户列表
54		图层编辑	56		登录日志

4.2　问题与需求分析

漏损控制管理工作需要全局分析与具体行动相结合，需建立一套以数字化为驱动的漏损管理体系，将定性分析与定量管理统一起来，实现供水企业各业务部门协同的统一化漏损管理。

实现多业务部门协同的漏损管理构架关键点包括业务数据融合、基于水审计的水量平衡分析及策略制定、实时业务事件的处理、管理方法的平台化、业务应用工具的关联化等几个主要方面，具体如下：

1）业务数据融合

将各业务部门的相关数据，包括传感器数据、管理统计数据、业务过程数据进行融合，梳理并输出感知、分析、决策、过程控制、目标管理的一系列相关内容，实现数字化驱动的业务管理。

2）基于水审计的水量平衡分析及策略制定

借助多级计量分区技术将水量平衡分析数据穿透到各级业务管理部门，实现纵向化水量溯源（水审计溯源）和横向业务部门水量构成比对，形成各自有效的业务评估和行动策略的支撑。

3）事件型业务的综合处理

在以数字化驱动的漏损管理中，来自传感器和相关技术数据（如分区的水量、压力变化等）的准确性、完整性是整体系统的支撑，此类信息的输出及时性和响应及时性影响着漏损控制的效果。

4.3　建设目标和设计原则

4.3.1　建设目标

本期项目目标为整合营业收费系统、调度系统、GIS系统、远传大表系统等，建设基于漏损控制管理的专业数据整合平台、数据分析平台、业务处理平台，实现漏损控制信息的交换，完成独立业务的数据分析应用以及深度挖掘，实现以漏损控制为切入点的整体供水管网的业务变革及信息化改造。

4.3.2 设计原则

本项目结合常州通用供水企业现有的信息化建设、人员能力需求、综合漏损业务分析与管理需求制定了以下设计原则：

1）整体性和开放性的原则

项目系统设计时将充分考虑供水企业现有的信息化应用数据，整体设计规划项目系统，注重各种信息资源的有机整合，既考虑安全性，也考虑开放性。

2）可扩展性和易维护性的原则

在设计时应具有一定的前瞻性，充分考虑系统升级、扩容、扩充和维护的可行性；构架上满足提升和扩展系统的未来需求；并针对本系统涉及业务部门相关数据繁杂的特点，充分考虑提高业务处理的响应速度以及统计汇总的速度和精度。

3）经济性和实用性的原则

系统的设计实施尽最大可能节省项目投资，设计遵照面向实际、注重实效、坚持实用经济的原则，充分合理利用现有设备（统一的物联网传感器数据管理平台）和信息资源（现有的业务应用系统数据），实现多维度数据分析能力提升的同时，帮助用户节省投资。

4）先进性和成熟性的原则

在系统设计时，充分应用先进和成熟的技术，满足建设的要求，将综合漏损管理理念和先进的应用技术手段结合起来，将宏观的策略制定和具体业务行动管理结合，实现可持续发展的漏损管理总目标。

5）易操作性设计原则

本系统操作界面清晰、简洁，便于操作和维护，用户能够经过较短时间的培训，学会系统的使用；提供操作用户在线帮助信息和详细完整的用户使用指导手册等；支持多种浏览器。

4.4 技术路线与总体设计方案

4.4.1 技术路线

在充分了解供水服务中与漏损相关的工作数据基础上，设计出整体系统框架，实现设计目标。本系统设计采用成熟的应用支撑软件平台，保证系统的可靠性、开放性、可维护性、先进性。应用体系结构采用基于J2EE技术路线的三层体系结构，应用服务器采用WebLogic平台。系统的设计、开发、部署、测试等均遵循软件开发标准体系。操作系统采用开放的Linux debian操作系统，应用软件对系统的调用是通用的、可配置的。

1. 漏损管理系统框架

漏损管理系统框架如图4-1所示，包括感知层、传输层、存储层、应用层和决策层。

1）感知层是智能终端，用于采集现场的流量、压力、仪表状态、管网运维状态等数据。

2）传输层是设备管理系统，把远传回来的数据进行解析，存储到设备管理系统的服务器。

3）存储层通过漏损管理系统的服务器整合漏损相关的业务系统数据。在本期项目中，存储层整合智慧水务平台、营业收费系统、调度系统、热线系统、GIS系统、设备管理系统等，对接数据到漏损管理系统，所有的分区管理都在新开发的漏损管理系统操作。

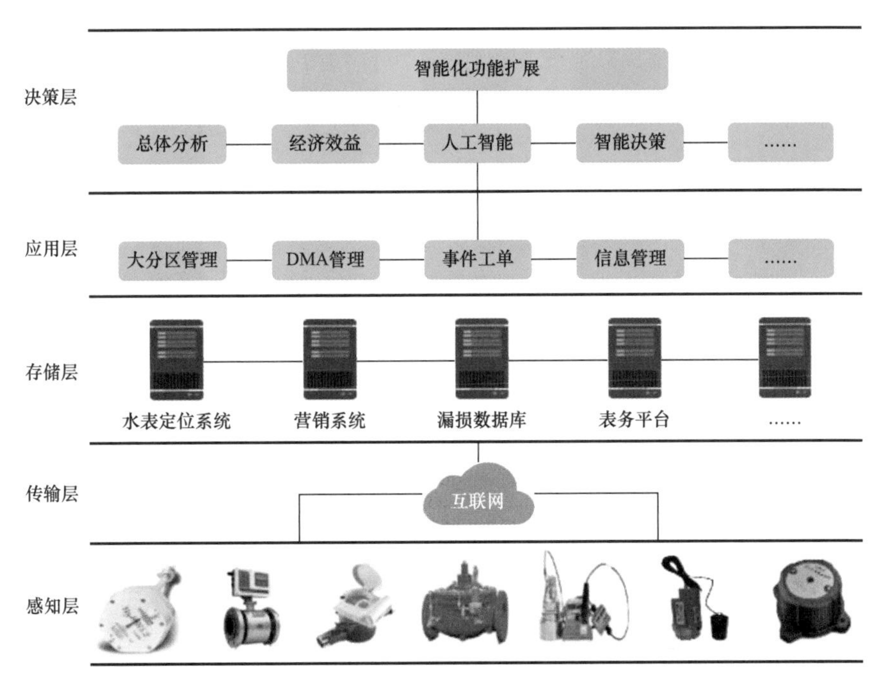

图4-1 系统框架

4）应用层是面向用户的功能界面，可以分为基于B/S的Web端界面和基于移动端的手机App两个部分。根据用户技术要求开发大分区、DMA、大用户、绩效管理等功能。

5）决策层是为后期项目升级预留的功能，系统没有任何软件，功能和模块的授权数量没有限制。例如，智慧决策和经济效益分析，需要大数据的积累和业务流程的固化。

2. 漏损管理系统数据框架

本项目的数据架构如图4-2所示。

1）基于业务架构分析定义数据架构，数据模型的设计以自顶向下分析为主。在数据分布设计中，明确数据实体在业务和应用功能上的分布情况。

2）数据架构为应用架构的应用集成提供数据支持，数据流转分析出数据在应用功能间的流转情况，数据分布还需明确数据实体在应用功能上的分布情况。

3）数据架构的数据流转设计为技术架构中系统集成设计提供数据，概念、逻辑数据模型是物理数据模型设计的主要依据。

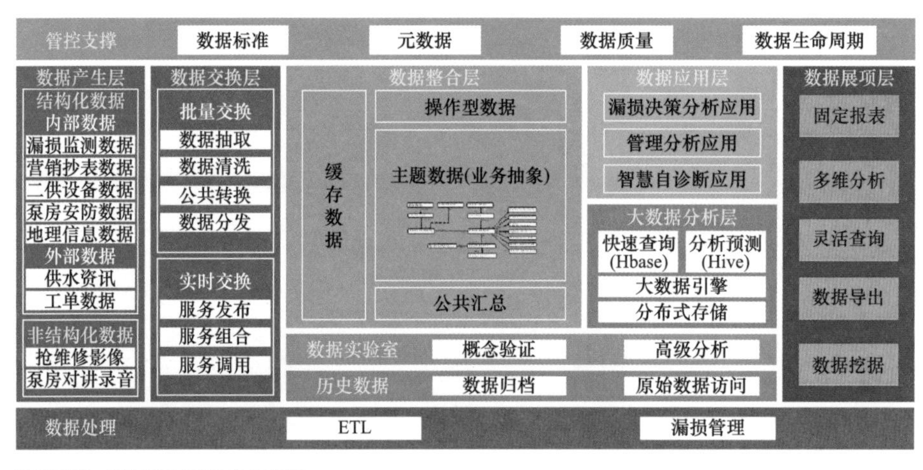

图4-2 漏损管理系统数据架构

4.4.2 总体设计方案

1. 业务架构设计

本项目的业务架构设计如图4-3所示。

2. 系统技术架构

本项目的系统技术架构如图4-4所示。

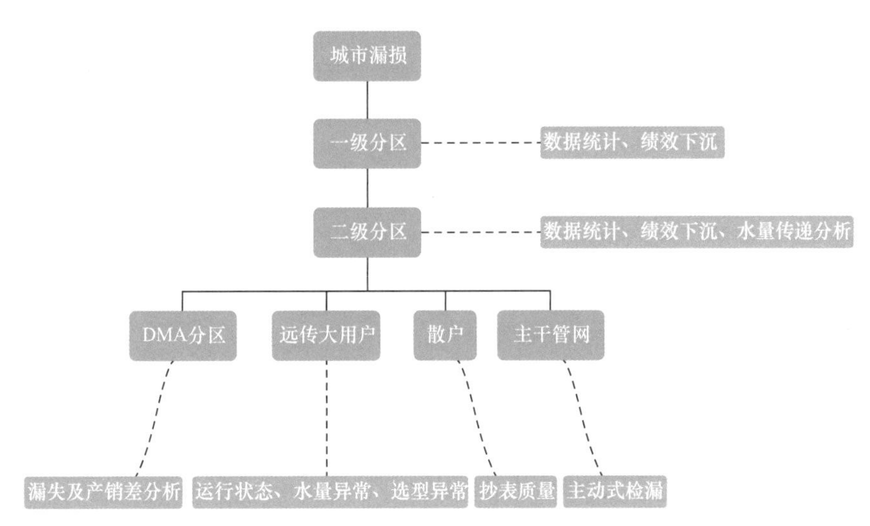

图4-3　业务架构设计图

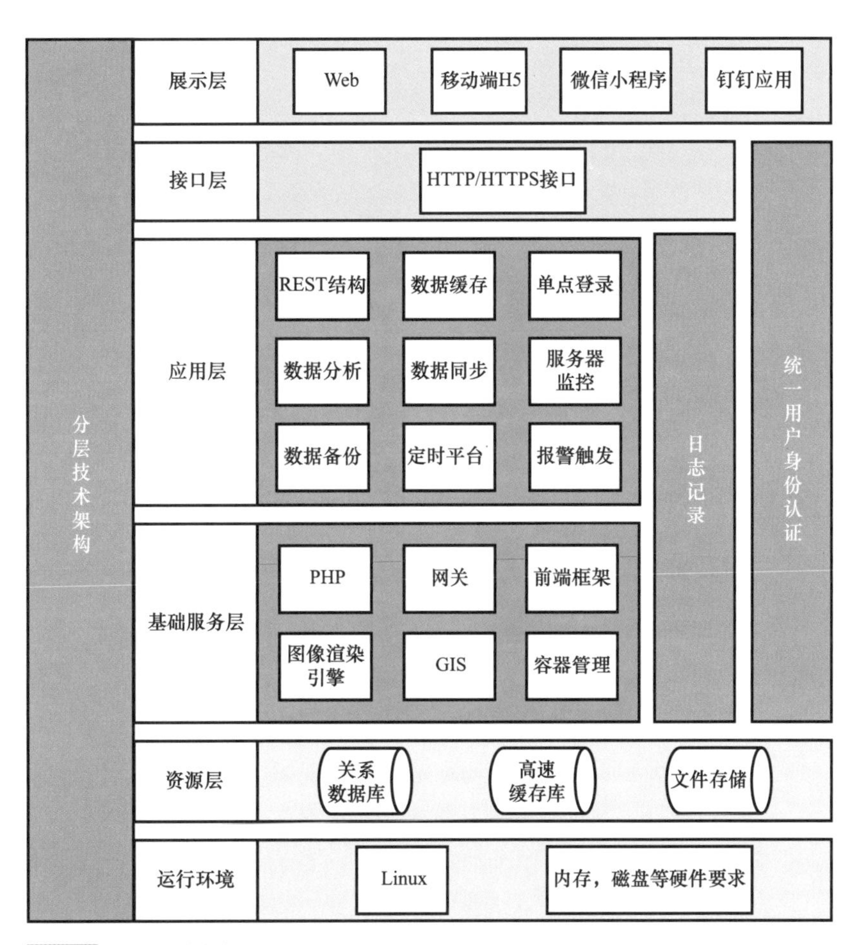

图4-4　系统技术架构图

3. 系统功能设计

漏损管理系统是基于完整的漏损管理体系，以漏损管理的角度设计的。整个城市供水管网可以划分为大分区、DMA分区、远传大用户、散户、主干管网五部分。这五部分相互关联、嵌套，是漏损管理的重要组成部分，同时适用不同的管理场景。

1）大分区可以是多级的嵌套关系，一级分区具有水量大、用水复杂、管理面积大等特点，但是责任对象相对清晰，一般为营销公司等。因此，一级分区最重要的功能是数据统计和绩效下沉，把供水企业漏损管理的指标进行逐级的下沉。当大分区建设得足够小时，水量相对较小，用水相对稳定，可以通过流量、夜间最小流量（MNF）等数据进行物理漏失分析的水量传递分析。

2）DMA分区包含在大分区内，主要管理住宅小区庭院给水管网，是漏失及产销差管理的最佳颗粒度。由于DMA规模适中、用水性质单一，可以快速地发现物理漏失。根据经验统计，80%的物理漏失发生在庭院给水管网内。因此，管理好DMA就相当于管理好物理漏失。

3）远传大用户存在于大分区内及DMA外，由于大用户没有物理漏失，因此远传大用户管理是表观漏损管理的最有效方式。

4）无法被划分在DMA内部的散户，这部分用户用水量相对较小，同时比较分散。因此，管理重心在于提高抄表质量。

5）主干管网，相对于庭院管网，其管材及施工质量较好。因此，主干管网的管理目标是主动式检漏，可以采取噪声探头、水听器、定期巡检等主动式检漏技术，降低物理漏失。

4.5 项目特色

4.5.1 典型性

作为日供水量达100万m^3的大型供水企业，其业务的分工和信息化建设的应用都有共性与特性。在漏损控制方面，本项目通过对所有相关部门的业务梳理、数据挖掘和系统化分析与策略制定实现了可持续的管理目标，因此，项目在设计、建设、交付运营等方面都具有同类企业的借鉴参考意义。尤其是本项目的技术核心是基于水平衡的全系统和大区域的策略化管理与基于DMA分区实际漏损控制行动相结合的模式，实现了自上而下与自下而上两种漏损控制技术路线的融合。以上所述工作是数字化驱动下的漏损控制典型应用模式。

4.5.2　创新性

1. 合理漏失评估模型

夜间最小流量（MNF）是分析物理漏失最直接的指标。合理漏失评估模型是为了计算最低可达夜间最小流量（LMNF），LMNF反映的是当前资产情况下，该DMA经过检漏和维修后，MNF能达到的最低的合理值，可以用LMNF判断DMA是否需要检漏维修。因不同的DMA分区管长、管材、管龄、户数、压力差异很大，不同DMA的LMNF也有所不同。常规算法是国际水协会（IWA）的推荐算法，但该算法并不适用于我国的管网特点（我国环状管网多、高层建筑多，与国外差异大）。虽然算法的影响因素相同，但影响因素的系数不同。

2. 选择经济漏失水平评价模型

判断漏点是否需要修复，有一个基于成本的评价标准。当节水收益大于投入成本时，可以形成良性循环，把节约下来的资金投入到降漏工作中，这是可持续的漏损管理方案。首先，计算当前的MNF和漏失水量。然后，根据MNF和LMNF，计算不同控制漏损（检漏、控压、检漏+控压）方式的节水收益。最后，结合节水收益和不同控制漏损方式的投入成本，自动推荐投资回报率最高的方式。

3. 选择夜间合理用水量评价模型

夜间合理用水量是指在测得的夜间最小流量发生时，居民用户的合理用水量（这是一个估算值，所以用到了“合理用水量”的概念）。在计算漏失水量和相关数据时，如果单一使用MNF计算，会导致计算的漏失水量比实际漏失水量大，其原因就是没有去除夜间居民的用水量。传统的分析方法是使用户平均用水定额，直接使用定额乘以户数。但是，对于户数相对较多的DMA，如果直接使用定额乘以户数的方法，会导致居民合理用水量较大，甚至有时比夜间最小流量本身还要高。由于居民夜间用水的真实情况并不是所有用户都在某一时间段用水，而只是一部分居民在用水。对于某一户来说夜间用水，只会是发生或不发生，用户与用户间无相互影响。因此，该现象符合典型的Poisson分布。夜间合理用水量评价的算法以Poisson函数为模型，计算DMA内居民用户的夜间合理用水量。

4. 供水量预测算法

该算法可以大幅降低爆管的发现率。通过智能发现异常水量，可以实现对异常事件的预警。一般MNF的漏失分析只能以天为周期分析，本算法借助了物联网低功耗远传技术，使数据采集上传频率提升，实现了根据数据的上传频率进行接近实时分析漏损和爆管预警的功能。

4.5.3 技术亮点

1. 优化合理居民用水量估算

物理漏失作为漏损控制的重点，需要通过MNF进行计算。MNF有漏失水量和合理居民用水量两个组成部分。由于合理居民用水量无法进行实际测量，因此合理居民用水量的估算则成为物理漏失评估的关键。

传统的做法是使用居民用水定额乘以居民户数，得出该DMA的合理居民用水量。不同地区的居民用水定额会有一些差异，基本维持在2L/（h·户）。但该方法存在局限性，在DMA户数差异比较大、DMA小区管线比较新时，计算值容易偏大，导致计算后的漏失水量为负。

因此，该项目开发了一种新的计算方法。考虑居民用水的概率和DMA的用户数量是息息相关的，可以通过Poisson分布计算出不同户数DMA内，居民用水的概率。通过最大概率值结合居民的单次用水量，即可以得出合理居民用水量。使用该算法得出的数据更加真实，能够更好地估算物理漏失。

2. 可持续管理的漏损智能决策

漏损控制管理是一个长期的过程，因此在漏损控制管理中，我们需要考虑投资回报率，才能对漏损控制进行可持续管理。漏损管理系统的智能决策分为以下三个步骤：

第一步：通过评价算法进行评估，判断分区可能存在的问题。

第二步：根据估算公式，判断漏点的大小和漏量。

第三步：系统会根据漏点的大小、不同方式的成本和节水量，进行智能诊断，提供用户该DMA需要检漏维修或直接控压的智能控制管理方案，减少用户数据分析的难度。

3. 营销智能诊断

在对DMA进行漏损问题分析时，由于DMA挂接的计费表比较多，通常在1000户左右，针对计费表的分析会比较复杂。工作人员往往很难判断是否存在表观漏损问题和确定问题计费表。因此，该项目研发了一套针对DMA计费表的算法，可以自动根据DMA内的抄表数据，评估是否存在表观漏损问题，判断问题计费表。智能判断分为以下三个步骤：

第一步，根据DMA的表观漏损数据和物理漏失数据，判断该DMA漏损率高，是物理漏失问题，还是表观漏损问题。

第二步，如果是表观漏损问题，系统会根据计费表的抄表数据、抄表计划、抄见率、同比数据、抄表波动率等数据，进行综合的评估。

第三步，以报警的方式告知用户该DMA存在的表观漏损问题，减少工作人员的分析难度，提高分析效率。

4.6　建设内容

在系统建设的初期，对项目范围做了广泛的调研，确立项目的计划和排期。项目建设采用系统建设和现场实施协调同步进行的方式。初期，利用已经成熟的系统内核和主要模块，尽早完成与项目现场建设实施紧密相关的内容。比如，根据调研的结果对DMA分区建设的规划，制定了现场的分区技术规范和与之配套的系统软件功能，将DMA的规划、建设、验收、运营几个阶段作为一个生命周期进行全面的系统化管理，建设文档从初期就记录在系统中，成为未来运营的原始信息记录。

借助这样的建设流程管理，项目实施小组可以随时了解项目的进展和完成情况，促进项目的各阶段的协调和及时完成工期计划。DMA建设的进度管理详见图4–5所示。

图4–5　DMA建设的进度管理

现场的施工按照制定的建设规范，进行分区踏勘、分区零压力测试、边界确认、考核表安装（或升级改造）、系统录入、分区内管线普查、用户表册梳理、分区内二次供水系统勘测与建立独立子分区等工作。建设过程中充分发挥了常州通用供水企业分区产销差小组的优势，将GIS系统数据细化到DMA分区内的主干和用户管线上，为未来分区内采用分段关闸等现场评估重点漏失水量区域和开展检漏工作奠定了基础。

在各个建设阶段中工作是跨部门协调进行的。从建设初期，供水企业内部从管网部门到营销部门、信息化管理部门，都开始了“矩阵式”联合工作模式，通过互相打通部门业务相关数据开展协同工作，在系统建设阶段就进入到了综合漏损管理的模式中。其中，最为复杂和艰巨的任务就是用户的表册梳理工作。要想实现精准的表观漏损计算，就必须首先完整地梳理清分区内部的各种计费表数据。通常这些数据是在不同的录入和管理系统中的，在这里对商业用户的抄表与居民用户的抄表要做统一规划和管理，确认每个分区的各自抄表周期，才能做到准确地计算产销差数据。

此外，系统建设的一个重要步骤就是供水企业相关人员的参与度问题。作为未来在系统上实现全面数据分析和工作管理的使用者，必须在建设的同时提出工作上的具体要求，规范对系统的使用，才能使得使用者体验到这样的系统建设带来的工作助力和简化而不是单纯地增加了工作量，这样才能使得整体项目在应用上得以成功。

4.7 应用场景和运行实例

1）典型场景一：智能评估DMA分区的存量漏损情况，并依据模型自动给出最佳的行动建议和评估投入产出。

存量漏失是DMA现有存在的物理漏失的总量，可以基于夜间最小流量进行分析和统计。夜间最小流量的组成有以下几个部分：合理的居民夜间用水量、不可避免漏失、可控漏失。其中只有可控漏失，是我们可以通过检漏维修降低的漏失水量。

存量漏失的报警评价，首先是根据系统的智能算法，直观告诉用户是否存在漏点、能够降低的漏量是多少。其次，漏损管理系统会统计不同处理方式（检漏、减压、检漏并减压）的节水量和投资回报比。

由于漏损管理是一项长期的工作，需要考虑漏点修复的经济性。因此，系统会自动推荐投资回报最快的方式作为行动建议，实现漏损的可持续管理。如图4–6所示，为根据该DMA的资产情况和漏失水量自动推荐检漏。

2）典型场景二：新增漏点的报警、分析及修复水量计算。

新增漏失是DMA分析中的重点，表示的是DMA内近期新增加的漏失水量，并不反映历史上一直存在的漏失水量。结合新增漏失的特点，可以通过不同时间段的数据对比（夜间最小流量和日均水量之间的变化进行分析）进行新增漏失的分析，并自动判断小、中、大漏。同时，结合日均流量进行关联分析，排除一些夜间绿化用水的干扰。

以图4-7所示的情况为例，当漏点出现时，夜间最小流量和日均流量是同时上升的，后台会对比上升的比例是否符合漏点的特性。当判断是漏点后，系

图4-6 自动推荐检漏

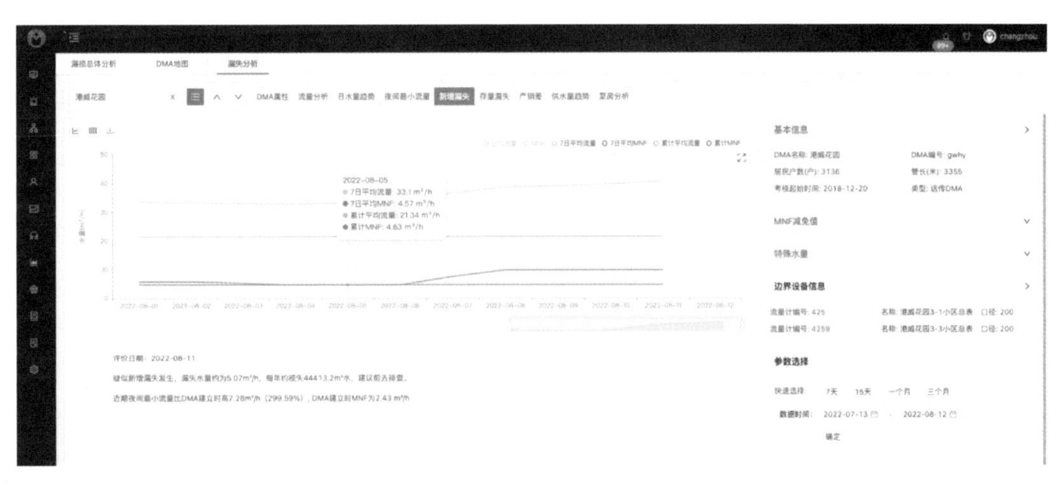

图4-7 DMA的新增漏失

统会进行报警，同时给出诊断建议。此实例中，该漏点预估年漏失水量超过4万m^3，通过该功能大幅提高了数据分析的效率。

3）典型场景三：基于噪声记录仪的管网的漏点查找和周期性普查。

通过部署一定数量的噪声记录仪，采用巡检的方式，配合现场App和基于云端的噪声管理平台，实现对管网的漏点查找和周期性普查，如图4-8所示。尤其是在基于GIS提供的管网资料基础上的周期性普查，配合分区的水量感知能力，就可以实现长期的管网工况记录，产生有效的资产管理数据。用于现场工作的App在完成噪声记录仪的安装部署功能的同时，具有了验证测试点位置、环境信息的功能，为管网的管理也提供了宝贵的现场资料。

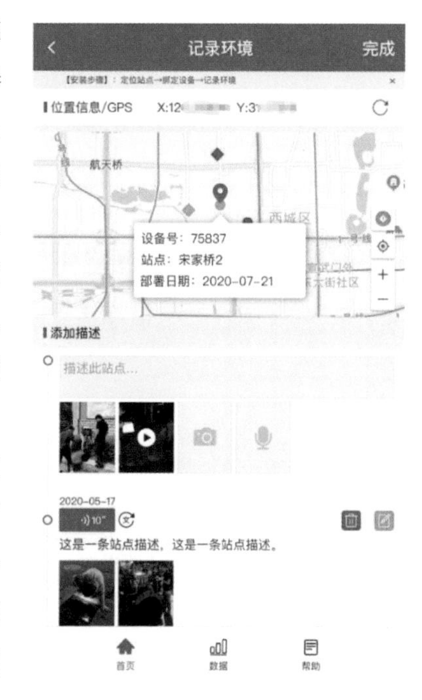

图4-8 App配合现场的记录功能

噪声记录仪的技术特点使其可发现在以往比较难发现的漏点，实践中我们发现了在“水包管”环境下PE管线上的漏点。结合噪声记录仪记录的漏水噪声，与材质的音频范围吻合，是非常典型的噪声记录仪的应用案例，测试点噪声记录仪记录对比如图4-9所示。

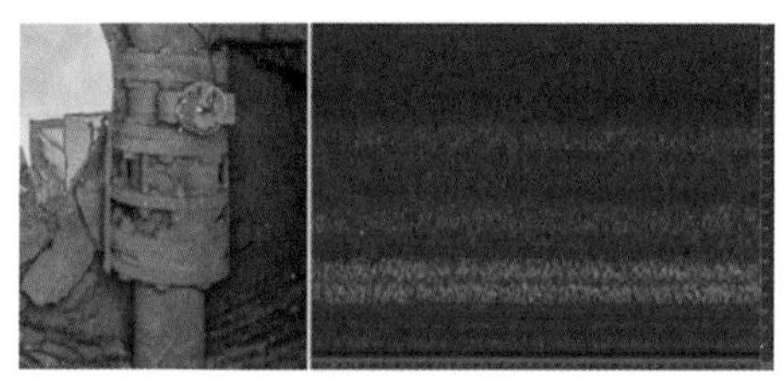

钢	400～1500Hz
球墨铸铁/铸铁	300～1200Hz
铜	700～2500Hz
沥青混凝土	300～800Hz
铅	200～700Hz
PVC	200～500Hz
PE 聚乙烯，高密度聚乙烯	100～400Hz

图4-9 测试点、噪声记录仪记录对比表

4.8 建设成效

在物理漏失发现方面，借助系统的DMA计量分区功能，并配合使用噪声记录仪和水听器，提高了感知漏点、发现漏点的能力，使得新增漏点能及时被发现，并配合工单的业务管理及时维修，明显地提升了漏失水量的节水效果，是长期运维管网、提高管网工况的有效手段。

利用系统分区智能评价、辅助策略及优先级分析的功能，对存量漏失的区域形成精准的基于评估的行动方案。随着重点区域的排查和漏失水量区域的改善，整体的存量漏失也逐渐降低，实现了有针对性、有计划的漏损控制。

4.8.1　投资情况

本项目建设周期4年，投入经费为180万元。

4.8.2　经济效益

经过四年的持续建设和工作，漏损率从2017年的11.97%降至2021年的9.59%。

4.8.3　环境效益

无论是物理漏失水量的减少，还是营销收入的提高，漏损控制都对节水、节能、提升供水效率产生直接的效果，即使是在水资源比较充沛的地区，漏损控制所节省的优质水资源也具有积极的环境效益。

4.8.4　管理效益

通过本项目建立起一个基于数字化驱动的漏损管理体系，它为从上至下的部门管理以及从下至上的业务数据汇集、业务关联提供了平台级的支撑，使得供水企业在漏损管理方面拥有了专业化和系统化的手段，使控制漏损不再是某个部门的责任，而是全员化的整合性解决方案，减少了部门间的推诿，提高了控制漏损的效率，收效明显。

4.9　项目经验总结

漏损控制不是智慧水务的全部，但它几乎与全部的智慧水务业务内容相关，也是智慧水务成果的一个关键点。对于供水企业，漏损管理的建设应该是体系化、专业化的。漏损的成因非常复杂，单凭某种技术不能全面解决漏损问题，所以，综合漏损管理的理念和体系建设方案是快速改善供水企业漏损管理的有效方法，具有行业实践和推广的价值。

业主单位：常州通用自来水有限公司
设计单位：上海威派格智慧水务股份有限公司
建设单位：常州通用自来水有限公司、上海威派格智慧水务股份有限公司
管理单位：常州通用自来水有限公司、上海威派格智慧水务股份有限公司
案例编制人员：
常州通用自来水有限公司：肖磊、周韧、侯帅华、高云、徐锋、王兴双
上海威派格智慧水务股份有限公司：王志军、周晨、史泽森、李松森

第四章 | 二次供水设施运行与管理

5 武汉市二次供水云化集控管理平台

项目位置：湖北省武汉市

服务人口数量：878万人

竣工时间：2021年11月

5.1 项目基本情况

5.1.1 项目背景

二次供水是最基础的民生工程。考虑居民的供水安全保障形势严峻，二次供水普遍存在管理问题，2015年以来，国家各部委不断出台相应政策，要求切实保障居民的用水安全，特别是落实二次供水管理规范与标准，并进一步明确了水务企业是二次供水管理和供水安全保障的主体。

在政策背景、社会需求、新兴技术和企业需求的综合推动下，由水务企业统一管理海量泵房将成为趋势。而对于水务企业来说，海量的泵房管理，将成为大多数水务企业在精细化运维管理过程中面临的障碍。

为解决上述问题，并实现对二次供水工艺全过程产生数据和信息的综合管理、分析、挖掘利用，保障用水质量、降本增效，提升企业二次供水管理水平，武汉市水务集团有限公司（简称武汉市水务集团）与合作单位联合研发了云边协同的二次供水集控管理平台。

5.1.2 项目简介

通过二次供水云化集控管理平台项目的部署应用，解决了传统工业化泵房管理的瓶颈，实现了泵房的信息化、智能化和无人值守，做到了管理精细化，更好地实现了安全供水、节能增效，提升形象的同时也提高了企业的供水运营效益。

当前，武汉市二次供水云化集控管理平台已接入武汉市1215座二次供水泵房。预计未来会有5000余座泵房接入云化集控管理平台系统。

本项目创新性地采用了云边协同的“两化融合”技术，平台具备物联网数据接入功能、管理驾驶舱功能、泵房实时监控、线上巡检、泵房评分、智能报警管理等一系列系统功能。项目建成后，泵房海量数据可以通过网关传输至平台，创新实现多网融合，使用5G降低通信成本，降低网络通信费用。泵站和泵房无人值守，实现高效运维管理，提升能效。

5.2 问题与需求分析

围绕着二次供水泵房的实时监测、自动报警、远程控制、消息推送、自动派单、安防联动、水箱管理和统计分析等功能，让二次供水故障能被及时发现，设备报警时能够及时处理，供水安全得到保障，达到智能化管理和自动化运维的效果。新建相应的各配套应用系统，构成完整的二次供水泵房远程监控管理系统，实现对全市用水用户的智慧化服务。基于项目建设目标和建设内容，需要采用行业领先的、安全的公有云平台搭建二次供水泵房远程监控管理系统云资源，集存储、计算于一体，并支持大规模数据存储和分析计算，为各个系统提供计算服务、存储服务和大数据服务，并保证各个业务系统的持续稳定运行。

5.2.1 架构需求

系统架构以微服务架构为基础，对系统进行拆分解耦。同时，遵循武汉市水务集团应用系统模块之间的交互设计要求，包含数据规范要求和接口规范要求等，沉淀出可重用的微服务，避免重复建设，进一步完善调度指挥平台的整体架构能力，为武汉市水务集团规划驱动的面向服务的智慧水务全局架构重构助力。

5.2.2　性能及系统负荷需求

1. 系统性能需求

1）数据录入操作时无等待时间。

2）日常操作的显示响应时间不大于1s。

3）综合复杂查询8s内返回结果。

4）日常查询、统计和分析的响应时间不大于2s。

2. 系统并发需求

1）在网络带宽不受限的情况下，架构上满足2000个用户同时在线。基于武汉市水务集团当前实际网络情况下，可满足500个用户同时在线，4个用户同时观看视频。

2）在网络带宽不受限情况下，架构上满足1000个用户并发业务操作。基于武汉市水务集团当前实际网络情况，可满足300个用户并发业务操作。

3）在网络带宽不受限情况下，架构上满足泵房数据采集频率控制在1min以内。基于武汉市水务集团当前实际网络情况，可满足泵房数据采集频率控制在3min以内。

5.2.3　安全维护需求

通过相关的技术、产品和服务，建立一套二次供水功能安全运维机制，实现二次供水泵房远程监控管理和云资源、系统软件的安全运维，保证二次供水泵房远程监控管理系统能持续稳定地运行，为市民群众提供持续服务的同时，有效保障相关数据安全。

5.2.4　用户体验需求

1）交互性的按钮必须清晰突出，以确保用户能够清楚地点击。

2）浏览过的信息需要显示为不同的状态，以区分于未阅读内容，避免重复阅读。

3）尽量减少新开的窗口，以避免堆叠过多无效窗口。

4）涉及用户操作，要有及时、清楚的进行错误/成功/等待状态及信息提示。

5）对信息量大、重复操作多的业务要有批量处理的功能（如审核、删除、添加等）。

6）提供功能界面的快捷方式，一个功能有多个入口。

7）报表展示简介，便于打印，支持以Excel、PDF、Word三种方式进行导出。

8）系统通过统一身份认证登录。

5.3 建设目标和设计原则

5.3.1 建设目标

1. 打破传统二次供水管理以“自动化”路径发展的瓶颈

通过二次供水云化集控管理平台项目的部署应用，二次供水管理平台能够支持逾5000座泵房数据的接入、低成本海量数据存储及负载均衡，满足百万级的并发连接请求，解决传统二次供水泵房信息化管理数量级的瓶颈，实现海量泵房无人值守、实时管理、及时响应和高效运维，具备先进性、持续性、灵活性和可扩展性。

2. 形成二次供水标准化建设和管理模式

平台通过技术架构、服务设计、数据采集、平台管理等多个方面体现二次供水泵房的标准化设计和管理理念。通过标准化接入要求倒逼标准化泵房信息化改造，整体提高二次供水的管理水平、运维效率和服务质量。

3. 保障二次供水的供水安全和信息安全

平台通过边缘网关对二次供水泵房的数据和信息进行综合管理，达到提前预警的效果，以保障用户用水质量，确保用水安全，解决分布式工业通信传统网络安全风险问题，提高系统稳定性。采用“两化融合”的设计理念，创新地使用物联网OPC UA规范融合SEC-MQ传输协议，保证并发接入，兼顾工业系统通信安全。

4. 降低企业二次供水运营成本

平台通过大数据对不同设备进行能效统计，有利于指导水务公司后期设备采购，从而降低能耗；通过线上巡检，提高泵房巡检效率，降低人工强度，优化人力资源；通过创新边缘侧网关和多网融合技术，使用5G降低通信成本，同时结合边缘计算、智能规则运用，仅需少量必要的数据上传平台，进一步节省带宽。

5.3.2 设计原则

1. 开放创新

在整体设计和实现上，依托由主流企业参与的合理治理标准组织或者社区所制定的事实标准：

1）遵循Apache软件基金会、Openstack基金会以及Linux基金会及其旗下的CNCF基金会，用代码写事实标准，且100%兼容业界广泛认可的事实标准。

2）具备完整的解决方案和成熟的产品能力，符合《分布式应用架构技术能力要求第一部分：微服务平台》标准。

3）基于事实标准的开放架构，能够确保技术持续快速演化进步，比如容器、微服务等最新技术；可以充分利用业界生态资源，包括软件、工具、培训和人员。

4）最关键是能够避免厂家锁定，数据以开放格式存储，外购件可替代，确保安全可控，确保业务和商业连续性。

2. 企业级体验

系统能提供私有化或混合云部署，对发布的服务与产生的数据提供安全保障措施。按照不同级别安全要求进行设计，重点保障网络安全、主机安全、虚拟化安全、应用安全、数据安全以及配套的安全管理和流程。

3. 云化微服务化

1）云化资源：就近连接全国服务器资源池提供服务，满足业务高峰时的资源弹性和自动化适配要求。

2）云化交付：DevOps和微服务框架缩短应用/服务交付和创新时间，实现武汉市水务集团及其各子公司和其上下游合作伙伴协同进行持续创新、开发、集成和交付。

3）云化业务：在应用层面，遵循分层解耦、服务化、应用与服务分离的理念，抽象公共的业务和数据能力，构成统一独立的服务，有效支撑上层应用的快速开发，从而有效支撑上层应用的快速开发。

4. 符合信息安全标准要求

为保证数据安全及平台运行稳定，将优先采用非Windows运行环境。对云平台厂家的选择，建议达到以下安全要求：通过ISO 27018公有云个人信息保护国际认证、ISO 27001信息安全管理体系认证，平台整体安全设计须完全满足《网络安全等级保护条例2.0》中对三级防护的要求，通过云安全国际认证（CSA STAR认证）、具备数据中心联盟颁发的可信云服务认证（其中应包括虚拟云主机服务、关系型数据库服务、非结构化数据服务）。

5.4 技术路线与总体设计方案

5.4.1 技术路线

二次供水云化集控管理平台（边缘网关）是在云计算、物联网、大数据移动互联网、边缘计算和人工智能等先进的信息技术基础上，发展起来的水务综合管理新生态体系。

顶层设计将二次供水调度、设备管控、地理信息（GIS）和用水计量等业务在云端统一整合起来，打破传统水务的“信息孤岛”，实现“数据+服务+泵房管理”一体化治理，形成完整的二次供水“大脑”，并利用云端大数据处理的优势，实现对边缘侧智能规则库的设计。充分挖掘数据价值，提高边缘侧“网关”的应用效果，为二次供水泵房下一步AI智能管理、自动决策奠定基础。

5.4.2 总体设计方案

1. 二次供水云化集控管理系统架构

该平台系统从逻辑架构上分为两层，如图5-1所示：边缘控制层和云端服务层。边缘控制层的边缘网关通过网络（有线、4G/5G、NB等）与云端服务器部署的应用服务通信，完成工业生产的远程监控、管理以及服务。

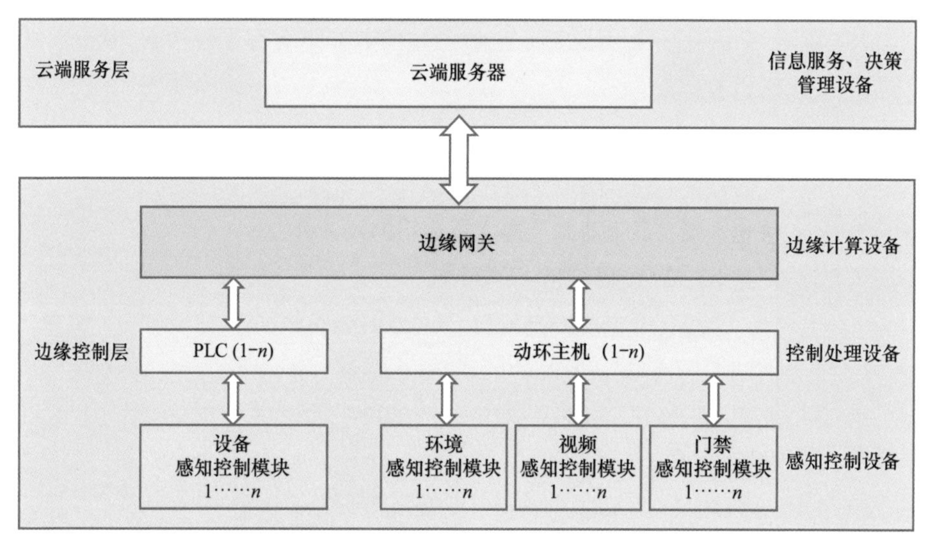

图5-1 二次供水云化集控管理系统架构示意图

2. 云边协同系统拓扑

二次供水集控管理平台的云边协同系统由边缘节点、边缘计算域、云计算中心组成，边缘节点、边缘计算域和云计算中心可以多级多类，彼此互联，也可以互相演化，如图5-2所示。

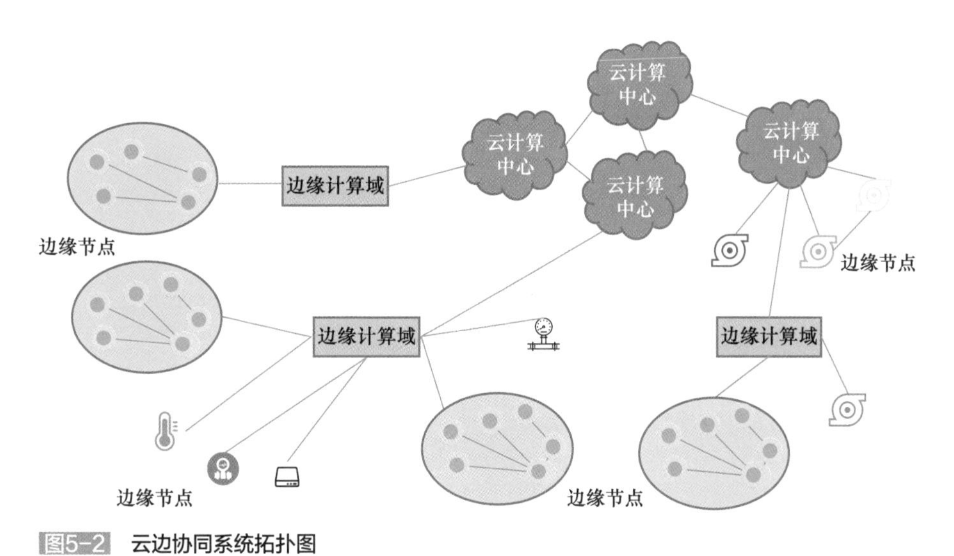

图5-2 云边协同系统拓扑图

1）边缘节点侧重多维感知数据和边缘智能处理。

2）边缘计算域侧重智慧水务数据的汇聚、存储、处理和边缘端智能服务，实现“数据入云”和“服务到域”。

3）云计算平台侧重包括所有智慧水务大数据在内的多维度数据的融合，以及提供基于大数据的多维度服务的应用。

3. 创新基于物联网通信协议OPC UA实现安全通信方案

通信架构采用新的OPC UA PubSub规范与云端服务器平台进行通信，如图5-3所示。该规范以基于消息的中间设备（如AMQP或MQTT）为基础对OPC UA分层，允许用户利用OPC UA的功能，如强大的信息建模框架，同时使用中间设备以消息为中心的通信范例。同时采用国产密码算法SM2无证书公钥密码体制的数据加密解决方案，以保证数据通信的隐私性、完整性和安全性。

在二次供水集控管理平台设计中，采用了边云一体的“两化融合”的设计理念，充分利用云计算架构在成本、时延、计算分析以及服务方面弹性优势，提高管理精细化水平，更好地实现了安全供水、节能增效，提升形象的同时也提高企业的供水运营效益。

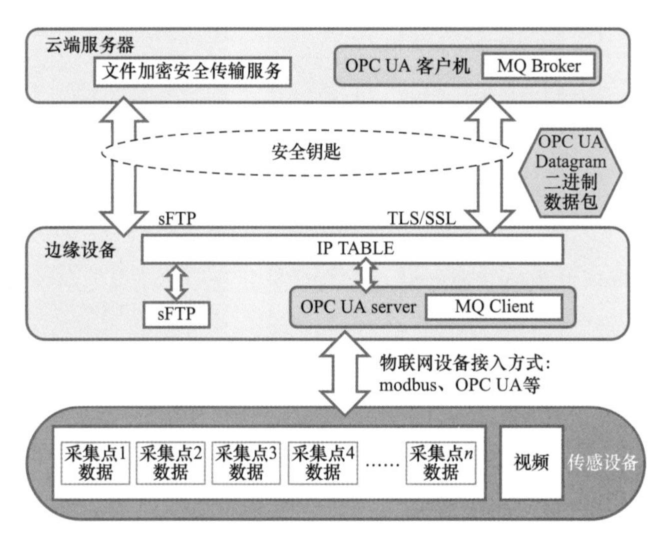

图5-3 安全的通信架构

5.5 项目特色

5.5.1 典型性

1. 模块化边缘网关系统

1）边缘计算能力基于现代网络通信技术，结合边缘计算，实现泵房数据识别、智能分析、自动预警。

2）支持断网数据缓存和报警缓存，网络恢复后自动补发。

3）支持设备的远程管理和巡检，保障设备工作安全。

2. 基于边缘智能联动的泵房无人化值守

1）引入边缘计算，即使网络故障，也可以实现现场处理泵房异常。

2）基于规则识别的故障诊断功能，可以有效降低设备误报率。

3）泵房实时监控系统，可以实时监测设备运行状态；发生设备故障时，可以语音播报提示，同时以短信通知运维管理人员。

4）自动工单派发，发生泵房水淹、设备停机等严重供水故障时，可自动派发工单，真正实现泵房无人化值守管理。

5.5.2 创新性

1.“微服务”化架构设计+“混合云”部署

1）“微服务”化架构设计的架构，提高扩展性。

2）在业务量高并发时，利用弹性计算能力，提供稳定的服务。

3）“混合云”的部署模式提高可用性和访问能力，“随用随付”的云计算资源方式可以有效降低服务器资源成本。

2. 两化融合设计理念的新型二次供水云化集控管理系统

采用两化融合的技术架构，以信息化带动工业化，以工业化促进信息化。通过边缘计算、网络通信、大数据、物联网、云计算等新兴信息技术，搭建一个新型的二次供水云化集控管理系统。该系统利用信息技术加强系统间的集成和互联互通，实现深度网络化、智能化、融合化发展，从而改变传统的生产模式，提高管理水平和生产效率。

3. OPC UA与MQTT融合的通信协议

1）创新性地采用OPC UA的数据信息模型，可屏蔽由于接入设备的多样性造成的困难，保证了大并发数据的接入、数据安全完整以及与工业系统兼容。

2）采用OPC UA-MQTT融合的通信协议以及国产密码算法加密技术，保证数据传输的安全性、隐私性和完整性。

3）采用“云边双层防护”的防火墙体系架构，全方位保障供水系统的安全。

4. 嵌入式微组态网关

在网关中嵌入了微组态，兼顾了组态自控和物联网的优势。边缘计算网关自带功能强大的组态系统，与网关系统一起完成全面高效的数据采集且具有强大的自控逻辑功能。

5.5.3　技术亮点

本项目在《“十四五”期间推进智慧水利建设实施方案》和《依托智慧服务共创新型智慧城市—2022智慧城市白皮书》的指导下，根据相关国家标准和行业标准，设计了基于边云协同的两化融合技术架构的二次供水集控管理平台，如图5-4所示，实现了资源优化、协同合作和服务延伸，提高资源利用效率。

1. 首个省会级城市千量级泵房“统一纳管”

利用容器、微服务等云技术构建强大的二次供水集控管理平台系统，已接入1245座泵房，成为率先实现千量级泵房统一纳管的省会级城市，提高了武汉市供水安全和泵房管理水平，解决了二次供水由于信息化能力不足而面临的各种民生问题。

2. 边缘网关多网融合成为工业控制系统的“大脑”

部署高效的边缘侧算法，将系统部分数据处理能力前置到边缘端，只将必

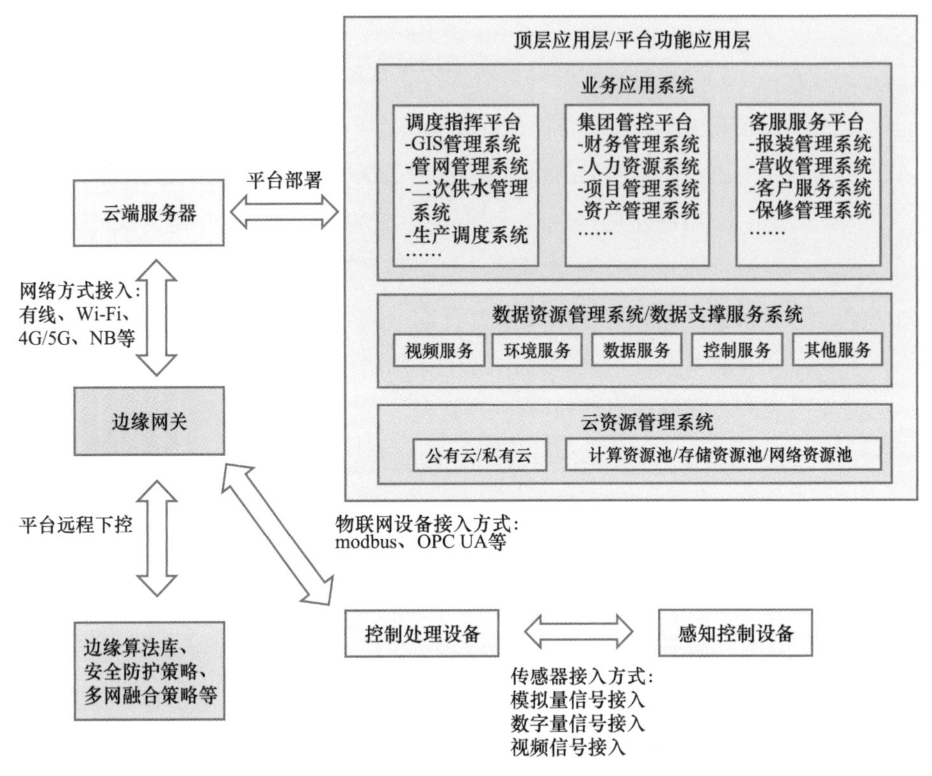

图5-4 基于两化融合的二次供水云化集控管理平台系统图

要的少量数据传到云端，既可降低云端数据中心的压力，减少对网络带宽的依赖，亦可快速地响应用户需求，提高时效性，同时该系统支持多网融合、网络自动切换、网络通信规则设定等通信规则操作，可以满足不同环境及应用场景下网络的需求，提高系统的通用性、稳定性、可靠性。

3. “三层安全防护”的网络安全加固

边缘端网关从硬件层、系统层、协议层设计三层安全保障，免遭网络攻击，确保系统的安全稳定，同时在通信过程中提供数据的安全性、私密性和完整性保障。

4. 可复用的“两化融合”云边协同设计理念

通过深度开放的边缘计算能力，外加创新转换技术，使二次供水泵房现场层的“工业自动化数据”通过边缘网关转化为“信息化数据”，结合集控平台的云计算管理架构，简化边缘侧应用服务的开发。“两化融合”的“云边协同”架构还可适配不同合作伙伴的应用系统，快速满足行业内其他水务应用场景的边缘计算需求（如自来水厂），让边缘侧维护、管理、监测、安全、服务更智能化，促进水务企业数字化转型。

5. 边缘网关内置规则计算引擎和组态驱动

内置的规则计算引擎可以根据实时数据应用网关前置管理策略，使网关可以消除更多误报警，前置干预非致命故障，提高泵房安全管理。内置微组态则进一步降低泵房内工控建设成本。

6. 边缘网关采用工业物联网协议安全加固

系统既利用了OPC UA端到端的工业互联网安全解决方案，又通过代理SEC-MQ高并发数据传输。采用SM2无证书公钥密码体制的数据加密，提供隐私性、完整性和安全性保障。

5.6 建设内容

5.6.1 平台

1. 云边协同架构体系

1）高性能：单负载均衡能满足百万级的并发连接请求。

2）高可靠性：分布式多中心化设计降低了传统云计算中心化的系统风险，提高了系统稳定性。

3）稳定性：冗余设计，无单点，异常流量波动不会出现业务中断。

4）节能降效：边缘计算，降低了云系统搭建成本，节省了网络带宽和通信成本。

2. 二次供水云化集控管理架构

1）平台从逻辑架构上分为边缘控制层和云端服务层两层。

2）平台采用OPC UA规范消息安全通信分层，既实现安全加密通信又具有物联网通信的高度灵活和并发性能。同时采用国产密码算法SM2无证书公钥密码体制的数据加密解决方案。

3）平台基于“工业互联网”的思想，管理直达场站、泵房，实现无人值守、少人巡检、降本增效，提升主动服务和管理水平。

3. 二次供水云化集控管理平台核心能力

1）泵房数据监控

海量泵房运行数据实时监控，发生设备故障可以语音播报提示，同时可以短信通知运维管理人员，自动派发工单，真正实现泵房无人化值守管理。

2）基于规则引擎的故障诊断

内置故障诊断经验，对海量数据进行实时计算，辅助运维人员对异常情况进行快速、自动、智能化诊断，在居民感知到停机、停水等严重事故前，及时发现、定位并解决问题，提升异常处理速度和居民服务水平。

3）能效分析

利用千吨水百米扬程耗电量来统一能效标准，对不同厂家、不同类型的设备进行能效统计排名，能效对比有利于对水务公司后期设备采购进行指导。

4）线上巡检

将传统的线下巡检内容集成到线上集控管理平台，以组态形式直观展示每个泵房需要巡检的内容，分步骤进行巡检。用户逐步根据巡检项内容进行视频和测点数据巡检并生成巡检报告，提高巡检效率、有效降低巡检人员的数量，从而降低人工成本。

二次供水管理平台界面如图5-5所示。

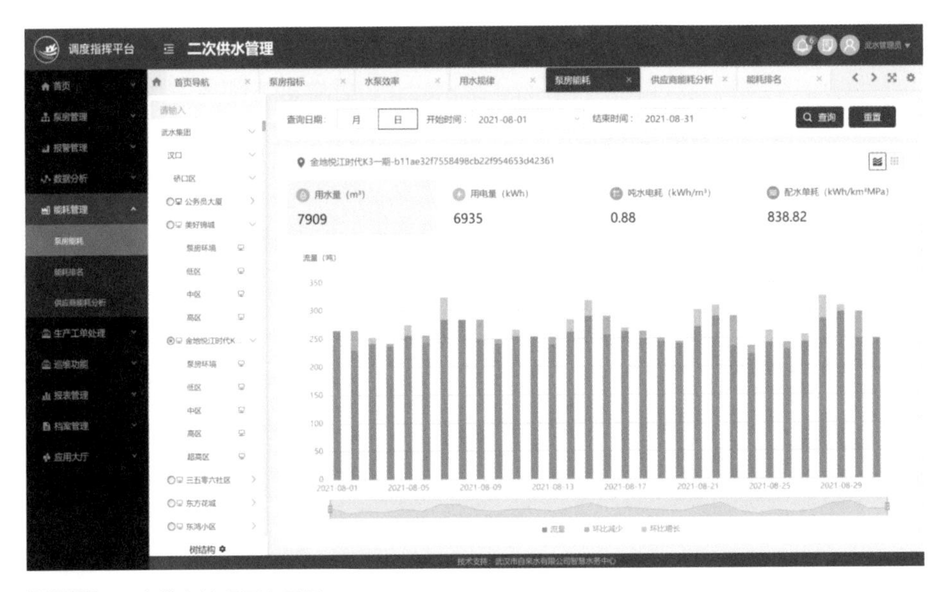

图5-5 二次供水管理平台页面

5.6.2 网关研发

1. 高性能的边缘端架构

1）数据通信安全可靠，与工业自控系统高度兼容

支持新型的OPC UA-MQTT融合协议，保证大并发接入、数据安全完整以

及与工业系统兼容。

2）无缝融合先进的组态系统

物联网关通过OPC UA Client、modbus等方式与智能终端进行通信，完成数据的采集和更新；网关自带的组态系统可以满足工控场景的应用需求，并结合物联网系统共同完成现场的控制和管理，通过OPC UA-MQTT 融合协议与平台进行通信；物联网服务器利用虚拟OPC UA Server供客户端访问，以实现先进物联网系统和组态系统在技术上的无缝融合。

3）超强的边缘计算能力

基于预设的算法库规则单元和算法结构单元，建立了统一的物理模型，并将实时数据和历史数据相结合，构建了应用场景的数学模型。通过云端大数据算法计算与边端计算相协同，构成了超强计算体系，可为未来数字化决策能力演进提供算力支撑。

2. 二次供水物联网模块化边缘网关（图5-6）

高性能边缘网关基于瑞芯微（Rockchip）公司的RK3399K 6核64位（A72×2+A53×4）工业级处理器设计，集成4核Mali-T860 GPU，主频最高2.0GHz，拥有强劲的运算和图形处理能力。支持宽温度-20～60℃，7×24h长时间不间断运行，适用于各种工业级应用场景。

图5-6 二次供水物联网模块化边缘网关

3. 二次供水物联网模块化边缘网关的测试和验证

1）软件产品测试和验证

完成了功能性测试、兼容性测试、易用性测试、可靠性测试、信息安全性测试、可移植性测试。

2）硬件产品测试和验证

完成了绝缘电阻验证、介电强度验证、振动耐久性验证、静电放电抗干扰验证、工频磁场抗扰度验证、电快速瞬变脉冲群抗扰度验证、射频电磁场辐射抗扰度验证、环境温度极限范围极限值验证、极限工作温度验证、最高允许温度监测验证、温度循环性能验证、耐湿热性能验证、耐盐雾性能验证。

5.7 应用场景和运行实例

5.7.1 应用场景一：二次供水泵房地理信息管理

提供基于GIS的区域划分、城市级总览、区域级总览、泵房定位以及泵房概况和关键数据展示等功能，如图5-7所示。可通过地图区域逐级钻取或搜索泵房名称定位到泵房。

1. 泵房详情管理

泵房详情管理页面囊括单一泵房内所有信息，如图5-8所示，以组态形式直观展示泵房真实运行状态，并能在当前页面快速查看泵房各维度数据。

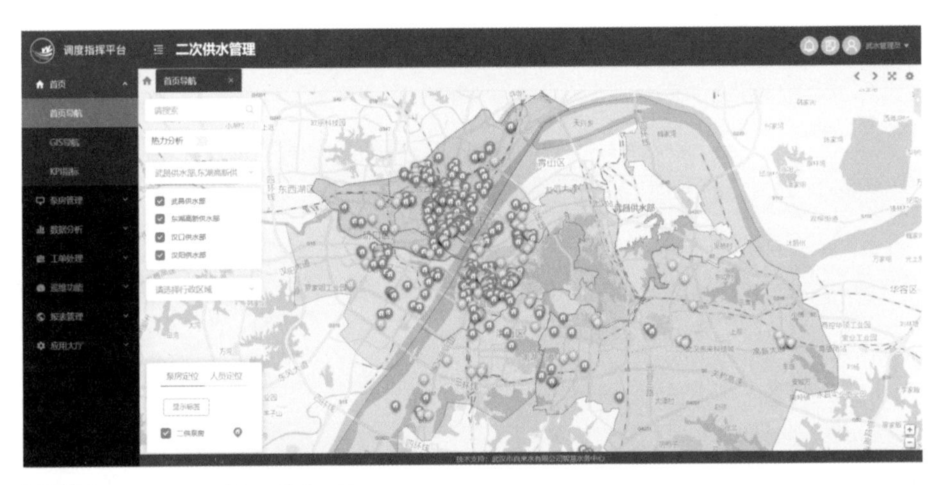

图5-7 二次供水泵房地理信息页面

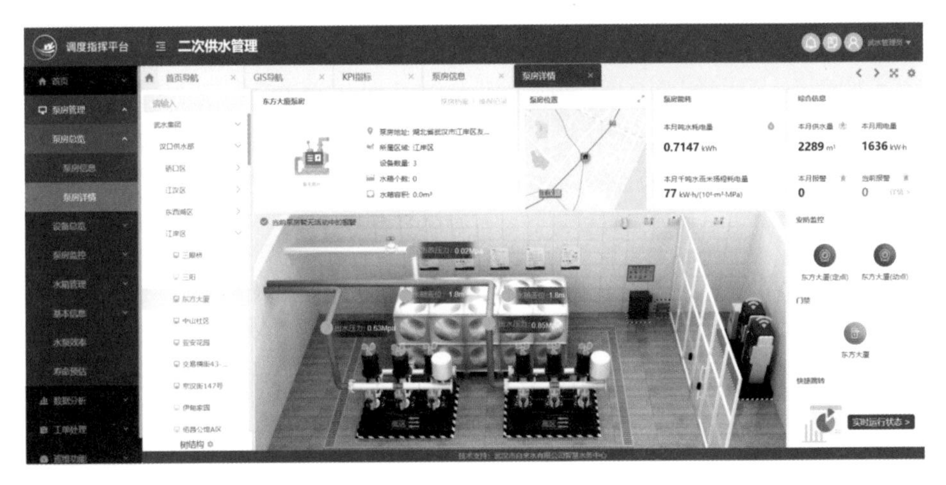

图5-8 泵房详情管理页面

直接展示泵房环境数据、水质数据、水电量数据、设备运行数据、安防门禁以及泵房内的报警情况、运维情况，可快速进行线上巡检。

2. 泵房档案管理

汇总泵房相关档案，包含小区信息、泵房信息、各区位加压设备及水泵信息（图5-9）。信息管理和展示层级分明，一目了然。

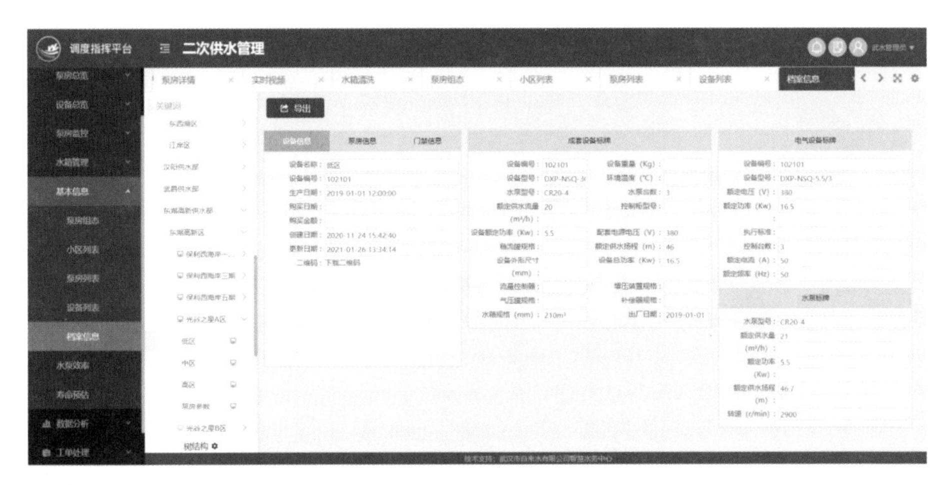

图5-9　泵房档案管理页面

5.7.2　应用场景二：系统工单管理

显示所有工单信息，生成工单记录（图5-10），包括统计工单总数、待接单数、处理中数、已办结数；可查看工单详情，包括处理进度、节点信息、流程

图5-10　系统工单管理页面

信息等。同时，对工单进行分类，通过工单时段、工单类型、工单状态等条件进行筛选。支持从不同维度统计分析运维情况，包括管辖内各组织工单处理情况、各工单类型的处理情况，便于快速查看。

5.7.3 应用场景三：规则引擎

通过规则引擎系统的规则模型管理，实现智能化报警，降低系统误报风险，如图5-11和图5-12所示。推送报警信息，设立相应的解决方案，进行异常处理及跟踪，帮助设备管理单位快速响应突发故障。

图5-11 规则引擎页面

5.7.4 应用场景四：边缘计算集控

边缘网关作为该工业控制系统的"大脑"，可以部署高效的边缘算法，将系统部分数据处理能力前置到边缘端，只将必要的少量数据传到云端，既可降低云端数据中心的压力，减少对网络带宽的依赖，亦可快速地响应用户需求，提高时效性。边缘计算集控页面如图5-13和图5-14所示。针对泵房水淹、烟雾、温湿度过高等紧急报警情况，可支持泵房现场的联动控制，实现泵房无人值守和远程运维管理。泵房现场安装图如图5-15所示。

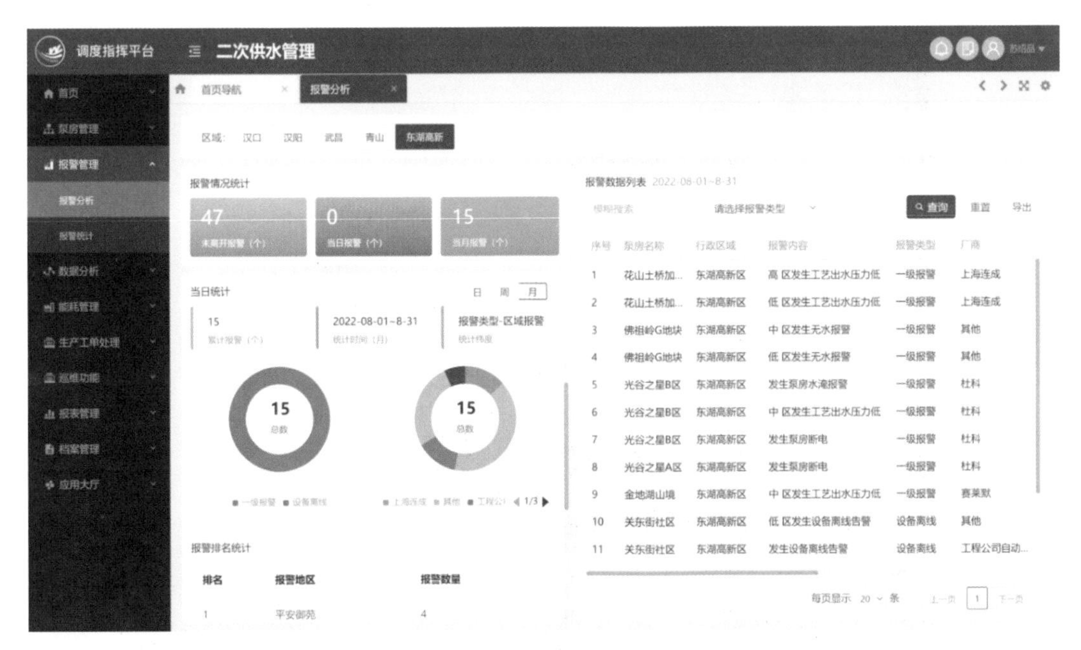

图5-12　规则引擎页面

图5-13　边缘计算集控页面（1）

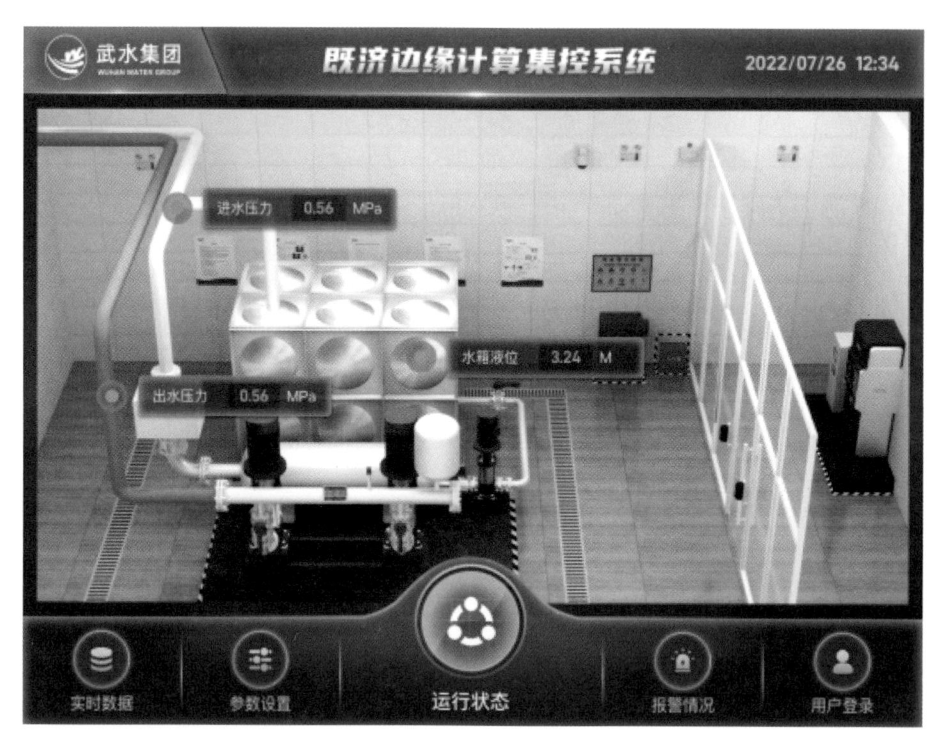

图5-14 边缘计算集控页面（2）

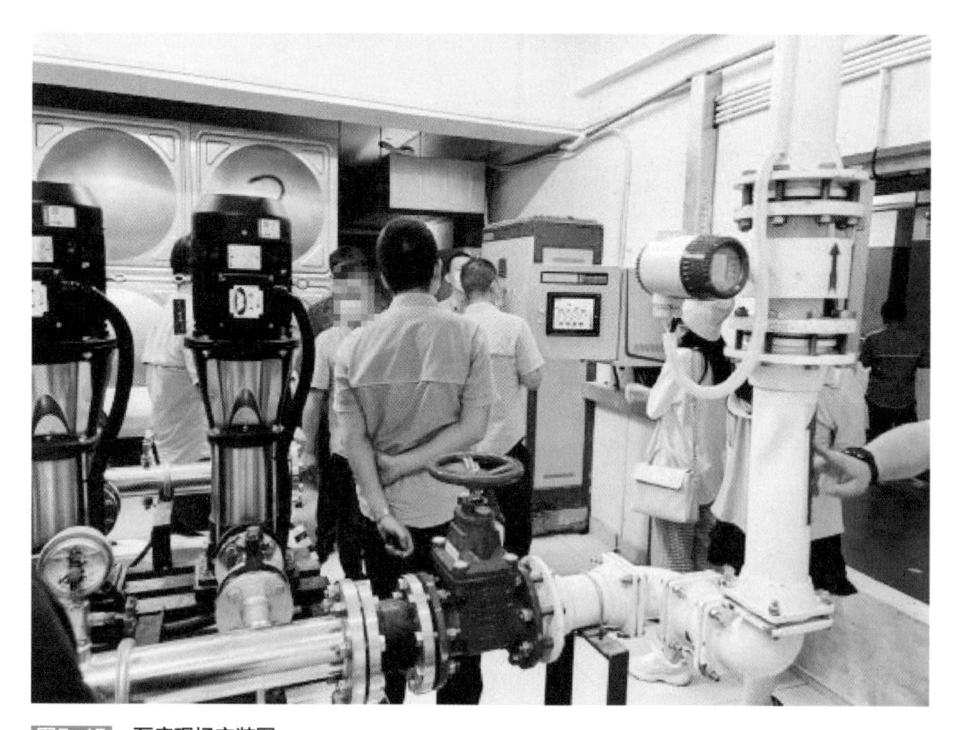

图5-15 泵房现场安装图

5.8 建设成效

5.8.1 投资情况

2019～2021年，武汉市水务集团二次供水泵房信息化改造总投资约3000万元，已验收接收改造泵房1215座。

5.8.2 经济效益

1）优化企业人力资源：可有效优化巡检人员的数量，降低人工成本，降低员工劳动强度。

2）提高设备运行效能：对二次供水设备进行能耗分析，为优化控制逻辑、泵组设计提供数据支撑和决策建议，可提升效能。

3）提高水资源利用效率：通过二次供水集控管理平台的水箱错峰调蓄、用水规律分析等算法模型，提高了水资源的利用率。

4）降低通信成本：系统中的边缘网关具有边缘计算和多网融合及自选网功能，能够对泵房的海量数据进行边缘算法，只将必要的数据通过合适的网络方式传给平台，以实现最佳的通信质量，节省通信费用。

5.8.3 环境效益

1）保障供水安全，提高用户用水满意度。二次供水集控管理平台对整个供水环节实行精细化管理，解决传统二次供水服务不到位、响应不及时的问题，进一步提升服务水平，提高用户的用水满意度。

2）边缘网关与集控模式具有较好的复制推广价值。目前，“二次供水集控管理平台+边缘网关”的云边协同模式已在武汉市复制推广，随着产品与模式的成熟，将在行业内广泛推广。

3）创新引领水行业二次供水相关建设标准化、规范化管理理念，通过二次供水集控管理平台的建设和二次供水标准化泵房的打造，树立二次供水行业标杆，为其他水务企业提供经验借鉴，共同提高水行业技术水平和管理水平。

5.8.4 管理效益

1）目前，武汉市成功集控管理二次供水泵房已达1215座。通过决策智慧化，实现自动化的异常诊断能力，实时掌握所有场站、泵房异常情况，自动发现问题，自动派送泵房工单，自动进行绩效计算，完成资产信息电子化、零部件全生命周期管理。

2）泵房实现24h不间断实时监控，四级报警触发与报警处理策略，规则引擎的应用，将设备误报警率降至1%以下。

3）自动判断并发送通知，报警响应及时率提升，且供水突发事件的应变能力提升。

5.9 项目经验总结

二次供水是一个复杂而艰巨的民生工程，“边缘计算+云计算”的融合技术架构，让每一滴水都可以被“感知”，对整个供水环节进行了科学管理，提升用户体验，不仅可以改变消费者的用水理念，更能给企业对二次供水的发展和创新带来了技术以及管理理念的变革。

当前二次供水的发展，通信技术是其核心的要素，在保障供水服务的前提下，亟需一种强公信力的通信技术手段，解决二次供水泵房数据采集、视频传输和管理、远程高效业务管理等大数据传输的问题。

随着5G技术的发展，物联网、大数据、云计算、边缘计算及移动互联网等新技术不断融入供水行业的各个环节，二次供水作为信息技术和水务管理相结合的先进模式，正面临行业发展的黄金时期。

伴随着国内5G基础设施的完善，“5G+边缘融合+水务”的供水模式将成为行业发展的新活力，为未来智慧供水建设和发展提供无限的市场空间。

5G技术在二次供水行业的应用，将构建全新的供水生态，实现资源的优化整合，提高利用效率。通过融合新的技术，将其他行业和领域的业务服务融合进来，实现跨行业、跨领域的服务生态体系。

业主单位：武汉市水务集团有限公司
设计单位：武汉市水务集团有限公司
建设单位：上海威派格智慧水务股份有限公司
管理单位：武汉市水务集团有限公司
案例编制人员：
武汉市水务集团有限公司：李向东、石立、华扬、朱晓鹏
上海威派格智慧水务股份有限公司：陈果、滕立勇、徐庚、朱文杰

第五章 | 供水系统综合管控

鹰潭智慧水务

项目位置：江西省鹰潭市月湖区

服务人口数量：23万人

竣工时间：2020年9月

6.1　项目基本情况

鹰潭智慧水务项目是由鹰潭市供水集团有限公司（简称鹰潭市供水集团）负责设计建设和运营管理。本项目总投资约8600万元，争取地方政府补贴约2730万元。硬件方面，自2017年实施以来，新装、更换智能水表19.4万台，是全国首个智能水表覆盖率达98.5%的地级市供水企业。2019年开启了“智慧水表全域化智慧水务管理示范应用”项目，成功入选了2019年江西省03专项（“新一代宽带无线移动通信网”国家科技重大专项）及5G项目，目前已安装完1621台NB电磁大表，成为全国首家NB-IoT智能大表全商用的城市。软件方面，鹰潭市供水集团先后更新升级集抄、营销MIS、语音客服、手机抄表等10余套系统，拓展“爱心园”等以智能水表为核心的智慧水务功能模块，开发智慧水务大脑、微信服务、网上营业厅、DMA分区计量系统4个平台，实现终端采集、数据发掘、业务闭环、管理决策、用户服务全方位强化。

鹰潭市供水集团在长期探索与实践中，构建出具有鹰潭特色“软件硬件协同，服务管理一体”的实用性智慧水务，坚持智能终端是基础，系统平台是保证，数据思维是关键的建设理念，打造全域智能化、管理智慧化、服务多元化的智慧水务，实现业务智能闭环、管理数字决策、服务智慧暖心，构建数字化智慧水务体系。

6.2 问题与需求分析

随着科技的发展和时代的进步，人民对美好生活向往的需求与传统水务的矛盾日益凸显，传统水务数据延迟性、服务滞后性已无法满足与时俱进的需求。

1. 抄表及时性差、准确率低

传统水表和初代智能水表存在抄表周期长、复核难、上线低、故障高、“人情水”“关系水”等抄收难题，无法满足智慧水务建设的及时性、准确性需求。NB-IoT智能水表具有广覆盖、低功耗、上线率高三大优势，能实现点对点传输、每日上传数据，有效保障了数据的准确性与及时性，夯实智慧水务建设发展基石。

2. 系统关联性差、可靠性低

传统水务系统之间通常各自为政，存在“数据壁垒”，缺少联动性，且抄表、录入、开账、催费、收费等一系列业务操作均由人工操作完成，操作时间长，风险系数高。智慧水务的建设需打破“数据壁垒”，联通业务系统，增强系统间的联动性，实现智能抄表、数据推送、定时开账、自动催费、线上收费等业务智能闭环，减少人工操作，降低风险系数，提升系统可靠性，解决回款不及时等问题。

3. 控制漏损及时性差、协同性低

传统水务对于管网漏损没有行之有效的办法，发现明漏靠群众，排查暗漏靠经验，追查管网漏损靠运气，同时综合调度协同性低，快速反应及时性差。智慧水务采用网格化管理手段，将供水管网进行分区划块，应用流量、压力监测等分析方法，提升漏点定位精准度，结合综合调度管理，实现快速发现、精确制导，有效减少处置时间，提升漏损控制效率，降低漏损率。

4. 服务精确性差、个性化低

由于抄表任务重、周期跨度长、催收难度大，抄表员用于客户服务的时间和精力很有限，导致了服务的及时性不高，传统水务数据体量小，无法做到精确描绘用户画像和用水特征分析，对于定制化、精确化的服务要求只能望而却步。在新一代智能水表和物联网技术的加持下，智慧水务有庞大的数据体量、先进的算法模型，可以精准描绘用户画像，联动各系统平台实现量身定制的消

息提醒服务，让服务先行一步，有效地避免用水异常导致的纠纷和投诉。另一方面，智慧水务利用用水特征分析，结合社区管理，对特殊人群进行特别关心，创建“爱心园”社区。

5. 管理精细化差、科学性低

内部管理凭借的更多的是经验，缺乏大数据的支撑。对于人员工作量的饱和度、事件责任的明确、部门间的协助运行，没有量化的标准，依旧停留在传统水务主观判断的方式上，缺少科学化的衡量方法和现代化的管理手段。通过智慧水务的建设，在消除“信息孤岛”后，进一步提炼核心数据，构建领导管理驾驶舱，利用大数据综合分析技术，不断细化KPI考核方式，做到工作饱和度有数据支撑，责任划分有理有据，部门协同畅通无阻，充分发挥数字驱动力，实现人员配比科学化，内部管理精细化。

6.3　建设目标和设计原则

6.3.1　建设目标

1. 提升用户“三感”

基于新一代智能水表打造的智慧水务，每月接受数亿条用户用水数据，利用新一代物联网技术，能够对海量数据进行自动计算和智能分析，实现了用水异常、阶梯水量提醒和水费账单等定制化自动推送功能，让用户的每一滴水都用得明明白白，提升用户“三感”。

2. 实现数据治理

辅助政府开展数据治理、城乡一体化改造，申请材料缩减40%，压缩环节30%，实现用户“零跑腿、业务线上办”以及工作人员“您用水，我跑腿”服务承诺，为政府分忧。

3. 增效减员，降耗节能

对全域1621台大口径水表进行智能化改造，实现控漏精确、水压平衡、服务精准，人员减少30%，效率提升3倍，漏损率保持在12%左右（修正前），年节约水320万m^3，为企业增效。

6.3.2　设计原则

1. 实用性原则

基于生产管理的实际情况，结合鹰潭市供水集团当前组织架构、工作要求、工作习惯、业务流程等，将当前痛点、难点、重点工作分开剖析，分步实现，坚持实用性设计原则，使平台使用更简单，更人性化，为供水管理工作提供更灵活、便捷、高效的应用平台。

2. 先进性原则

在设计思想、系统架构、采用技术、选用平台上均要具有先进性、前瞻性、扩充性和开放性思想，在充分考虑技术成熟性的同时必须采用标准化先进的计算机软硬件和信息网络技术，采用成熟且具备发展潜力的技术架构，提升系统平台部署的灵活性和可扩展性，以便在未来智慧水务发展过程中不断保持技术升级和更迭。

3. 开放性原则

在数据库设计上严格遵循相关技术标准，软硬件产品的选择坚持标准化和开放性原则，采用开放性体系结构；应用软件设计开发也应充分考虑开放性，组合的便捷性，整体架构设计遵循平台标准接口的统一性与通用性原则，符合各种形式的通信协议标准，具有良好的可移植性、可扩展性、可维护性和互联性。

4. 安全性原则

智慧水务的建设在信息安全方面提供全面、完整的安全保护、符合国家信息安全要求且建立智慧水务系统的安全机制，系统安全机制的设计理念基于平衡控制性与灵活性相结合，同时要容易维护。系统建设遵循安全、保密的原则，系统中的数据操作要实现对各级用户授权限制。

5. 稳健性原则

智慧水务平台未来将成为供水业务的核心系统，因此平台的设计应具有持久化稳定运行的能力，以保障数据的连续传输和分析结果实时呈现。

6.4 技术路线与总体设计方案

6.4.1 技术路线

如图6-1所示，鹰潭智慧水务大脑平台运用物模型、远传数据采集高并发处理、数据整合、数据特征分析、参数化智能建模技术、TTS文本转语音技术等技术路径实现智能水表上报的高频次、高精度、高准确。数据集中、智能化的管理，为水务产销差及漏损管理、用户服务、内部精细化管理等提供精准、有效的数据支撑。

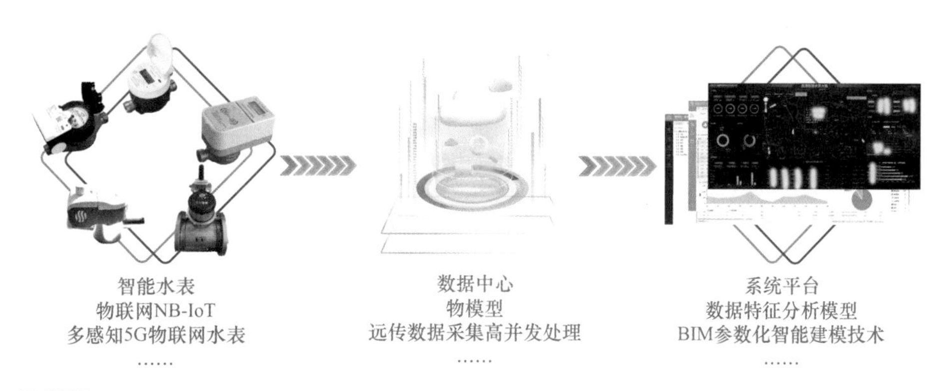

图6-1　技术路线图

6.4.2　总体设计方案

鹰潭智慧水务总体设计如图6-2所示。其中基础域是智能感知层，是以新一代智能水表为基石，通过智能水表更精准、更及时地获取出厂、管网、用户流量信息，以压力、水质等其他感知监测数据为辅助，为智慧水务建设夯下坚实的基础，同时也提供创新、突破的温床。

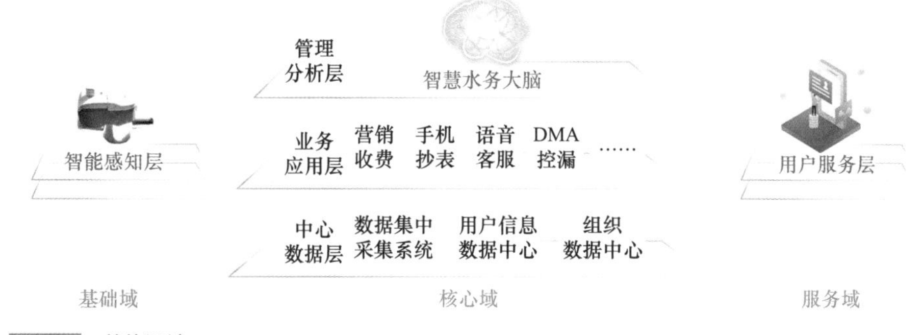

图6-2　总体设计

核心域包含中心数据层、业务应用层、管理分析层，以中心数据层为支撑，打通“数据壁垒”；以业务应用层为枢纽，实现业务闭环；以管理分析层为驱动，赋能数字管理。通过集中采集系统、营销收费系统、语音客服系统、DMA计量与漏损管理系统、管网压力监测系统、微信短信系统、智慧水务大脑等系统环环相扣，将产、供、销、管、控、服有机结合，最大程度地发掘数据潜在价值，促进智慧水务数字经济发展。

服务域是用户服务层，通过微信公众号、赣服通接口、网厅等系统，将硬件数据的“冰冷”，通过软件平台的“雕琢”，呈现业务应用的“温暖”，以更加“沉稳”的姿态，带着“温度”的智慧，服务于民。

6.5 项目特色

6.5.1 典型性

1. 物联网NB-IoT光电水表

1）光电对射采集，抗磁干扰：由发送器，接收器和检测电路三部分组成，半导体光源发送器对准目标不间断地发射光束，透过光学元件到光电二极管接收器，最后传输到检测电路，滤出有效信号和应用信号，不受强磁场的干扰。

2）NB-IoT传输，信号保障：NB-IoT是低功耗广域网，具有广覆盖、大连接、低功耗等特点，能够有效地进行信号传输保障。

2. 物联网NB-IoT无磁水表

1）1L采样：无磁片指针片与0.1L的指针同频，无磁线圈传感器感应无磁指针片转动一圈，则输出一个脉冲，无磁指针片转动一圈等同于0.1L指针转动1圈，即1L指针转了1格，基表计量1L，传感器输出1个脉冲。

2）机电分离：机械模块与电子模块相互分离，便于后期的进一步模块化升级改造。

3）无磁计量，抗磁干扰：线圈式无磁计量，在磁干扰下，其输出的振荡波形不会改变，能够保障信号传输的稳定性。

3. 物联网NB-IoT电磁水表

1）正反计量：计量应用法拉第电磁感应定律，水流自身在磁场中做切割磁感线运动而产生的感生电动势，通过感生电动势的变化来测量水流方向及流量大小。

2）抗磁干扰：外壳应用铁磁材料制成，是分配制度励磁线圈的外罩，并隔离外磁场的干扰。

3）超低压损，节约能耗：电磁水表内部是直管段、无叶轮等机械部件，水流通过时不会产生压力损失，减少能量损耗。

4. 多感知5G物联网水表

1）无磁计量：线圈式无磁计量，在磁干扰下，其输出的振荡波形不会改变，能够保障信号传输的稳定性。

2）水质传感器：能够检测水中总溶解性物质的浓度，依据检测数据可判断当前水质的优劣。

3）压力传感器：获取压力读数及时上报供水压力，保障供水压力平衡和流量稳定，并及时发现爆管或渗漏事故。

4）温度传感器：能够检测当前水温，可及时采取防冻和高温预警措施。

5）环保健康：机械部分与电子模块分离，便于现场安装或拆装，壳体采用不锈钢材质，杜绝污染水质。

6）海量数据存储：循环存储18个月的月结数据、31d日结数据，可上报水表1d内每分钟的流量，每分钟流量数据可存储2d。

6.5.2　创新性

“鹰潭智慧水务”秉承“以水传情，用心服务”的宗旨，从硬件、软件、服务、管理四个方面进行统筹布局。

1. 强化硬件，夯实智慧之基

在水厂、水管、水表等基础硬件改造升级过程中，结合当下方兴未艾的物联网传感技术，融入智能感知设备，为硬件赋能升级，实现水厂自动化、水管感知化、水表智慧化。

2. 完善软件，助力智慧之翼

融合集中采集、营销收费、语音客服、DMA计量与漏损管理、管网压力监测等系统数据，消除“信息孤岛”，充分发挥数据协同优势，为辅助决策提供重要的数据支撑，真正实现数据一体化、可视化。

3. 突出服务，传递智慧之情

贯彻非垄断性思维做供水，将老百姓对美好幸福生活的向往始终铭记在心。在农饮水工程中，实现“同管同价同服务”；在优化营商环境中，满足用户一次不跑，省心省力省时间。以高效、便捷、优质、人性化的服务，全面提升老百姓的“三感”。

4. 深化管理，激发智慧之力

加强精细化管理，梳理各部门工作，明确事项、化繁为简，搭载智慧水务系统，提升工作效率，供水志愿者的工作重心从抄表追费转变为用户服务，激发供水志愿者主动靠前服务的内生动力。

6.5.3　技术亮点

1. 感知层建设

项目广泛应用基于NB-IoT窄带物联网通信技术的智能型水表，使用过程中具有覆盖广、低功耗、上线率高等优势。其中，在流量计量方面使用了法拉第电磁感应技术，抗磁、计量精准，可计量到0.1L，统一了所有类型表具的智能采集，建立一个可以快速有效将鹰潭市供水集团所有水表集中采集、管理的平台，有效地解决了因接口协议的不同，而造成的重复操作与管理工作。同时将这些数据通过软件平台与接口展示并分享到其他相关联的业务系统中实现数据共享，给管辖区域内19.7万用户提供智能化服务，并充分发挥各系统优势，为鹰潭市供水集团的辅助决策、安全生产、节能降耗提供重要的数据支撑。通过本项目的实施，打造江西省NB-IoT终端连接数最多的一个项目，并将为NB-IoT技术与传统工业、城市管理、城市交通、农业管理和监控、物流管理等多方面的融合应用、大规模部署、应用优化提供参考，为地方参与行业应用标准的制定提供支撑。

2. 应用技术先进性

1）物模型

供水感知层物联设备种类繁多、数据指标各异、上传频率参差不齐、传输模式个性化、传输协议厂家定制化。物模型技术通过属性、服务和事件三个维度，实现了一个平台、一个标准接入，满足N种物联的规范采集、数据稳定等需求。

2）远传数据采集高并发处理

智能水表19.4万台，每日超400万条物联感知增量数据，应用远传数据采集高并发处理技术，解决大批量物联数据同时上报易造成的接口超时、线程池耗尽、数据库连接耗尽、数据丢失等问题。

3）数据整合

供水数据信息分布于不同的业务功能模块，由不同部门维护、使用和管理，数据分布分散，数据量大，数据质量参差不齐，数据结构复杂，存储介质多元，格式多元。本技术能够有效进行数据整合，为水务产销差及漏损管理、用户服务、内部精细化管理等提供精准、有效的数据支撑。

4）数据特征分析

供水数据应用根据不同的特征分析适应不同的业务应用场景，主要利用分区分量平衡模型，实现对总分表水量差、夜间最小时段水量的特征分析，开展DMA分区计量漏损工作，精准定位漏损分区，从而降低漏损率；利用水量变化模型，实现用户用水数据特征分析，开展用户破阶梯、异常提醒等服务工作，节约水资源，快速发现表后漏水，提供定制化服务，向政府部门提供用户用水依据等。

5）参数化智能建模技术

随着数字化社会、服务型社会的发展，实景、全景、AR、VR等3D可视化应用的需求越来越高，通过应用参数化智能建模技术，实现动态增加“爱心园”小区的模型建模，既直观地展示“爱心园”用户用水情况，也解决新增“爱心园”无须重新开发建模的需求。

6）TTS文本转语音技术

人员成本是企业管理成本中相对较多且持续投入最长的，通过应用TTS文本转语音技术，将客户提交的语音需求实现数字转码，由计算机实现自动答复，从而解决常见问题。自动计算机语音答复，减少企业在人工客服方面的成本投入。

3. 信息系统安全保障

1）运行安全保障。2020年鹰潭市供水集团对自有机房网络及设备进行重新规划设计，新增由超融合虚拟化平台构建的鹰潭市供水集团企业私有云，将原有信息软件服务坚持的“四同步”原则，陆续迁移至超融合平台进行统一管理，通过CDP数据备份保护、快照、副本机制等技术保障应用、数据安全与稳定性。

2）网络安全保障。新增信息安全设备及软件，其中包括日志审计、堡垒机、入侵检测、上网行为管理、EDR终端管理系统、VPN、设备准入控制、网闸、防火墙等技术与设备，实现分区分域的网络保护，严格控制不同区、不同域的相互访问。

3）运维安全保障。为满足各业务系统的高性能需求，合理分配运行资源，应用虚拟化、可视化私有云管理平台，方便技术人员简化部署，并对系统性能实时监控报警，大大降低运行维护的难度以及成本，实现企业信息化运维升级。

6.6 建设内容

通过新建、升级改造软件系统，整合已有的应用系统和信息资源，借助新一代物联网、大数据等技术，从终端数据采集到综合应用、展示，建立一套完善的智慧水务体系，实现实际可落地、落地即应用、联合可管控、中心集约化的供水一体化管理服务。

1. 建立统一物联采集模块

通过搭建集抄系统，将不同厂家水表、仪表在同一系统平台接入，打造物联设备的信息库，其中包含用户名、缴费号、地址、电话号码、水表号、止码等所有的数据，如图6-3所示。通过这个集抄系统，每个月后台能接收大约1亿条用水量数据。这些数据构成精准把控管网流量漏损、深度分析用户用水习惯以及详尽解读每小时DMA分区数据的坚实基础。靠大数据的分析，从这1亿条数据中将有价值的数据推送给其他各个不同的系统，让供水管理员能够更精准有针对性地为用户服务。

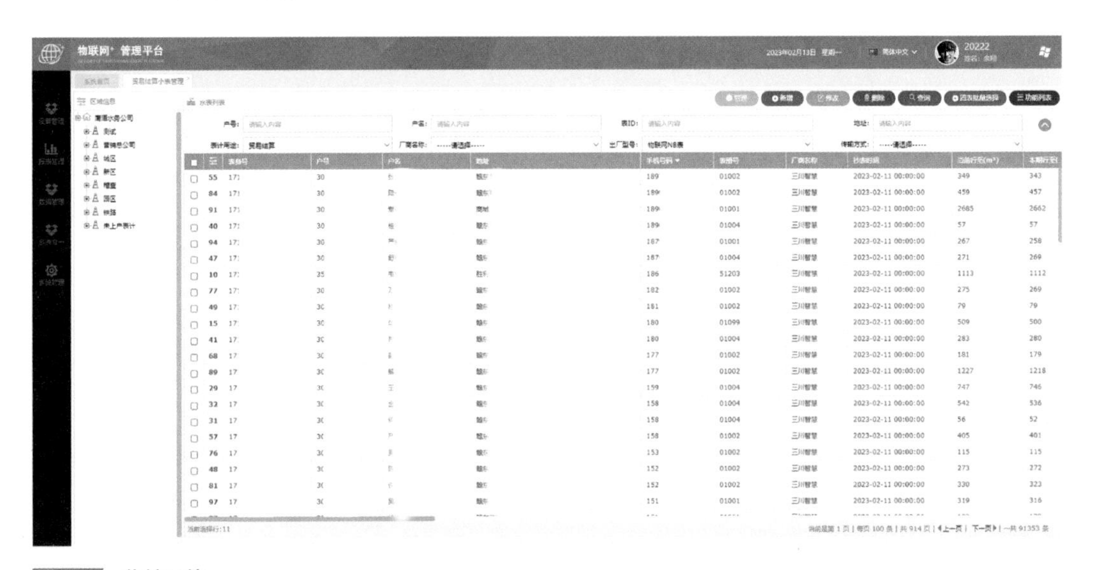

图6-3 集抄系统

2. 建立智能语音客服模块

一方面将语音客服系统与集抄系统相互关联，通过用户来电号码，自动查找用户主要信息和当前缴费情况，分析用户近期用水状况，并以弹窗的形式呈现，让客服人员第一时间知晓用户信息和可能存在的问题，提升服务效率和亲和感。另一方面，将多年来收集的普遍问题和常规咨询，转化并存储在知识库中，结合智能语音机器人技术，实现智能客服，提升客服工作效率。语音客服系统如图6-4所示。

3. 建立智慧营收模块

通过对营业收费系统的建设，集成管网运营管理平台相关系统，以建立新型的工作流引擎和提高工作效率、服务质量为主要目标，实现各项业务开展的流程化、标准化。对各个业务系统的数据和功能集成，提高工作人员的办公效率、拓展服务渠道、提高服务实时性，使业务系统的运作更加清晰流畅，构建一体化、全天候、全方位、协同运作的客户服务信息平台，如图6-5所示。

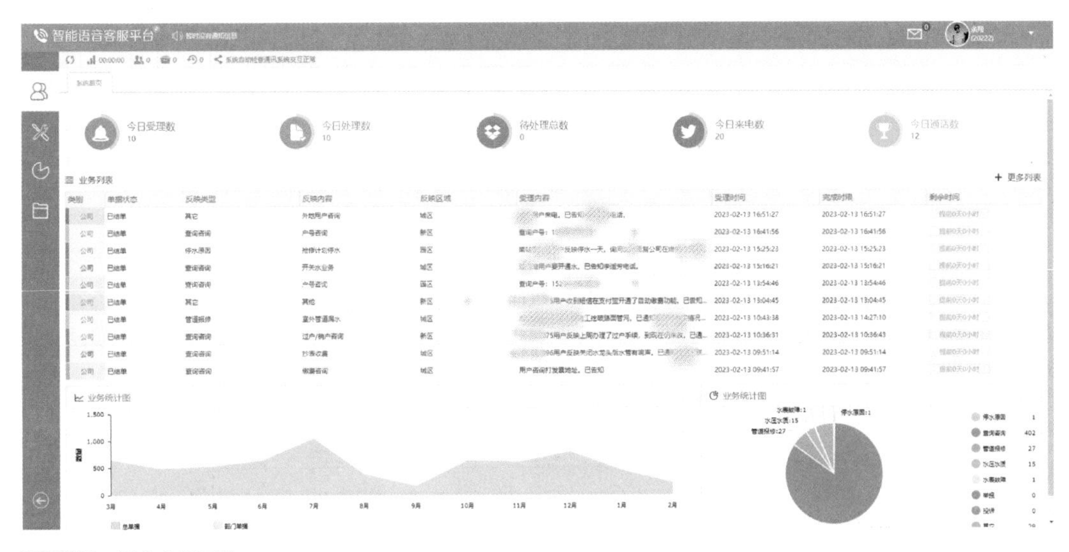

图6-4 语音客服系统

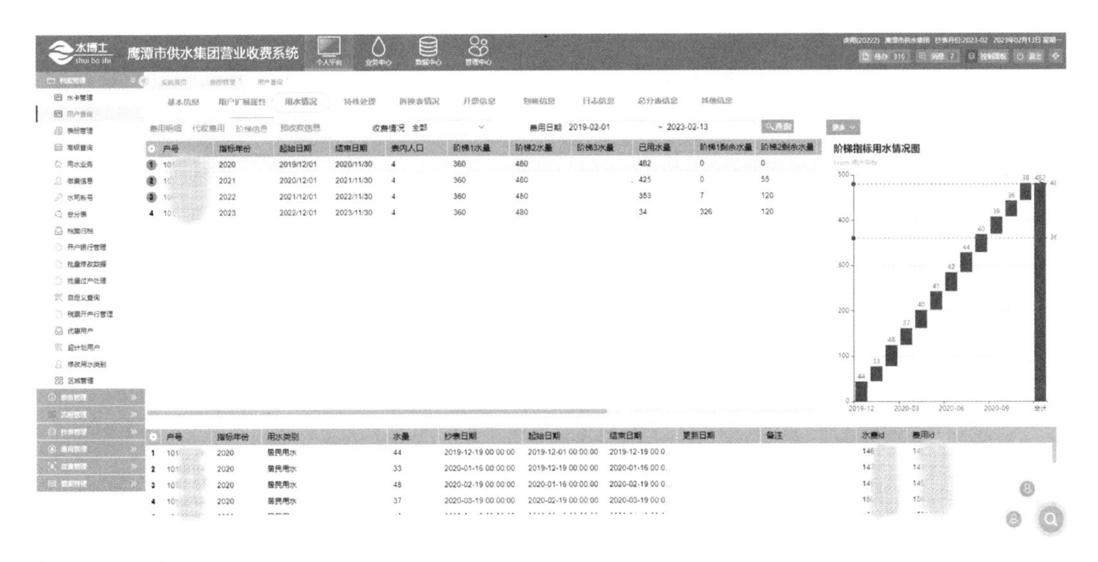

图6-5 营收系统

4. 建立自动消息推送模块

依托于NB-IoT智能水表高上线、广覆盖的特性，让千家万户的用水数据可以每日精准、及时上报，利用云计算和大数据分析技术，结合人工经验转化成用水异常、破阶梯水量计算模型，每日筛选用水异常及破阶梯用户，利用自定义的消息模板，进行精准推送，实现无人值守式消息推送功能，如图6-6所示。

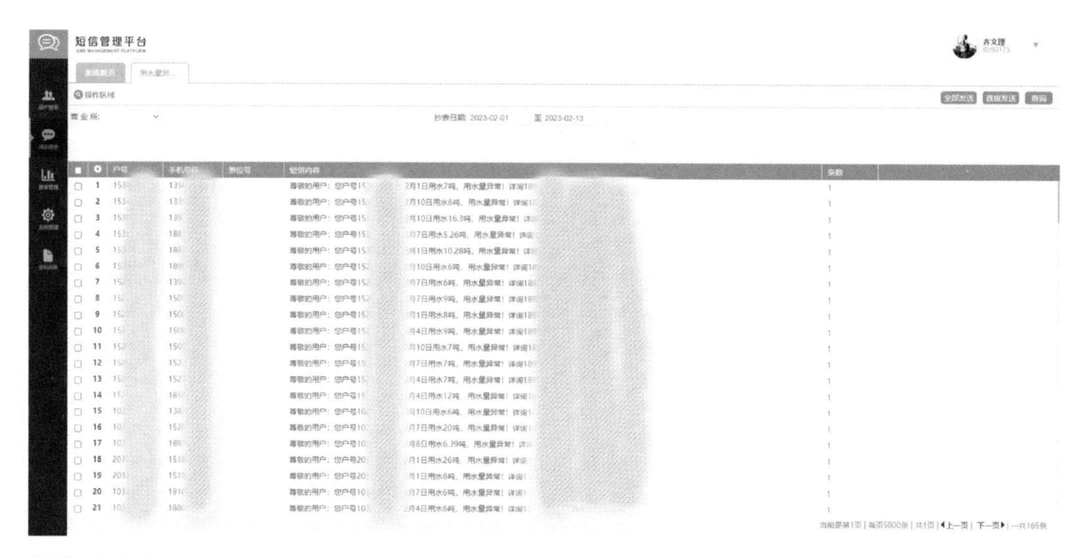

图6-6 短信系统

5. 建立管网监测模块

通过在二维平面地图上展示鹰潭市供水集团50km^{2}的供水区域和400km *DN*100管径以上的管网情况，结合安装的100余个大口径NB电磁水表，实现全域管网压力流量监测，将全市划分成若干个不同的供水区域，迈入网格化管理阶段。同时通过对管网每小时的压力和流量数据变化分析，结合人工经验转化后的算法模型，用直观的数据变化曲线判断爆管事件并定位，实现数据化、科学化的管网监测体系。

6. 建立分区计量模块

在供水管网上安装压力、流量在线监测仪表，实现DMA分区管理，数据接入漏损管理平台，对DMA区域的供水量、漏水量、漏损率、售水量、产销差率进行统计。对异常的漏损率和产销差率对应的区域进行告警，为降低漏损提供依据，如图6-7所示。

7. 建立可视化智慧大屏

如图6-8所示，利用新一代物联网技术，在对用户用水数据筛选、分析的基础上，进一步提炼各业务系统核心数据、KPI指标，将水务企业日常管理和运营需要的关键数据进行综合展示，满足水务企业管理和对外价值展示的需要。通过大屏幕展示一目了然，使管理人员快速掌握公司内水务运营状况，减轻管理压力。

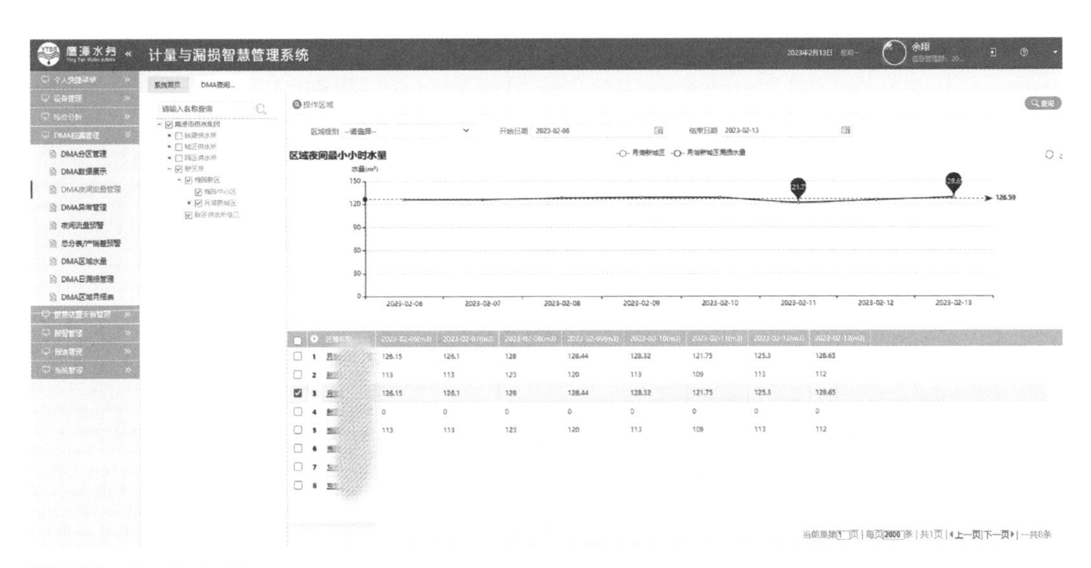

图6-7　分区计量系统

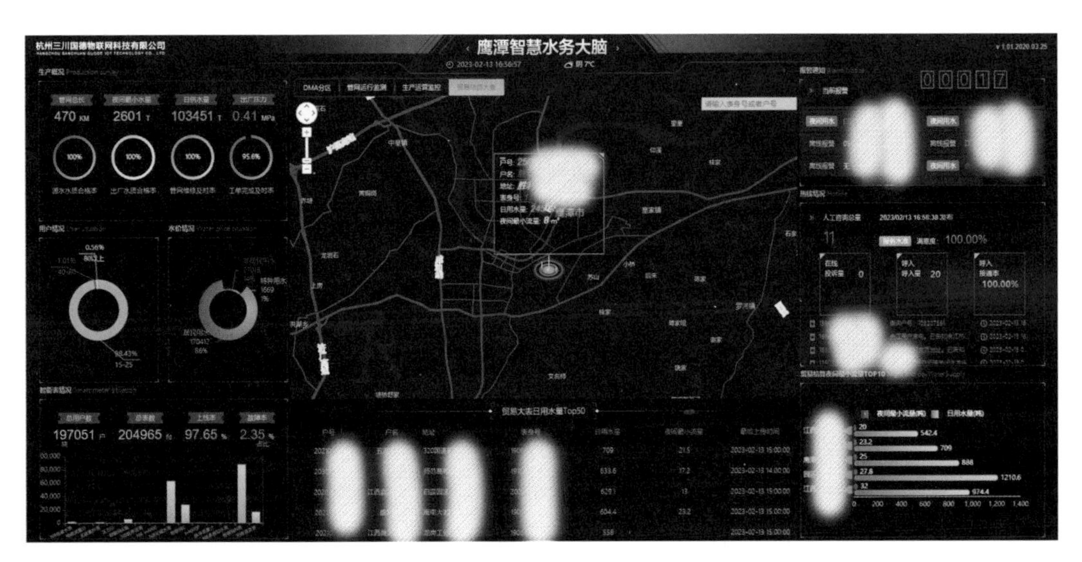

图6-8　智慧水务大脑

8. 建立统一对外服务网厅

如图6-9所示，通过对外服务网厅系统，为用户提供全面、多平台的自助网络服务（户号绑定、账单查询、业务办理、自助下单、供水资信、个人中心等）功能，该系统支撑微信公众号、PC端网站登入，为客户提供掌上便民终端服务。

图6-9 网厅系统

6.7 应用场景和运行实例

鹰潭智慧水务聚焦水务实际业务需求，构建“软件硬件协同，服务管理一体”的实用性智慧水务，激发高质量数字化发展。

1. 夯实“数字”基础，提升内部管理

2017年之前，由于传统机械水表大多安装在用户家中，抄表困难，同时南方气候潮湿，传统水表长时间在潮湿环境下使用易伴有表盘发黑及长青苔等现象，严重影响水表读数；另外因人工抄表易发生抄错水、“人情水”问题，易给供水企业造成负面影响。为了解决这些问题，2017年鹰潭市供水集团通过应用NB-IoT智能水表及智慧水务中集中采集、营销收费等基础业务系统，由原先人工抄表模式变革为自动化、智能化抄收管理新模式，获得了社会的认可。

2. 深挖“实效”导向，降低管网漏损

在基础业务系统建设完成后，鹰潭市供水集团继续安装部署NB-IoT智能电磁大表，增加管网流量、压力数据的监测全面性，将鹰潭供水系统进行网格化、区块化控漏管理。2021年2月通过DMA分区计量与漏损管理系统，监测出铁路新村43栋PE110管网数据异常，从发现到修复漏水仅用1.5h，系统的精准定位，组织的高效协同，有效保障了供水管网的安全运行和百姓的正常用水。

3. 融合“协同”发力，统筹综合调度

鹰潭智慧水务融合全业务系统数据，最大限度整合数据资源，使数据真正实现一体化、可视化，指挥人员科学、准确地调度各职能部门，实现联防联动、统筹闭环。2022年1月智慧水务大脑弹出水厂进水流量报警提醒，调度中心启动预设的原水管保障应急预案，鹰潭市供水集团由上至下开展应急响应联动机制，智能、高效、持续的保障城市供水安全。

4. 推行“靠前”举措，共享数字红利

依托智能水表海量数据和智慧水务智能研判模型，实现破阶梯水量提醒、异常用水提醒、话前拜访等靠前数据服务，自2018年开通异常用水提醒，至今共计发送提醒约1.7万条。2020年12月通过平台的智能分析，及时对中国铁路南昌局集团有限公司鹰潭车站用水量出现异常情况进行短信提醒，该单位管理人员收到短信后立即联系鹰潭市供水集团，鹰潭市供水集团立刻对该单位表后管道进行漏点定位、配合维修，避免该单位漏水损失。

5. 创新“思维”赋能，精益服务模式

鹰潭市供水集团始终坚持以“非垄断型思维做供水”的理念，以及不断尝试、创新更优的服务模式，利用智慧水务“互联网+服务”，构建“供水微网厅”，让数据“跑腿”，让信息“跑路”，推出“供水志愿者”预约上门、走进社区、直面用户的服务，优化营商环境的同时取得了社会的一致好评和认可。如图6-10所示为供水志愿者上门服务。

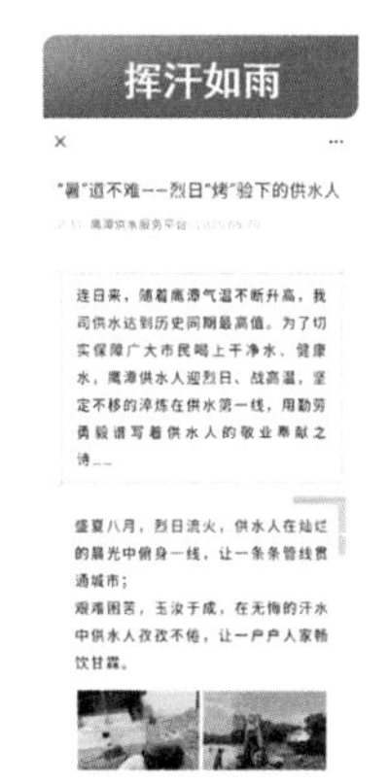

图6-10 “供水志愿者”向前多走一步服务模式

6.8 建设成效

6.8.1 投资情况

自2017年实施以来，鹰潭智慧水务项目总投资约8600万元。

6.8.2 经济效益

通过数据支撑水厂生产、闸门调控等，千吨水制水电耗下降27.12kWh，以年水产能为4000万m^3计算，每年节约电量100万kWh。通过智能报警精确指导人员定点维修，减少维修时间和明漏发生，漏损率由之前的20%逐渐下降到12%左右（修正前），年节约水量320万m^3。通过智能水表改造，每年节约费用约300万元。

6.8.3 环境效益

一是提高老百姓的“三感”。鹰潭市供水集团通过对水资源流动全过程实时进行测量、监控与分析，及时分析用户水量，实现了阶梯水量、异常水量、夜间漏水提醒等便民服务；通过管网调控，并获取水表流量、水质、压力传感数据，保障全市水质水压稳定，更好地服务老百姓，使用户满意度达99%。

二是数据价值的社会应用。通过智能水表每日、每小时数据水量，联合政府大数据中心，对获取城市空置率、人口走向，帮助公安办案，管理爱心社区实现平安警务等提供可靠的数据支撑。通过获取水费缴纳、预存情况及方式等信息，特别是企业用户，为银行信贷业务办理提供数据分析服务。

三是降耗节能，低碳运行。自建立智慧水务以来，结合节能泵技改、水厂转变为加压站生产模式、水厂光伏建设，使得水厂能耗大幅度下降，为早日实现“双碳”目标积极努力。

6.8.4 管理效益

鹰潭市供水集团自建设智慧水务以来，表具管理人员减少一半，人均管理户数从5000户增加至11000户，水表管理周期从9d缩短至3d，人工成本减少50%，工作效率提升3倍，以年人均工资8万元计算，年降低人员工资成本120万元。

6.9 项目经验总结

从供水企业的立场上来讲，智慧水务如何能给供水企业带来效益才是最被关注的一个问题。在鹰潭市，主要硬件与软件的融合使用，服务与管理的联合创新提升管理效益。

在硬件方面，搭建了海量的智能传感仪器，对水量、水压、TDS等多种参数进行智能采集；在软件方面，量身定制了营销MIS系统、集中抄表系统、计量漏损管理系统等，协助供水企业管理及处理智能表所上传上来的数据；在服务方面，围绕“贯彻非垄断性思维做供水”“您用水，我跑腿”“以水传情，用心服务”三句话，延伸供水服务，提升用户体验；在管理方面，制定合理化的规章制度，使工作更加高效，结合人性化激励政策，激发员工内生动力。

业主单位：鹰潭市供水集团有限公司
设计单位：鹰潭市供水集团有限公司
建设单位：鹰潭市供水集团有限公司
管理单位：鹰潭市供水集团有限公司
案例编制人员：
鹰潭市供水集团有限公司：余翔、桂智敏、齐文瑾、章俊杰、刘伟伦

7 农村供水“智慧水务”中心调度平台

项目位置：山东省青岛市黄岛区

服务人口数量：25万人

竣工时间：2021年12月

7.1 项目基本情况

7.1.1 项目背景

为响应国家号召，保障民生，提升人民幸福感，保障农村供水安全，提升农村供水服务水平，提高应急响应效率，青岛西海岸公用事业集团水务有限公司积极推动大场、海青、琅琊等10处镇街的22座农村规模化水厂接管与运营，着手建立农村供水“智慧水务”中心调度平台。

7.1.2 项目总体情况

项目名称：“智慧水务”中心调度平台

设计单位：青岛市市政工程设计研究院有限责任公司

建设单位：青岛巨川环保科技有限公司

运行管理单位：青岛西海岸公用事业集团水务有限公司

投入经费：建设资金6000万元

项目时间：该项目于2020年4月开工建设，2021年12月竣工。

项目范围：项目主体覆盖西海岸新区大场、海青、张家楼等10个镇街的22

座农村规模化水厂，服务人口约25万人。

主要功能：具有对西海岸新区各镇街农村规模化水厂远程调度、水质预警、远程监控、周界报警、数据可视化分析等功能，目前主要包含农村规模化智慧水厂调度中心以及水质监测预警、管网地理信息、安全管理、远传抄表、管网巡检等智能管理系统。

7.2　问题与需求分析

经过实地调研与勘察，发现西海岸新区目前大部分农村用水存在以下问题：

1）水厂规模小，跨度大；

2）水源多为村内自备水源供水，水量、水质均无法得到有效保障；

3）原有管网大多是PVC或白塑料管，老化、破损、暗漏问题严重，经常爆管；

4）水表为老式水表，水表池破损较多；

5）水厂缺少水质监测仪表，水质风险高；

6）设备老旧、故障率高；

7）运维人员少，自动化程度低，多需手动操作等。

为解决以上问题，建设“智慧水务”中心调度平台势在必行。建成农村规模化供水集中监控平台，通过数据传输、视频等实现对乡镇规模化供水的自动化远程操作，实现从制水到供水全过程生产运行数据采集、可视化展示、故障预警等功能；打造水质监测预警平台，配备余二氧化氯、浊度、生物毒性、COD_{Mn}、总锰、TOC、氨氮、大肠菌群等水质指标在线检测仪器，实现了对原水、过程水、出厂水、管网水的全过程监控；更换供水管线，建设智慧管网，实时展示管网数据。

项目旨在构建农村地区供水设施长效运维管理机制，解决农村饮用水水质污染问题，优化水资源配置，提高供水服务质量和安全，促进供水行业技术进步和产业结构调整，有效应对突发事件，具有广阔的应用前景和推广价值。

7.3　建设目标和设计原则

7.3.1　建设目标

通过智慧化改造，实现水厂精细化管理，高标准运行，精简人员结构，优化组织管理，对应急突发状况提前部署、提前谋划，及时做出准确判断，充分提高工作效率。

通过水厂工艺升级改造、配水管网及智能计量设施改造、供水信息化建设，可以大大节约人力、物力、财力的投入。在降低人员工作强度的同时，持续优化工作流程、组织架构。经测算，预计可以精简人员30%，按照《农村集中供水工程供水成本测算导则》T/JSGS 001—2020标准配置工作人员126名，计划配置86名，节约人工费用约370万元/年。

该项目实施后，西海岸新区水资源保护工作、农村居民用水安全、供水服务质量得到重大改善，大幅提升农村居民生活满意度、幸福感。到2022年年底，西海岸新区将全部实现农村水厂供水专业化，实现从“源头到龙头”、从“运行到服务”全过程专业化、智慧化、精细化、便民化管控目标。

7.3.2 设计原则

坚持“以需求为导向，以应用促发展”的方针，遵循“统一领导、统一规划、统一标准、分步实施、分级管理、网络互联、信息共享”的建设原则。智慧水务业务架构（图7-1）是在自动化控制基础上，基于同一业务中台与数据中台构建，对当前感知数据、硬件数据、GIS管网数据、用户数据、收费数据进行全面整合、分析与应用。

本项目构建了深度整合的动态信息应用平台，实现了信息资源与生产经营深度融合；应用3D高效引擎，对水厂主要工艺环节及周边环境进行等比例建模展示，对水厂的生产工艺、设备属性、图纸资料等进行科学管理，为厂内生产调度、施工改造、设备维修保养提供了精确、及时、科学的依据；通过智慧化的手段，提升了西海岸水务系统科学预测与联动联调程度，在提供精准服务的基础上实现节能降耗。

7.4 技术路线与总体设计方案

7.4.1 技术路线

在平台构建上采用一体化的系统应用平台思路，采取“云+端”系统建设模式，构建集成管理系统应用平台来适应管理创新和信息系统的持续优化。“云”即总公司统一的私有云平台，包含基础设施即服务（IaaS）平台、平台即服务（PaaS）、统一开发环境及软件即服务（SaaS）应用平台，充分满足总公司及下

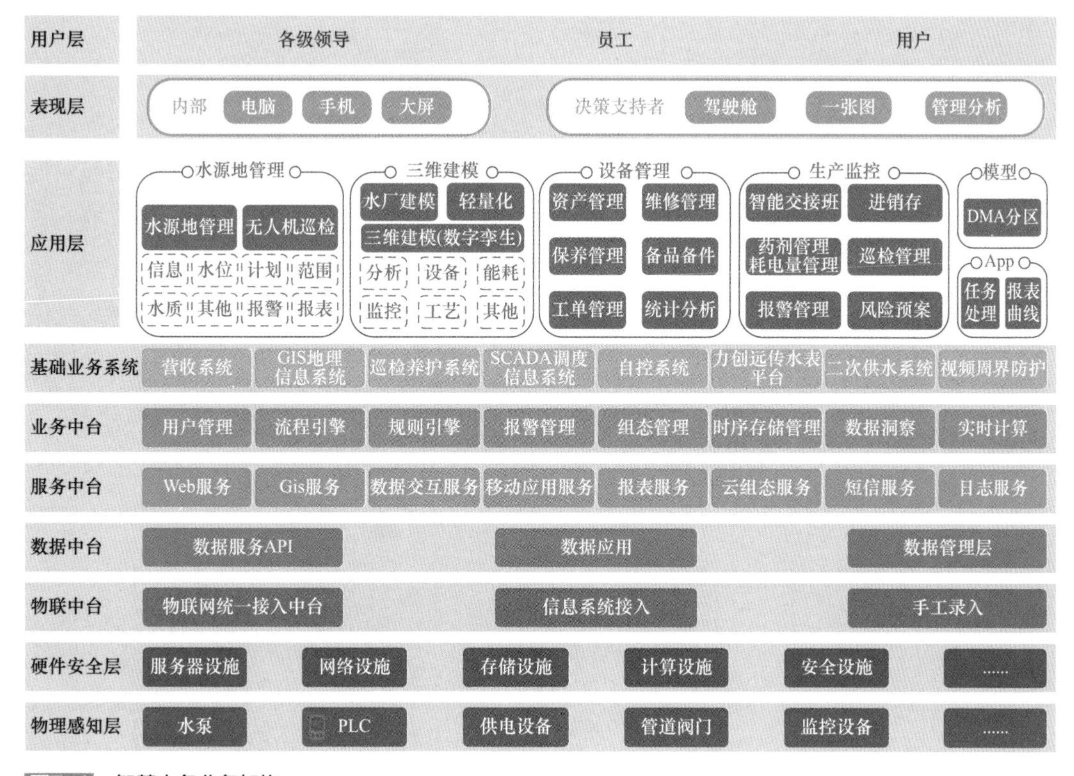

图7-1　智慧水务业务架构

属单位基础设施服务及软件应用服务需求；“端”即应用端。

在技术选择上采取数据高可用性和高可靠性设计方案。由于新技术更新换代较频繁，需要进行版本管理，构建通用数据接口，并定期更新接口，采用统一的数据交换格式MQTT来适应接口频繁更新的情况。同时为保证通信数据不遗失，采集过程中执行MQTT QoS 1级标准，确保数据准确、不遗失地送达处理层与存储层。

7.4.2　总体设计方案

通过建设农村供水一张图，将区域内供水、管网等相关数据通过大屏可视化图表及GIS地图形式展示，实现对设备、视频监控、综合分析、报警信息、水质等数据的统一展示。

1. 智慧水务硬件建设

农饮水按照业务需求建设独立支撑的硬件体系，将所建设的硬件通信协议、硬件数据接口按照智慧水务底座技术规范进行共享、互通。

2. 智慧水务安全体系建设

服务器统一架设在机房，各自应用系统服务器独立部署，共享网络和通信安全基础设施，如机房防火墙，系统安全层面建立统一的安全标准，对传输过程中的信息进行加密处理，对信息进行保护，以防止信息泄露。应用层面对用户实施授权及安全访问控制。

3. 智慧水务平台底座

农饮水智慧水务平台建设具有智慧水务底座，底座框架采用了标准的微服务架构，建设了物联通用接入平台和用户管理体系，农污水系统建设时可使用智慧水务底座平台以及平台具备的基础框架能力。

7.5 项目特色

7.5.1 典型性

智慧平台通过对水厂各类数据进行统一收集、整理、规范和分析，同时建立多个系统运行管理制度，为系统管理职能的划分、权限管理、数据更新、安全管理等方面提供依据，对决策、分析、应用提供了坚实的数据基础。

7.5.2 创新性

本项目的建设敢于打破陈旧观念和条线分割、各自为政的传统运营管理方式，突出问题导向、需求导向，落地顶层设计。从全局视角出发，围绕“测得准、传得快、算得清、管得好”的总体目标，统筹整合各方资源，按统一的标准和架构，对各分系统之间的关系进行横向和纵向梳理，自顶层向下展开设计并建设，实现了平台融合、机制衔接和数据共享，改变现有的“条强块弱”的局面。

7.5.3 技术亮点

项目的建设亮点主要包含建设运行过程（比如感知层物联网部署、信息化管理平台建设等）、系统管理维护（如设备维护、信息系统安全保障等）以及其他技术内容等三大方面。

1. 建设运行过程

1）建设了全方位的物联网感知系统，对制水—送水—用水的供水全流程实现设备100%安全运行，对生产中的多类型设备提供接口支持，汇聚各组件、层级数据，实现数据底层上传，采用面向消息的中间件（Message-oriented middleware）技术，其中网关系统软件支持modbus全栈协议、OPC、MQTT、HTTP等常见协议，扩展协议基于插件方式开发并支持扩展。支持广泛的数据源和设备协议，实现插件接口开发。在存储上采取大数据的存取思路，采用时间序列数据库，可提供每秒百万级的数据写入，并能提供毫秒级的数据录入。随着数据膨胀，增加预处理机制，显著地缩减数据传输带来的时间损耗，并支持检索、排序、降采样等高性能数据聚合方式。

2）各生产厂工艺环节的数据上传到智慧水务平台，智慧水务平台根据各水厂关键指标数据，自动进行横向和纵向多维数据分析挖掘，辅助节能降耗措施决策。

2. 系统管理维护

1）提升平台安全，针对远程采集类设备，增加通信设备token和硬件标识（IME，CCID等）双层鉴权机制处理以防止恶意数据入侵。

2）通过易用的可视化工具，实现所见即所得的可视化应用开发体验。使用交互式的可视化设计器，可以轻松创作仪表盘等控件；无缝获取物联网流式数据，支持多种数据源接入（时序数据库等），支持接口形式获取数据。

3. 其他技术内容

智慧管网调度及规划：通过供水GIS、供水SCADA系统集成，提高了管网数据更新效率和准确性，在供水管网规划、供水调度方面发挥了越来越大的作用。

7.6　建设内容

7.6.1　水源地管理系统

水源地管理系统（图7-2）实现了水源地基本信息管理及展示，接入了农村供水工程水源地水质管理系统自动监测数据，在线监控和展示水源地水质变化。对农村供水管理范围内水源地进行标准化和信息化管理，实现水源地的基本信息、远程监控、水质设备集成、实验室数据管理、报警管理等一体化智能化管控，保障水源地饮水安全。

7.6.2　数字工厂

数字工厂（图7-3）利用最新的计算机图形技术，基于三维虚拟现实的最佳

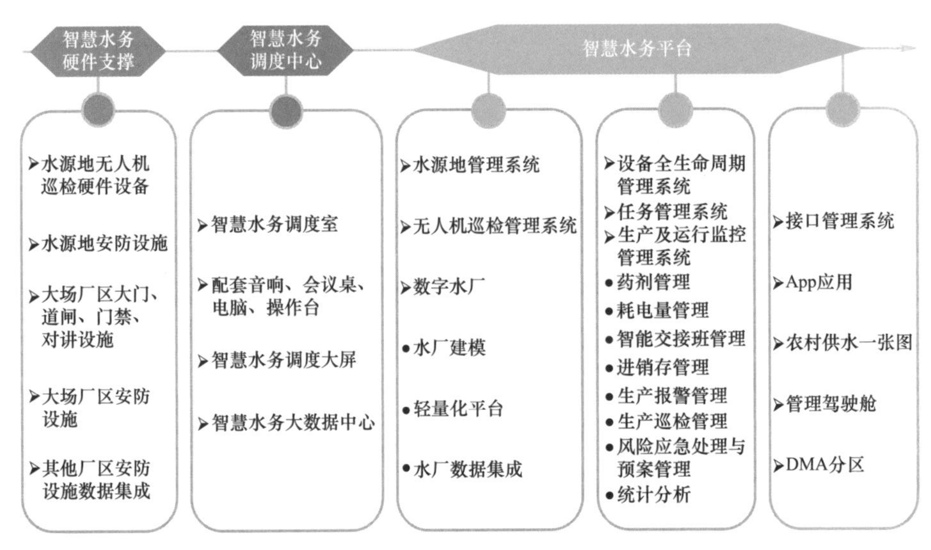

图7-2 水源地管理系统

图7-3 数字工厂

形式实现对厂区内道路、建筑、房间、设备、管线、主要工艺做精细化建模，整合场内各类硬件，还原虚拟现场，完成数字建筑的虚拟化；同时，通过与自控系统数据进行紧密的配合，形成水厂的数字孪生。实现仿真、无死角的线上预警、管理、监控等数字化管理。

7.6.3　设备全生命周期管理系统

通过设备全生命周期管理系统（图7-4），保证了农村供水各种设备信息管理、设备定期维护、设备故障的及时报修等工作有条不紊地进行。可以加强设备资产管理，降低设备故障发生的频率，大大提升设备的生产效益。

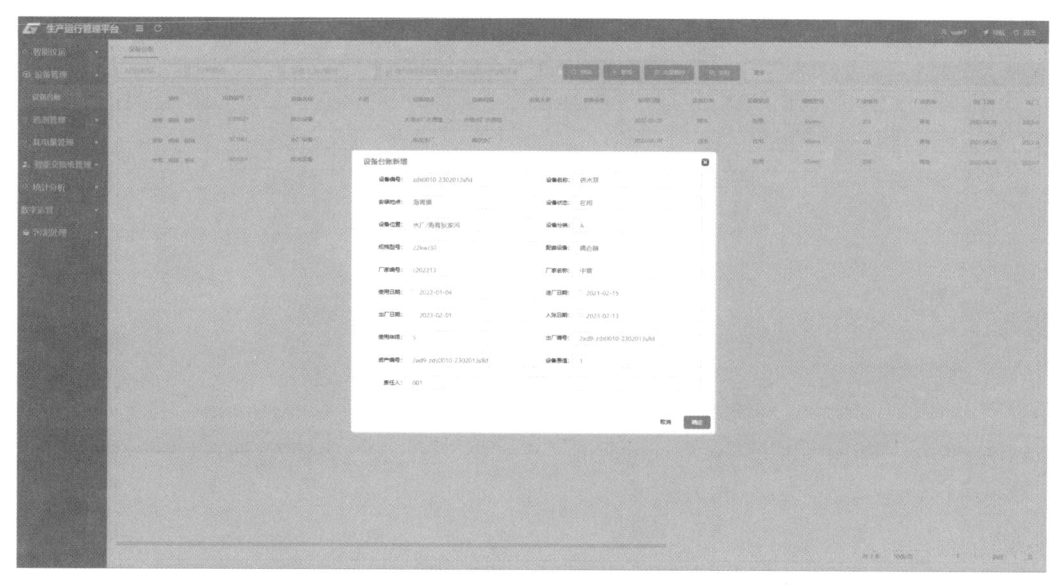

图7-4　设备全生命周期管理系统

7.6.4　任务管理系统

任务管理系统（图7-5）是从水源、供水水厂、管网到用水户的全过程跟踪管理应用模块，主要实现针对不同任务类别自动或手动发起任务，从上报到督办到处理到反馈的一整套闭环化管理。

7.6.5　生产及运行监控管理系统

生产及运行监控管理系统（图7-6）实现了药剂管理、耗电量管理、智能交接班管理、进销存管理、生产报警管理、生产巡检管理、风险应急处理与预案管理。

7.6.6　接口管理系统

通过标准化、统一化的数据接口管理系统，实现了数据共享及标准化集成。

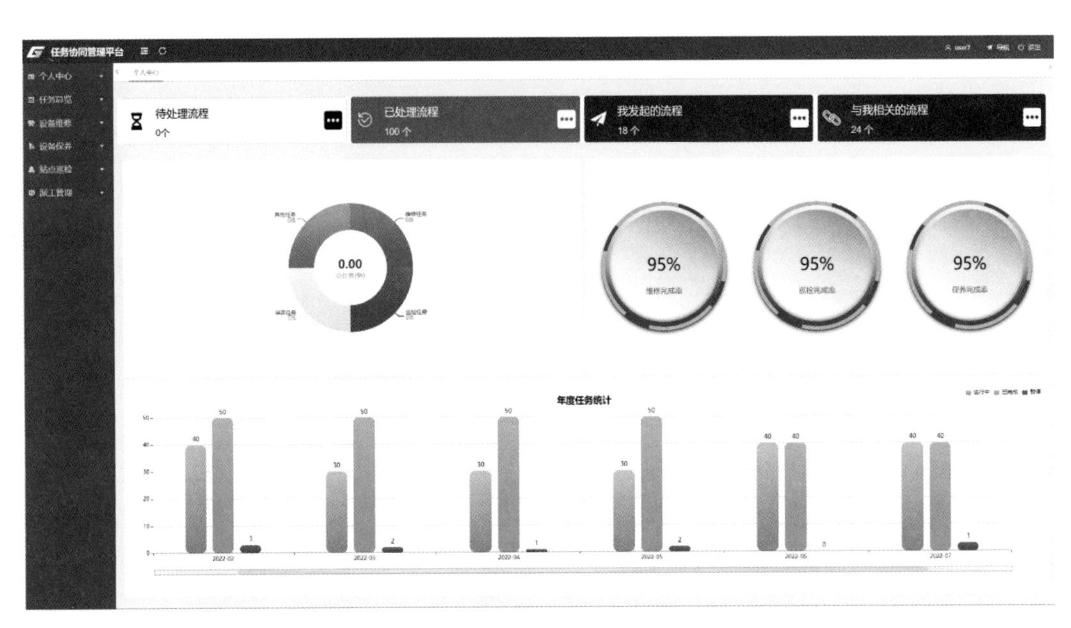

图7-5 任务管理系统

图7-6 生产及运行监控管理系统

通过整合收集现有水厂供水相关其他软件系统数据资源，实现农饮水供水工程运行全环节的全面数据采集，实现数据资源整合，为整个智慧水务建设提供良好的底层支撑。通过数据湖将多源异构数据进行汇聚，以原始格式存储来自各业务系统（生产系统）的原始数据，作为原始数据的保存区。同时数据湖可以提供数据开放接口，面向有个性化应用需求的、期望原始数据做分析的应用，可以直接采用数据湖中的数据进行分析应用。

7.6.7　App应用

借助移动应用App（图7–7）对平台上的各运行数据进行集中管控，用户可通过移动应用轻松查询已在软件平台上配置的所有测点的实时数据和信息，并以适合移动展示的方式浏览和操作使用，办公不再局限地理位置与场合，极大地提高了生产运营效率。

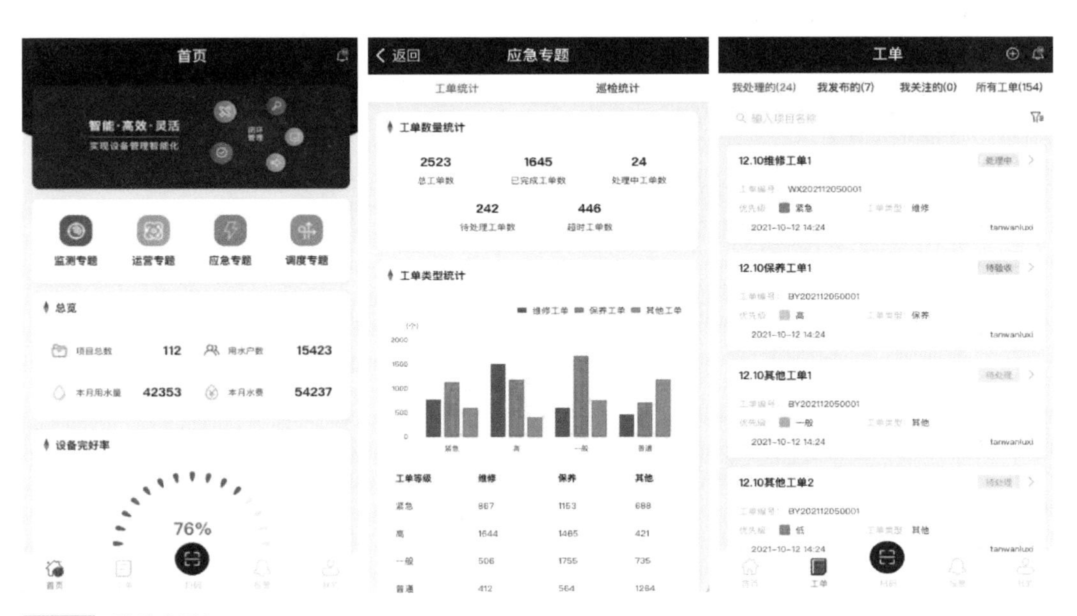

图7–7　移动应用App

7.6.8　农村供水一张图

建设农村供水一张图（图7–8），将供水、管网数据通过大屏可视化图表及GIS地图形式展示，实现对设备、报警信息、视频监控、综合分析、水质等数据的统一展示。

7.6.9　领导驾驶舱

通过集成当前SCADA系统数据、水质数据、GIS与巡检数据、水表计量数据、用户数据、收费数据等，进行供水核心指标与水厂核心运行数据展现，为

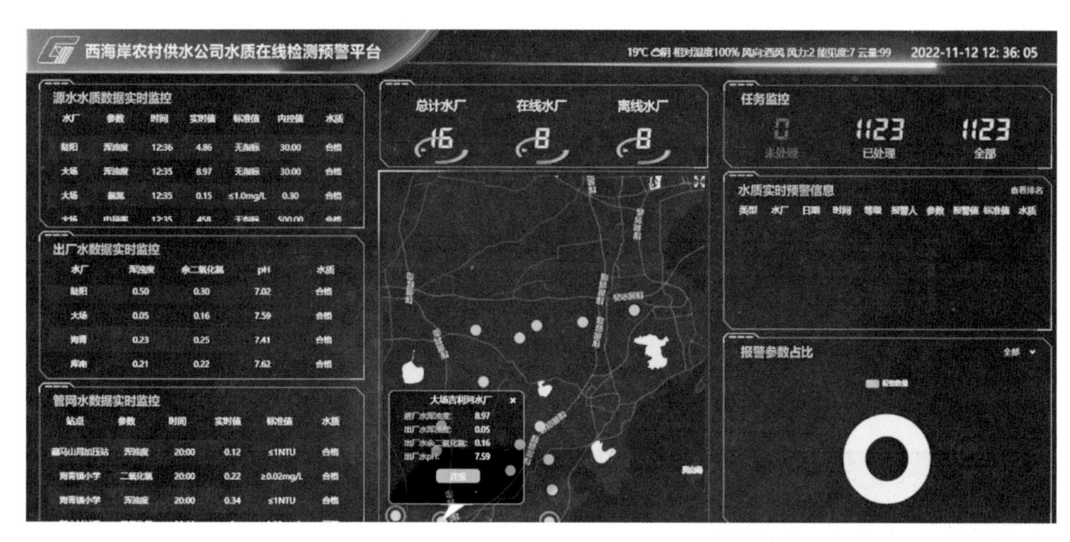

图7-8　农村供水一张图

各级生产运营管理层人员提供统一的管理看板，对水厂生产过程中的大量生产运行数据、水质化验数据、设备运行数据、工艺数据进行深度挖掘分析，用可视化的方式直观地提供一个支持数据监控、统计、分析的领导驾驶舱（图7-9）。

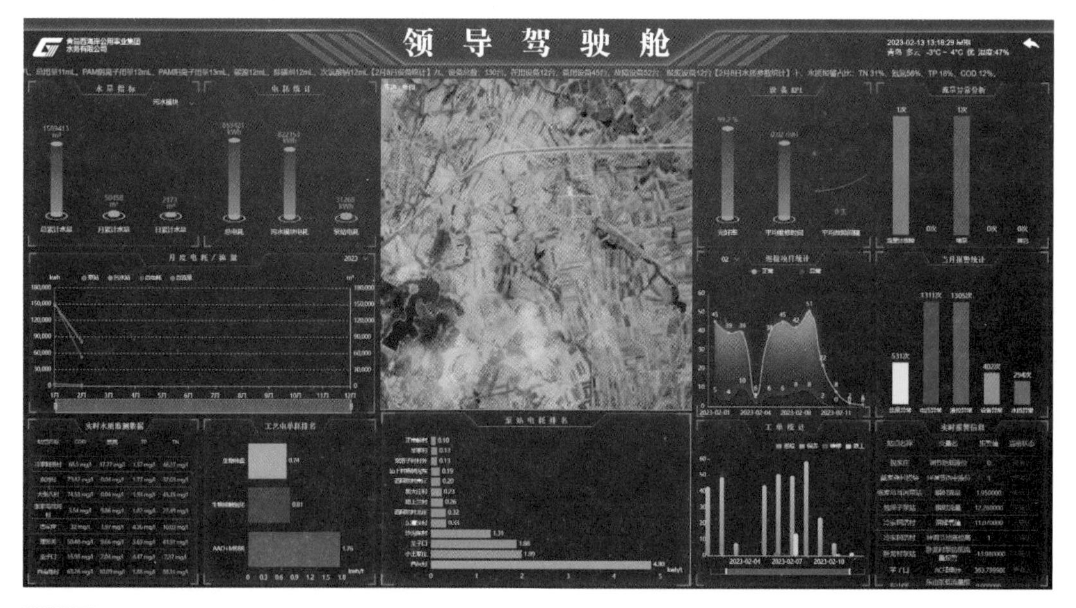

图7-9　领导驾驶舱

7.7　应用场景和运行实例

1）数据决策分析进行了6个板块的开发，涉及水源地、生产、管网、水质管理、能耗、漏损板块，并完成常用管理决策分析报表，能够在大屏、PC端和移动端随时随地同步查阅数据。提供了统一的数据报表门户，进行报表统一访问和管理，实现各种业务主题分析。大幅减少各部门统计人员工作量，通过自动提取报表，取消了人工统计和纸质报表。各级管理人员能够及时掌握生产运行状况，解决了以往出现的数据收集不全或者系统反应延期滞后带来的问题，提高了数据化决策能力。

2）通过优化实施集中生产调度运营模式，实现生产调度集中化，提高了生产效率；通过维修维护资源整合，实现集中维修维护（资产管理系统－设备资产检测报警、工单任务生成流转、维修人员维修处理、管理人员派发验收），工单处理时间缩短30%，维修效率提高20%～30%，极大提高了管理执行效率，保障设备运行安全。

3）通过农村供水一张图，将供水、管网数据通过大屏可视化图表及GIS地图形式展示，实现对设备、报警信息、视频监控、综合分析、水质等数据的统一展示并创建了多个专题图层。目前所有测绘管网数据均已入库，登录的时间、查询管网信息及属性数据的时间不大于3s，系统支持100个或以上的并发用户，且50个并发用户在线时，Web发布的实时画面的刷新时间不大于1s，进行供水管网信息系统下的业务要求操作，例如超过6000户的用户信息导出，响应时间不超过30s，能高效完成空间信息的查询分析操作。

7.8　建设成效

7.8.1　投资情况

“智慧水务”中心调度平台投入建设资金6000万元，该项目于2020年4月开工建设，2021年12月竣工。

7.8.2　经济效益

生产运营管理系统的建设，不仅创新了监管手段，较大程度提高了监管水平，完善了监管机制，建立了设备生产运行安全管理体系，同时也将较大程度上降低监管成本，包括人力成本、监督成本、沟通协调成本、调度成本、工作成本等。通过PC端及移动端，及时发现问题，解决问题，取代了传统的发现问题—填单上报—逐级批复—会议研讨—结果评估—确定实施的流程，降低时间、人力成本。

帮助用户实现工艺的精细调节，提高处理工艺的稳定性和可靠性，降低运行操作人员的劳动强度，有效降低使用能耗。

7.8.3 环境效益

本项目安装大量物联监控设备，能够实时监测水源地情况，及时发现并制止人为破坏水源地、非法排污等行为；建设“从水源地到水龙头”的全过程水质检测化验室，做到动态、全面检测水质。项目实施后，对于西海岸新区水资源保护发展、水质提升具有积极意义。同时智慧水务平台保证了农村居民用水安全，改善了供水服务质量，大大提高了农村居民生活满意度。

7.8.4 管理效益

“智慧”中心调度平台实现了制水到供水全过程生产运行的数据采集、可视化展示、异常数据预警、远程一体化监管，构筑了“一键统全局”的新格局，为多角度分析和全方位监管提供数据源，也为智慧运营提供有效技术手段。

相关部门可从多角度全面真实地分析各环节的生产情况，准确地了解其不规范和不足之处并及时地给予支持，避免因此造成排放超标、设备故障停运等重大生产问题，同时也将通过这一举措持续提升运营管理水平，使管理更加高效。

7.9 项目经验总结

7.9.1 经验总结

农村供水是一项民生工作，同时也是一项繁杂的工作，在当前数字化、信息化、智慧化广泛应用的时代背景下，将农村供水管理与智慧水务应用结合起来，可以将繁杂的管理变得快捷简便，有效提高管理工作的效率，降低管理运行工作的成本，对于农村供水管理工作提升有很好的借鉴意义。

7.9.2　发展建议

1. 做好顶层设计，建立制度机制

科学合理制定“互联网+”智慧水务总体实施规划，充分考虑“互联网+”智能水务对未来发展的影响，建设具备较大兼容性和适应性的智慧水务系统；完善相应管理机构，配备落实技术、业务、管理等方面的人员，建立各职能部门之间信息数据共享制度以及相对应的保障制度，明确信息使用权限，建立查询、使用留痕的技术保障手段，防止信息被盗用。

2. 加强技术研发，加大资金投入

我国智慧水务发展目前还处于初级阶段，信息技术人员的技术水平较为落后，因此水务企业需要加强技术的研究，吸引更多的优秀技术人才，打造专业的技术团队，提高信息技术水平，从而推动行业的进步与发展；同时地方政府应加大资金投入，建立并完善相应的物联网设施，并将信息内容及时传送到智慧水务信息共享平台；其次应加大工作人员在智慧水务系统应用上的培养，建立相配套的业务管理、信息技术、建设管理等复合人才培养机制。

业主单位：青岛西海岸公用事业集团有限公司

设计单位：青岛市市政工程设计研究院有限责任公司

建设单位：青岛巨川环保科技有限公司

管理单位：青岛西海岸公用事业集团水务有限公司

案例编制人员：

青岛西海岸公用事业集团水务有限公司：董玉帅、牛同德、马桥

8 智慧供水云平台建设项目

项目位置：广东省广州市越秀区

服务人口数量：约1200万人

竣工时间：2022年6月

8.1 项目基本情况

8.1.1 项目背景

“加快数字化发展，建设数字中国”是“十四五”规划和2035年远景目标纲要中非常重要的内容。智慧水务作为智慧城市的重要组成部分，将成为中国水务行业的重要发展方向。当前，我国智慧水务建设正处于由自动化、信息化向智慧化迈进的过程中，以物联网、大数据、云计算等为代表的新一代信息技术正快速应用到水务领域各个方面，智慧水务建设如火如荼。但由于存在政策规范缺乏、技术标准缺失、信息技术与水务业务融合度不足、行业市场化程度低等原因，导致水务企业在管理服务方式、运营管理效率、知识信息共享等方面跟不上社会的变革及发展节奏，面临着厂站网端智能化程度参差不齐、生产营运依赖经验管理、监管难度大、管理效率低、用户服务与人民对美好生活需要仍有差距等诸多问题。

广州市自来水有限公司聚焦行业发展痛点，从20世纪80年代后期开始建设三遥系统，开启了水务行业信息化建设的先河。经过不懈努力和不断探索，先后形成了生产调度、管网、营业、人力、财务、水质、计划发展、综合办公等

24个业务信息系统，为智慧水务建设夯实了基础。近年来，随着广州市自来水有限公司业务规模的扩大和管理精度的提升，原信息系统分散、异构、业务烟囱、“数据孤岛”、无法灵活支持各类业务等问题逐渐显现出来，为了满足业务发展的需要和新的企业管理需求，建设统一的企业数字化平台，驱动企业数字化转型迫在眉睫。

8.1.2 项目概况

1. 基本信息

1）项目名称：智慧供水云平台建设项目。

2）运行管理单位：广州市自来水有限公司。

3）投入经费：总投资近9000万元。

4）项目主体业务领域：自来水的生产、销售、服务和多种经营。

5）覆盖范围：覆盖广州市中心八区，面向244万户约1200万人的供水服务。

2. 主要功能

1）以“水质、水量、水压”为主线，实现“从源头到龙头”的全链条闭环化监管

围绕“水质、水量、水压”核心业务主线，基于位置服务（LBS）与供水GIS构建物联网格平台，构建管网管理系统（含网格化管理系统）、营业系统、质量管理系统（生产系统、水质管理系统）业务框架，覆盖供水水源、生产、管网运营、用户服务、应急保障全流程，汇集从水源到用户终端全过程生产和服务数据。通过大数据建模实现智能仿真、智能诊断、智能预警、智能处置、科学调配的生产营运管控体系，实现从水源到百姓用水全过程的智慧生产及运营管理，保障全市供水的优质优量、稳定安全。

2）以“从客户中来，到客户中去”为主线，运用技术优势，提升全方位服务能力

以营业管理业务为核心，坚持“从客户中来、到客户中去”的基本指导思想，融合云计算、大数据、人工智能、物联网等技术组合，采用“互联网+”思维，建设实体营业厅、网上营业厅、手机App、微信公众号、自助终端等主流服务渠道。根据用户的感受，提供现场环境、信息终端进行业务办理，提高服务满意度，提升企业形象。

3）应用一体化的企业资源管理系统，推进企业资源有效利用

建立一体化的企业资源计划（ERP）管理系统，统一广州市自来水有限公

司管理平台。通过该系统的应用，规范了财务核算系统的标准和业务流程，实现"一套账"管理，满足对内、对外的不同管理要求；提供生产调度、应急管理、管网运营、漏损管理、营业客服、水质监测、水务大数据等数字化、智能化服务，全面提升水务数字化管理效能；将事前预测、事中控制和事后分析相结合，有规划地将企业的整体目标在部门之间进行分解，实现对企业业务全过程的管理。

8.2 问题与需求分析

1. 解除"信息孤岛"困局，让数据以"合"为贵

2018年以前，广州市自来水有限公司所建立的信息系统总体以业务部门为主导，围绕单一领域业务建设，缺乏统筹，衔接不足，内部数据未打通，大量数据处理和利用通常局限于本部门，共享不足。

智慧供水云平台以完善的体制和全面安全体系为保障，以弹性动态的基础设施平台为基础，以信息资源数据的共享、交换、融合、服务为核心，以多部门的业务流程协同为手段，完成了从水源到终端全链条数据的整合，打破了异构系统之间的壁垒，让数据以"合"为贵。此外，智慧供水云平台项目成功实现了所有部门的数据交换，基础数据集中、清洗、整理后以合理的数据结构进行存储，打通部门"信息壁垒"；同时，形成一整套数据清洗整理体系、数据共享体系，建立供水、用水信息库，实现企业各类数据信息全覆盖。

2. 解决系统分散、业务不协同、业务办理难以全程监控问题，实现供水"全链条式"管控

以往信息系统由于没有统一的管理平台，业务办公和审批流程分散，导致人为因素干扰较多，无法实现规范化、标准化管理，进而导致工作标准、准确性以及工作效率受到影响，业务难以实现全程监控。

广州市自来水有限公司贯彻城市"一网供水"格局下的"全链条""一体化"发展理念，在智慧供水云平台建设中，通过基础数据治理，制定统一标准流程、统一各种基础字典、统一业务流程、统一组织架构，实现业务高效协同、流程上下流通、监管及时有效、横向无缝连接，打破"部门墙"和"业务壁垒"，实现一个平台汇集从水源到用户终端全过程生产和服务数据，打通从"源头到龙头"智能化供水管理的全链条，打造智慧运营新模式，加快步入数字化转型先进行列。

3. 解决管网拓扑复杂、DMA产销数据统计不准问题，实现分区计量精准控制漏损

传统供水模式在管网漏损上主要依赖经验管理，对管网DMA分区管理精细化不足，漏损控制成效不明显。云平台采用网格化管理模型，提升管网管理水平，建立管网规划、建设、运行、管理、养护一体化机制，做到管网全生命周期数字化管理和管控；依托网格化管网分区，建立真实漏失与计量损失协同、区域控制漏损与精准定位结合、技术降低漏损与管理降低漏损统筹的系统性控制漏损体系。

4. 解决远程办公沟通协作难题，打破时空限制，实现随时随地移动办公

在传统企业的内部，存在部门与部门之间、员工与员工之间、上级与下属之间的“信息孤岛”现象，即存在沟通不到位或不愿沟通的情况。对此，智慧供水云平台的云门户办公系统的应用，有效打破了“信息孤岛”现象，以岗位角色为单位，围绕着公司内外部全面协作与管理，在一个平台实现所有应用功能。团队成员，不仅能够及时掌握自己每天的工作内容，还能够了解与其他人员共同推进的事项进展情况，真正实现企业内部“无障碍沟通，无边界办公”的理想状态，移动办公极大地提升企业组织间的管理与沟通效率。

8.3 建设目标和设计原则

8.3.1 建设目标

建设企业级智慧供水云服务平台，承载集原水、生产、输配、营销、服务、管理于一体的智慧供水管理系统，实现“天上有云（智慧供水云）、地上有格（供水网格管理）、中间有网（互联网+供水服务）”的供水服务数字化管理新模式，提升供水企业管理运营效率、终端客户服务水平，推动企业数字化转型。依托本项目进一步提炼形成供水云平台技术规范及标准，打造行业标杆，助力行业数字化发展。

8.3.2 设计原则

根据广州市自来水有限公司“1233”战略要求，本次项目建设的首要原则是“统一规划、统一平台、统一实施（管理）”。

1. 统一规划——计划层面的统一

本次项目涉及的工作内容较多、较复杂，系统架构上有IaaS、PaaS、SaaS三层结构，且每一层的专业差异性较大，涉及不同的信息化专业领域。IaaS层包含网络、服务器、虚拟化等软硬件内容；PaaS层又包含多个不同的平台，以满足广州市自来水有限公司的不同需求；SaaS层更为复杂，涉及公司经营不同的业务领域，包含人力资源管理、财务管理、物资管理、项目管理、管网业务、表务业务等。为了保证本次项目的成功，需要成立统一的项目领导组织来协调各工作小组的工作，统一制定信息化建设的整体规划，明确信息化建设的总体目标和分阶段建设内容，从计划层面保证未来信息化建设共同按照一张整体蓝图来统一、协调开展工作。

2. 统一平台——技术层面的统一

本次项目采用搭建统一云平台的方式来构建广州市自来水有限公司智慧供水云平台系统，从技术层面来说，项目所有的技术工作都应该在一个统一的平台上进行。只有采用统一的应用系统架构和技术平台，才能从技术层面保证管理信息、专业信息跨组织、跨流程的有效集成，并在系统建设、系统应用、系统维护等阶段获得更优的总体使用成本。

3. 统一实施和管理——管理、建设、执行层面的统一

相互关联的业务域之间的应用只有按照合理的逻辑顺序进行建设才能充分发挥其效能；进一步考虑到项目工作量，以及广州市自来水有限公司信息化人员缺乏的实际情况，信息化建设项目的实施和后续管理、维护就更有必要在统一的指挥下按步骤进行。

4. 满足业务需求，符合发展趋势

整体信息化建设在满足业务需求的前提下，融入物联网、云计算、大数据等新兴技术，并考虑新兴技术在管理及服务领域的应用场景，以及未来可能的技术发展趋势，以保障信息化建设的合理性、科学性和先进性，避免盲目建设。

5. 快速响应业务和管理的需求

本次信息化建设力图通过先进的信息技术手段提高公司整体业务水平、优化管理决策，从而为客户提供精准、高效、优质的服务。信息化建设过程中需要全面考虑公司各类业务需求与管理诉求，实现业务快速响应与管理优化提升。

6. 确保网络信息安全

信息化建设需要综合考虑行业安全要求、水务公司数据安全、水厂工业安全等其他特殊要求，确保网络信息安全。

8.4　技术路线与总体设计方案

8.4.1　技术路线

本项目技术路线图如图8-1所示。

1）利用应用层次分析法，通过定性与定量分析相结合的多准则决策，构建智慧供水过程中可视化测量指标量化模型，研究模块化组件设计方法，构建支持数量、时间、地理位置等多维度信息表现的可视化引擎。

2）通过机理分析与深度学习结合方式，分层建立全流程供水系统模型，采用时序调度、活动扫描、事件响应等机制，研究时间、事件双驱动的仿真引擎构建技术。

3）通过物联网技术采集供水过程中传感数据，经多源数据融合，形成智慧水务供水融合数据集合，研究基于数据智能的供水网络实时调度技术，实现供水全流程实时智能管控。

4）基于容器化与组件化的微服务开放式云原生架构，开发决策分析执行引擎、领域知识模型管理引擎、仿真评估引擎、微服务运行引擎、监控引擎等关键部件，利用网络优化、供应仿真、知识融合、监控引擎等技术搭建供应网络，实现供需匹配、资源共享、跨域协同供应链。最终形成支持高效动态组织、精准协同优化、实时闭环管控的供水协同服务平台。

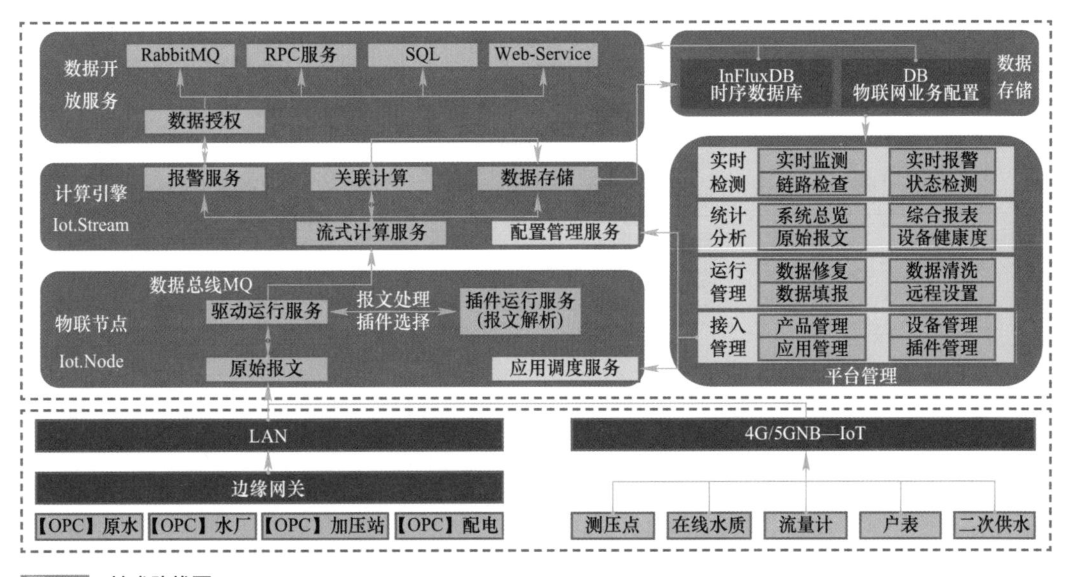

图8-1　技术路线图

5）项目将选择广州市自来水有限公司进行部署示范，分析典型应用场景下的广州市自来水有限公司的协同需求，部署实施智慧水务供水云平台，实现大型智慧水务企业供水高效协同示范。

8.4.2 总体设计方案

1.“1233”战略总体规划

1）1个平台：统一云服务平台。遵循统一标准，建设统一云服务平台，全面覆盖公司各领域，杜绝“信息孤岛”和重复建设，快速响应业务需求。

2）2项集中：服务集中管理与数据集中管理。将用户、知识、支付、结算等服务模块进行集中建设、管理，将主题性强的数据集中建设、管理，使一切业务数据化、一切数据业务化，真正做到数字化管控。

3）3大提升：全面提升生产、管网、营业的综合能力。针对生产、管网、营业的基础设施升级改造，依托开放的统一云服务平台，实现生产自动智能、调度统筹合理；管网全面监控，信息一图呈现；抄表算费便捷，营销场景创新，全面提升公司三大核心业务一体化运作能力。

4）3个一流：服务一流、管理一流、技术一流。围绕“国内一流”的战略定位，创新客户服务模式，强化科技资源配置，构建标准管理体系，增强便民服务能力，引领智慧供水行业发展，提升企业经济效益，从而拥有一流的服务手段、一流的管理能力、一流的技术实力。

2. 分阶段分步实施

考虑项目的复杂性，为了保证项目的成功和顺利推进，本项目按照“总体规划、分步实施”的原则，进行本部和下属单位的系统建设。为稳妥推进，采取先试点、再推广的实施策略。在试点阶段，结合信息化建设的总体目标计划，选择部分系统，在业务较有代表性的下属企业开展试点，并在此过程中积累经验，降低风险。待试点单位运行稳定后，在广州市自来水有限公司范围内进行全面推广上线。

1）业务与数据咨询

业务与数据咨询工作作为项目中的一项工作，旨在通过业务与数据咨询，梳理优化广州市自来水有限公司的业务流程，建立数据标准化管理体系，为后续信息化管理系统的建设打下基础。业务与数据咨询工作主要包含以下两项工作：

（1）业务流程优化：从根本上对原来的业务流程做重新设计，把直线职能型的结构转变成平行的流程网络结构，优化管理资源和市场资源配置，实现组织结构的扁平化、信息化和网络化，从结构层次上提高企业管理系统的效率和柔性。

（2）数据资源规划：数据是组织的重要资源，是信息系统工作的基础。数据规划是确定信息系统支持组织的业务活动的各类数据及相互关系，识别组织中各业务领域的主题数据（或数据类）。其中，主题数据是指在业务活动中产生或使用的、描述某项业务活动内容与特征的一类数据的总称。

2）开发平台建设

如图8-2所示为开发平台建设路线，平台融合业内先进技术设计理念和架构，是全新一代低代码PaaS平台产品，主要包括开发平台、运行平台、集成平台、流程平台、公共服务，为广州市自来水有限公司的业务应用开发、运行、集成提供全方位支撑，完全符合广州市自来水有限公司业务支撑平台的定位和技术指标要求。

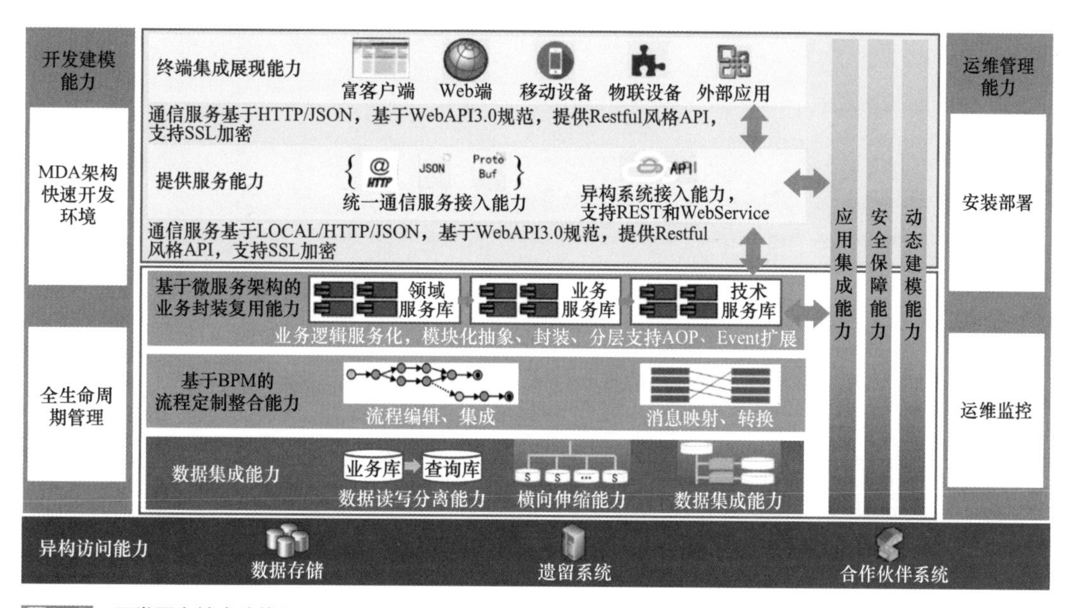

图8-2 开发平台技术路线图

基于领域特定语言（DSL）和模型驱动架构（MDA）开发模式的低代码平台，能够面向广州市自来水有限公司多种业务形态的业务应用，提供可视化快速开发工具、动态建模工具和应用系统运行、集成、安全等基础技术支撑。平台内置大量的可重用技术构件、服务组件、开发模板等软件资产库，能够快速、低成本地搭建和迭代维护业务应用，支持浏览器、移动设备等多终端的集成接入访问，为用户提供多终端之间无缝切换和随时随地接入的能力，提供门户及身份、业务流程、业务服务、业务数据等各个层面的集成应用。

3）业务管理领域系统建设

业务系统建设框架如图8-3所示。基于IaaS层、PaaS层建立业务管理域，提供两个中心，即服务中心与数据中心；四个领域+*N*个微应用。其中服务中心汇集各可用模块，通过将模块应用于不同领域，增加了功能模块的可复用性，减少重建风险，建立面向服务的应用架构；数据中心则包含主数据管理、数据仓库管理、数据治理等功能，实现数据统一管理，从根本上消除信息孤岛。业务管理领域分四个领域进行建设，即ERP领域、营业管理领域、管网+GIS领域以及生产调度领域。未来，随着业务的变化必将产生新的应用需求。一方面，基于云服务平台的开放性，可在已有平台上直接拓展新的应用；另一方面，基于服务中心和数据中心模块的高可复用性，新应用需求可直接调用该可复用性模块，减少重复开发，从而实现新应用开发响应敏捷及时，更新迭代高效迅速。

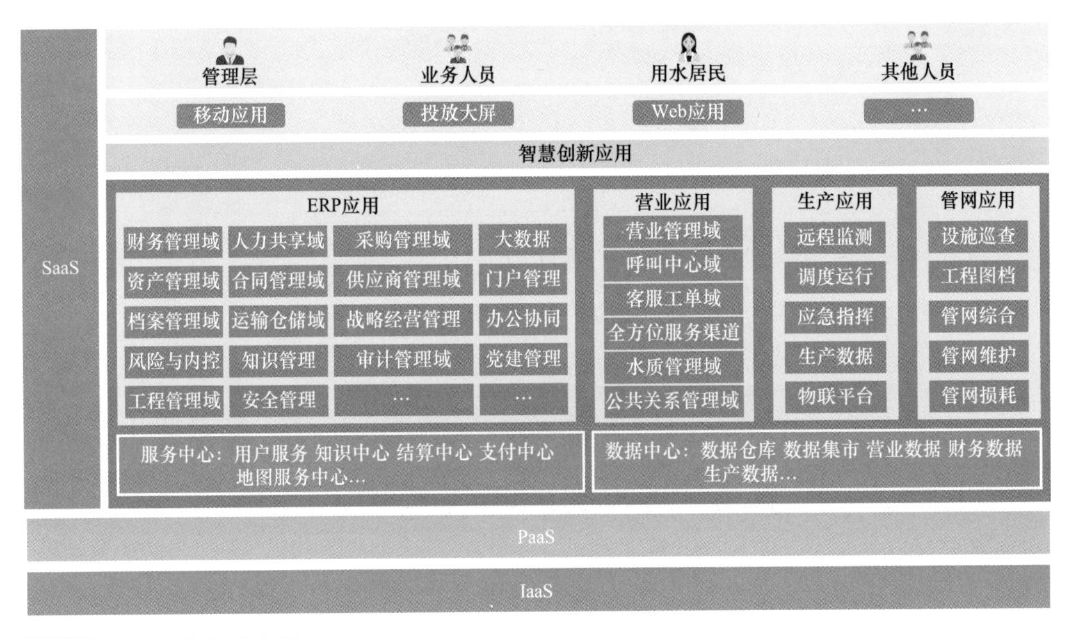

图8-3 业务系统建设框架图

8.5　项目特色

8.5.1　典型性

本项目利用互联网、物联网、大数据、云计算、人工智能等一系列新兴技术，兼顾系统数据安全和涉密要求，采用私有云模式把供水业务整体“上云”，将自来水公司的生产、运营、综合管理等信息系统全面重构，并利用弹性敏捷、高复用的数字化技术推动公司的业务模式、组织架构、企业文化等持续变革，使广州市自来水有限公司成为供水行业数字化转型的领军企业。定制研发了支撑智慧水务的开发运行平台，将所有云平台服务、组件、模块、业务功能组件均采用本地私有化部署。同时平台基于业务建模工具，支持无需编写代码即可快速完成基本业务功能的定制开发。通过统一的集成开发环境，可采用图形化、可视化的方式开发各种业务表单、报表等功能。平台支持快速开发，包括数据库设计、业务建模、UI设计等大量可视化设计器，简化开发过程，降低技术门槛，提高开发效率。提供涉及云计算、大数据、物联网（IoT）、人工智能（AI）、虚拟现实（VR）、AR识别等热点技术模型，具备完整性及先进性。

本项目坚持“1233”战略方向，基于一个平台的基础，实现了统一服务，智慧云平台融合当前27个业务域及后续业务系统，实现一次登录全系统贯通、一个门户全业务覆盖、一个中心全任务办理。同时，强化服务集中管理与数据集中管理的理念：通过把用户、网格、支付、知识、附件、消息、地图、定位等共性功能服务化，减少重复建设风险，快速响应新的组织变化、业务调整、外部接入需求，形成服务中心；通过数据仓库汇聚所有业务系统数据，建立了主数据标准、业务数据标准，实现数据统一管理，提高数据质量，从根本上消除“信息孤岛”，形成数据中心。立足于广州市自来水有限公司生产、管网、营业核心业务，构建生产运行指挥中心、应急中心，以城市基础地形图和供水管网数据为核心，注重供水管网服务化，提高供水业务管理的水平和流转的效率，同时，借助互联网+技术，开展现场移动作业，全过程电子化办理，实时监控经营情况。业务管理采用全流程线上化，并对进度、过程、预算进行管控。技术上采用业界领先的微服务负载架构，支持核心业务在线更新，支持7×24h在线服务。服务上采用流程贯通、数据贯通（穗好办、粤商通、证数局、政务网、微信小程序等）的全程网办，响应政府“只跑一次”的原则，助力智慧城市建设，优化营商环境。

8.5.2 创新性

1. 管理创新：网格精细化管理模式

运用统一云平台技术标准，贯彻“互联网+供水网格化”的顶层设计，形成“公司－分公司－网格管理区分”运行的管理格局，实现业务整合，集成抄表、稽查、巡检、追欠等一体化管理模式；外业管理平台，实现任务直达一线，减少中间流转环节；供水网格实现多维研判，实现成本、绩效、质量精细化管理；监督层层穿透，从公司高层领导到网格员，形成自上而下的监督模式；

2. 数据可视化：“人事物数”全息“上云”，实现“物在网、人在线、数在传、云上看”

通过物联网平台建设，实现从水源到用户终端全流程在线监控。智能终端“水质、水压、水量”数据统一接入物联网平台，实时监控超50万条数据，实现对智能终端在线故障报警，自动发单，设备维修效率提升50%。全员线上办公，所有业务按系统标准化管理。大数据平台依托智能终端300T海量数据，将AI预测技术和水力模型结合，构建在线监控系统，保障管网安全稳定运行。数据“上云”构建供水一张图，贯通厂、网、站生产数据，通过水力建模，实现智能仿真、智能诊断、智能预警、智能处置、科学调配的管网运行控制体系。

3. 技术创新：区块链可信认证服务

以政务区块链为基础，依托可信认证服务机构建设电子印章制作体系，为用水用户提供电子印章服务。建设可信服务应用支撑体系，通过区块链智能合约的方式，实现供水合同电子签约新模式。具有区块链的高效确权存证、全程留痕溯源、多方可信共证等特点，整合国内外先进的电子认证服务机构提供的数字证书服务、电子签章服务、电子签名服务、时间戳服务、验签服务、自然人和法人身份认证服务以及上链数据查询服务等可信认证服务。全面优化对外服务平台，拓展电子印章、电子证照等在网上办事中的应用，区块链可信认证服务平台通过提供电子证照发证、用证、电子印章认证、身份认证、数字签名认证和信息加解密等服务，解决网上提交办事材料的合法可信问题，实现用水业务线上快捷办理，提高客户满意度。

4. 技术创新：浪潮iGIX企业数字化能力平台

采用云原生架构，基于容器技术构建，支持资源弹性伸缩，支持多云部署。融合人工智能、物联网、移动、DevOps、IPv6等最新技术，秉承开源开放原则，为企业提供集开发、扩展、运行、集成、运维于一体的技术支撑平台。提供企业级高生产力平台，实现企业应用快速开发、快速迭代、快速部署；企业级高控制力平台，包括微服务治理、弹性计算、态势监控等能力，支撑企业创新型应用的开发，实现智能运维；提供数字化通用支撑服务，包括数字化业务流转能力、数据分析能力、混合集成能力、智能服务能力等，具有全新计算框架、双引擎平台、全新交互体验、智能化、开放集成五大特色。

8.5.3 技术亮点

1. 建立私有云平台，供水业务整体“上云”

利用先进的互联网、大数据、云计算、物联网、人工智能AI、AR/VR等技术，为广州市自来水有限公司建立私有云平台，对生产、运营、综合管理等信息系统全面重构，将供水业务整体“上云”，并利用弹性敏捷、高复用的数字化技术推动企业的业务模式、组织架构、企业文化等持续变革，成为供水行业数字化转型的领军企业。

2. 一体化管理平台实现企业全链条管理

围绕业务需求模型化、供应网络实时化、全局可视化管控及快速匹配云端服务等技术场景目标，以供水业务与云计算、大数据、物联网、人工智能及移动交互技术的深度融合为基础，建成一体化云平台，集采水源、生产、管网、客户、营业于一体，开辟供水协同新模式，引领供水领域的产业发展。

3. 构筑高性能物联平台，实现物联信息的有效处理

搭建水务物联网平台，统一接入和管理各类物联设备，形成集采集、传输、处理、存储于一体的感知网络，实现水厂生产设施、管网设施、用户二次供水设施、用户用水数据等全基础数据一张网，按需采集和动态监测从水源到终端全流程水质、水量、水压生产营运数据，实现实时分析各级DMA分区总分差水量信息，实现各级水量的智能有效管控。

4. 网格化建模设计，支撑企业精细化管控

供水企业传统的营业、管网、客服、水质、表务等各项业务管理资源分散、重复，存在现场问题响应慢、管控效率低等问题，云平台设计运用GIS平台集合高德LBS系统，实现与Arc矢量化及坐标化的地理信息管理系统对接，与政府“四标四实”标准地址及空间信息对接，构建基于移动应用App网格的管线、基础设施的标准化属性编码及建模的实用工具，形成网格基础数据建库、抄表、巡检、监管指标统计、考核等各类业务模型，实现工单直达一线网格员，并对网格事项实现层级穿透、全过程监管功能，企业按网格单元进行人力资源重新

分配，以网格为单元开展营业抄表、管网巡检、用户服务等现场作业，提高了网格作业和用户服务效率。网格模型可进一步抽象化、模块化、标准化提炼，后续可复制用于中小型供水企业。

8.6 建设内容

构建智慧供水云平台系统，包括建设开发平台、物联网平台、大数据平台、移动平台四大平台以及覆盖公司运营各类业务的27个业务域（27个业务域子系统包括财务、人力、客服工单、公共关系、工程、资产、仓储、战略经营、协同办公、合同管理、电子采购、档案管理、风险内控管理、审计监察、大数据分析、营业管理、水质管理、生产管理和管网管理等），集成供水全流程业务：源、厂、站、网、端；营、调、质、服；ERP管理，实现供水全流程“业务+管理”数字化。

8.7 应用场景和运行实例

基于智慧供水云平台，通过优化水厂运行、科学调度泵站、加强供水管网维护、实行全程网办等一系列举措，从而达到厂、站、网、端协调联动，确保“一个指令执行到位”“一个平台调度到边”，保障水源到终端全链条流程高效、稳定运行，提升企业综合能力。

8.7.1 5G智慧水厂

通过部署工业以太网、有线互联网、5G移动网，建设智慧水厂管理云平台，实现自动化、平台化、移动化、场景化相互融合，形成生产管理（水质、水压、水量）、资源管理（办公、财务、人力、资产、物料）等多系统资源有机协同机制，实现水厂各要素之间的数据打通与连接，逐步达到管控全面升级（成本更优）、业务协同高效（效率更高）、应急敏捷响应（安全可控）的数字化管理目标，实现管控全面升级，协同联动降本增效，自动化生产，节省生产电费约170万元/年，节省原材料成本约200万元/年，节省水资源费约190万元/年，节省人力成本约180万元/年。

8.7.2 智能调度

通过整合水厂运营调度、管网动态水力模型等核心数据，广州市自来水有限公司构建了智能化的城市全过程供水调度系统，管控模块包括每日水量预测及调度分配方案、24h水量时变预测、水质及压力、流量监控、进出库水量调度、水厂内优化调度、网格内二次供水调度运行、市政供水管网水力模拟、等压线分析、应急预警及突发事件处置等，改变了以往经验型供水调度的模式，能够直观展示厂、站、网、端的运营情况，实现厂站联合调度，管网合理均压，节能降耗，出水水质达标率为100%。通过智能算法，快速甄别供水主干管道压力变化，实时联动水厂停泵减产停产，保证供水管道安全运行。

1）运行实时监控：对供水各个环节的水位、压力、流量、水质、生产设备工作状态、供水管网漏损情况等各种重要数据的自动采集和实时调控，改变了原有本地就控的方式，进行供水全流程监控调度，能够实现水厂运行状态的远程实时监控，实现在手机、PC端查看。

2）优化调度方案：基于在线远程数据，图形化展示运营状况，依托业务数据模型，提供优化调度方案，减少人为调度方式，降低人力、能耗成本。

3）能耗分析监控：分析生产各环节的能耗数据，通过供水量与发生的原水费、能耗及其他成本进行相关性分析，以求找出需要重点进行成本控制的项目，达到提高运营效率与节约成本的目的。

4）决策分析支撑：利用全程动态监控的手段实现供水生产及管理的全面控制，找出数据下真正反映或者暗示到现阶段存在的问题，统计分析水质、供水管网等情况，实现资源合理配置，深层次挖掘水务大数据，为水务业务的发展提供支持，辅助管理层经营决策，提高决策的准确性和科学性，为企业安全、高效、有序的供水运营保驾护航。

8.7.3　无人值守加压站

充分运用自由端振动传感器、热成像监测、仿真建模、异常告警等现代信息技术，对具备条件的加压站进行改造，提高巡检频率、监测密度，进行远程集中控制（图8-4），从而实现加压站无人值守，形成无人值守和建立巡检专业队伍的运行管理新模式，提升智能化运行及管理水平，提高人力资源使用效率，降低人工成本。

1）自动化监控：将手动阀升级为可远控的电动阀，泵组增设变频器控制，新建自动化监控系统。升级改造后，自动化调控精准度高、调控速度快，24h实时微调可以保证市民用水更加安全、稳定。

2）降低能耗，解放人力：“十四五”期间，至少在17座加压站实行无人值

图8-4 调度中心远程监控加压站图

守，运维人员保守估计节省1/3，将为公司每年节约成本约935万元。

8.7.4 精准分区，实现供水管网精准控制漏损

传统的管网漏损控制工作主要依靠声波技术进行检漏，这种方法属于被动式的漏损控制方法，不仅工作效率较低，而且也造成了人力和物力的浪费。供水管网网格分区管理方法的引入使得上述问题的解决迎来了曙光。

1）供水管理网格分区，建模辅助精细化管控：构建4个一级分区，34个二级分区，416个供水管理网格的“互联网+网格化”供水管理新模式，在管网GIS系统基础上，利用高德地图及LBS云计算现有的空间数据库及模型算法，建立管线与其上设施的空间逻辑关系属性数据库及模型算法，整合服务、营业、管网三大资源，形成统一数据模型，实现网格最优抄表、巡检、网格内管道正常停水施工、二次供水水池清洗、突然爆管影响用户等在环状管网中进行智能定位分析，以及自动根据属性数据库准确列出影响客户列表等网格管理功能，实现网格现场管控精细化。

2）管网漏损控制系统，实现漏损点精准定位：通过对供水管网进行合理分区并安装流量计，进而达到对各区供水管网内流量进行在线监测的目的。在此基础上，结合统计和分析夜间最小流量，系统漏损控制分析模型给出分析意见，

快速精准地定量各区漏损水平和方向，对严重漏水部位还可进行精确定位，如图8-5所示，实现对漏损情况的及时发现，为检漏队伍提供有效的指导，使检漏工作变得更有针对性。

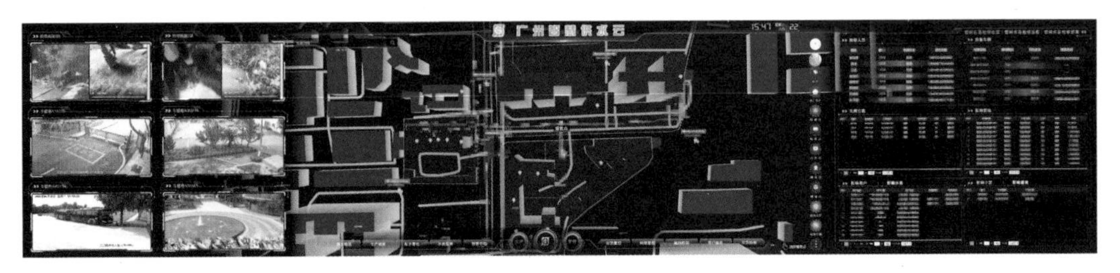

图8-5　暴漏抢修系统图

8.7.5　“四位一体”城市饮用水全流程快速反应智能监测体系

利用“互联网+云平台”网络管理信息化技术，结合网格管理和大数据的分析成果，构建人工检测、在线监测、移动监测和水质监测信息管理平台的“四位一体”城市饮用水全流程快速反应智能监测体系，通过对用户龙头水、用户表前最不利水、小区入口水、市政管网水、出厂水、水源水等供水全流程逆向进行水质检测及分析，动态优化控制出厂水的内控水质指标，并首创“免费上门检测自来水水质服务”，水质公示到用户龙头。该成果先后获得国家计算机软件著作授权专利1项、国家发明专利1项、2020全国国企管理创新成果一等奖。

8.7.6　掌上营业厅

以流程再造和科技赋能为手段，以实现服务方式多样化、过程管理标准化、服务质量数据化为原则，夯实“两零一优”措施，聚焦聚力推动智能供水服务厅示范点建设，让用户尽享智慧便捷服务。

1）零跑腿，全渠道网上服务：以客户服务为中心，整合现有网上营业厅、App、微信公众号、小程序、自助终端等网络渠道，提供40项业务在线办理，工单进度实时跟踪，打造“全流程网办”服务新模式。同时，与政务数据平台的互联互通平台打通，实施数据共享，实现水费查询、用水报装等业务上架粤省事、穗好办等平台，让用户可享受更加便捷的“零跑路”业务办理服务。

2）优化时限，业务办理更快捷：审批时间较优化改革前减少70%，并依托智慧供水云平台，为获得用水业务量身打造电子审批业务应用软件，实现业务全程电子化、无纸化流转审批，有效提高办事人员工作效率。

8.7.7 智能水表——关爱独居老人

针对独居老人困难，广州市自来水有限公司在梅花村、昌岗、白云湖、龙归等街道试点，将70岁以上独居老人的普通水表免费升级为智能远传水表，一旦出现家中12h内水表读数低于0.01m^3，后台系统将会“自动报警”并通过短信形式发送至街道、社区，社区安排网格员或监护人第一时间上门探望老人提供“叫醒服务”，这不仅为独居老人解决用水问题，还增加了一重远程智慧守护，以实际行动关爱老人。

1）预判漏损及时抢修：通过24h动态监测水量数据，实时掌握老人独居的用水时间和用水量，判断用水设施是否存在漏损，区域网格员将主动联系或上门排查，保障独居老人用水需求。

2）健康风险提示即时发送：通过安装NB-IoT智能水表，可远程监控用水情况，判断独居长者是否处于无法行动或洗浴时发生意外滑倒等状态。一旦发现有相关情况，立即通过短信平台将预警信息推送到所辖街道社区网格员和联系人。

8.8 建设成效

8.8.1 投资情况

智慧供水云平台建设项目由广州市自来水有限公司、浪潮通用软件有限公司联合设计、实施和运行维护，建设周期48个月，平台总体投资约9000万元。

8.8.2 经济效益

1. 智慧运营新模式，实现企业降本增效

1）业务线上办理提高工作效率。通过一体化建设企业云平台，集成企业全景“人事物数”，实现数据、业务全息“上云”，全流程电子化审批，提升公司组织间的沟通与管理效率。

2）水厂智慧化营运实现节能降耗。借助生产信息化手段，自动化控制生产进一步优化值班岗位结构，减少值班人员。以过去需要10人进行车间工作监控、操作计算进行比较，能节省人力成本约180万元/年，投加自动化后能节省药物投加费用约20万元/年。其次，通过能源分析、物耗监控、精准投加等智慧化措施，

平衡供水能力与用水需求，实现水厂生产全流程能耗物耗监测“一张图”，达到药剂的精准计算与投加、水资源的合理分配、设备的最优搭配，有效降低了生产电耗，节省生产电费约247万元/年，达到节能降耗的效果。

3）物联数据提高故障抢修效率。依托“云平台”引领带动，“一个标准”建设物联网平台，将公司全网水质、水压、水量在线监测智能终端统一接入物联网平台，实现在线故障报警，维修响应时间缩短15%。

4）智能表改造解放人工抄表。通过智能水表实时监测用户水表的用水量，能实现远程抄表，大大提高抄表精确性和工作效率，有效避免人工抄表产生的误差，节约人力成本。目前公司计费大表智能抄表率为100%，户表智能抄表率约为15%，每年可节约抄表人工成本约500万元。

5）无人值守加压站降低人力成本。无人值守加压站智慧化升级改造建设实现泵站集中管理、远程监控、智能化预警，通过建立“无人值守+片区巡检”相结合的运行管理模式，进一步借助供水智慧化提升科学管理水平，有效节约人力资源成本。目前公司已完成越秀山站、盘福站、白云山站等10个无人值守站改造，这10个加压站改造前需值班职工80人，改造后实行片区集约化管理需职工32人，每个加压站节约成本74万元/年，节省人力成本54%。

2. 全程网办服务，惠民利企降成本

1）“指尖上的水管家”模式提供优质便捷服务。依托互联网技术，通过政务服务网、供水热线“96968”、微信公众号等多种渠道，建立网上营业厅，为市民提供水费查缴、自报行度、用水申请、报漏报修等40多项线上业务服务，优化时限，实现了供水全过程服务网办比率达100%，用户业务办理材料压缩比率达60%以上，业务办理更快捷。

2）智慧服务厅解放人工服务。通过营业厅智慧化服务改造，以及自助服务区、互动体验区、人工服务区等功能区域的设置，打造以信息化、数字化、互动性为特征的智能供水服务厅，逐渐由传统的人工服务向智能化服务转变，能大幅降低人工成本。

8.8.3 环境效益

国家目前对生态环境保护高度重视，强调要践行绿水青山就是金山银山的理念，站在人与自然和谐共生的高度谋划发展。随着互联网、大数据、云技术、智能感知技术等新技术迅速发展，智慧供水云平台的项目建设过程中，打造零碳水厂、研发碳中和产品，实现水务运行过程中绿色、节能、环保，对保障城市水务系统安全稳定发挥越来越大的作用。

《中华人民共和国国民经济和社会发展第十四个五年规划和2035年远景纲要》要求降低国内生产总值能源消耗和二氧化碳排放。广州市自来水有限公司携手浪潮通用软件有限公司，在智慧供水云平台建设项目过程中制定：

1. 智慧供水云平台建设过程绘制切实可行的“双碳”“施工图”，并快速投入实践

根据广州市自来水有限公司的生产运营流程，携手浪潮通用软件有限公司在引水、制水、供水、采购、产品/服务、运输物流、消费等生产运营全流程进行碳减排，也在行政办公等辅助系统领域发挥作用助力碳减排。

2. 先立后破，积极开展试点示范，以创新精神开展水务行业乃至全球碳中和首创行动，形成可复制可推广零碳水厂的经验

广州市自来水有限公司打造零碳水厂、研发碳中和智慧水务产品，例如通过北部水厂示范单位建立“零碳水厂”建设目标；在生产、调度、污泥排放过程中探索“碳中和产品”；在越秀山站、盘福站、白云山站等无人值守站点建成多个“零碳站点”；携手浪潮通用软件有限公司推出了智慧水务系列“零碳水务解决方案”。

3. 完善治理，建立“双碳”治理体系以及考核激励机制，培育企业“双碳”行动的内生动力

加强节水治理，建立“双碳”体系，制定考核激励机制，升华节水的含义从“节约用水”衍生到“取供用”全链条节水。通过智慧供水云平台进行切实的项目跟踪，实现项目分阶段施工，减少城市噪声，合理优化取供比等。

8.8.4 管理效益

1. 数字化管理，开启企业管控新模式

广州市自来水有限公司智慧供水云平台27个业务系统已投入运行，集建设、生产、管网、营业、服务、管理于一体，实现“人在线、物在线、事在线、数在线”。人在线，企业全员一个平台办公，每日工作任务按角色自动分配，从“人找事”转变到“事找人”，实现对抄表、设施巡查、维护等外业人员作业过程的监控；物在线，实现企业资产全生命周期管理，50万台各类在线感知设备由一个平台监控；事在线，以流程平台为载体，以工单为驱动，实现所有审批与业务线上流转，可监控每个事项办理节点；数在线，各项数据在线管理，可查可控。云平台运行后，企业管理实现“物在网、人在干，数在传，云在看”，提升了效率，综合提升企业管控效能。

2. 智控筑基，全过程供水实时监控

在416个供水管理网格基础上，依托压力远程监控点、管网水质在线监测点、主干管网流量监测点、大口径远传水表、中小口径智能水表等在线监测设备，通过将大数据+物联网+云平台+移动化等前沿技术与水务应用融合一体，构建“厂、站、网、端”四级全链条监管感知系统，实时监控水厂、加压站、管网、用户终端的供水状况和水质达标情况，通过构建统一的物联网平台实现数据的统一采集、分析、预警、应用、调度，建立厂站的“血缘”模型、管网水力学模型、机器学习模型、能耗分析排名模型、能耗智能建议模型、演绎评估模型、演绎方案模型、爆管风险评估模型等智慧决策模型，提高智慧管理能力，厂站运行成本下降约2000万元/年。

3. 智能预警，供水设备智能运维

通过搭建厂级设备的运维管理系统，基于设备智能预警和诊断，对工艺全过程大型设备进行多参数监控，实时监测设备健康状况，智能预判、及时响应，减少非计划停机检修造成的影响，减少巡检人员数量，提高巡检效率并提供备品备件预测管理。实现从响应式维护、预防性维护到智能设备运维的转变。

4. 科技创新，推行无人值守

打破加压站固有运营模式，推行加压站片区化管理、一主多辅站点巡检、站点无人值守等措施，有效提高人力资源使用效率。目前，已完成越秀山站、盘福站、白云山站等10个加压站的无人值守改造，构建基于BIM模型的全过程智慧化管控系统，实现站内泵组、加药装置、阀门等机电设备的全自动控制，无需人工干预；采用热成像温度检测及振动在线监测技术，对设备进行故障自诊断，结合大数据分析，实现对设备运行状态的精准预判；按照一对多模式建立远程控制中心，对无人值守站实行集约化管理。预计每个站至少节约成本近百万元/年，节省人力成本，为探索推进减员减碳提供了有效手段。

5. 全程网办，深度智慧化应用便民利民

整合微信小程序、App、支付宝小程序等多个业务办理渠道，实现水费查缴、用水申请、自行报度、过户申请、银行划扣等40多项用水业务全程网办；与外部数据对接，实现水电气联合办理，提升用户水电气报装接入效率，为全国首创。开展不动产+民生服务工作，实现资料一次收取、信息一次录入，用户满意度提升至90%以上。

6. 智能水表，辅助用户用水行为分析

通过智能水表实时监测用户水表的用水量，按照既定的数据特征识别出水表可能的用水异常、管道水回流、持续用水、长期零水量等，可对独居用户实现智能守护，节省人力成本，提高效率。

8.9 项目经验总结

8.9.1 经验总结

1. 采用平台化统建统管模式，降低系统整体建设、运维成本

传统智慧水务建设仍然以单一问题解决为导向，缺乏顶层规划和统筹设计，各单体系统技术标准不一致、无法汇集大数据开展决策分析。本项目采用的一体化平台建设模式，具有以下优势，可作为同类企业建设信息化平台的借鉴：

1）节约建设成本。传统智慧水务建设通常面临异构系统之间的交互，本项目采用的统一云平台架构可节约由于系统异构造成的信息交互成本，提升信息化的高端收益水平。

2）节约运维成本。运用容器化部署方式，充分利用服务器资源，运用K8s部署方案，动态调配运行模式，实现整体资源的优化配置，极大地减轻运维工作的压力，大幅降低运维成本。

3）可持续支撑企业业务流程、运营模式再造。应用一体化的数字基座，实现数据与业务平台的可适应变化能力，打破了应用系统的壁垒，从企业全局梳理和规划业务流程，重构了组织架构、业务架构、数据架构、技术架构。

4）可复制推广。借助在线监测设备，并依托“供水信息化平台”，实时感知供水系统的运行状态，建成“互联网+城乡供水”示范区，形成可复制可推广的模式，实现城乡供水科学调度、精准管理、优质服务。

2. 形成技术标准和数据治理方法论

目前行业还未有系统化的智慧水务建设技术标准，广州市自来水有限公司在智慧供水平台项目建设中，构筑了业务与数据中台，将进一步提炼形成供水行业的数据治理工作方法、流程治理方法论，以及企业信息平台管理技术标准，可为同类企业提供借鉴：

1）具有供水行业特征的数据标准体系：涵盖数据标准、数据模型、数据质量、数据安全、数据生命周期和数据共享等标准与管理模式。形成了供水行业特色的营业管理、生产管理、管网管理、水质管理等领域的基础数据、数据标

准、数据模型等标准体系，构建起供水企业信息平台的主数据标准、数据仓库建设标准，实现数据的全生命周期管理。

2）企业管理流程治理方法论：基于统一平台管理的理念，以企业业务主线为核心，将从水源到终端各环节的生产、管网、营业、水质、客服、企业资源管理（业财一体化、资产生命周期、供应链、内控监督、战略大数据等）综合提炼形成各业务模块标准化、规范化的管理流程、业务模型，实现流程集成贯通，形成ERP综合管理业务流程成果，以及营业业务管理、表务管理、管网管理、生产调度、水质管理等专业管理业务流程成果。

3）企业信息平台管理技术标准：包括企业信息平台建设基础设施标准、信息平台建设技术架构标准、信息平台建设数据管理标准、信息平台安全管理规范、信息平台运维规范、智能终端技术规范等一系列管理及技术标准。

8.9.2　发展建议

1. 大型企业建平台，赋能中小企业

通过大型企业数字化转型的摸索与探路，构建水务统一数字化平台，实现整个智慧水务的数字化底座，构建完善的PaaS、SaaS层实现先进技术与业务的融合，并将管理经验与规则抽象化并沉淀提炼至SaaS层的业务组件中，搭建整体的业务生态。建议政府、行业主管部门集中资源支持大型企业作为智慧水务平台的构建者，通过云平台服务方式对外输出管理经验以及管理模式，实现开箱可用的模式，积极赋能没有能力独立构建平台的中小企业。

2. 构建智慧水务行业标准

通过大型供水企业的建设实践，建议组织专业小组编制智慧水务行业标准，形成覆盖规划设计、硬件配置、数据治理、信息安全、开发建设、运维运营等标准，加速产业融合、深化社会分工，促进水务行业跨界和协同发展。

3. 完善政策体系

建议完善智慧水务数据安全、数据共享、数字化转型等相关政策体系，助力我国水务企业更深更广融入全国新基建政策体系，为行业智慧化发展提供政策保障环境。

4. 研究建立数字化转型绩效评价体系

目前，行业暂未形成水务企业数字化转型绩效评价体系，对于智慧水务的定义仍存在较多不同标准。本项目的实施有利于促进云计算、大数据和人工智能技术在供水全流程管控关键环节的渗透应用，加快推动供水流程管控方式向

云模式、网络化协同方向转变，推动互联网和实体经济的融合，支撑构建数字化转型绩效评价体系，建议行业主管部门主导并组织典型水务企业参与，研究建立水务企业数字化转型绩效评价体系，指引智慧水务发展。

业主单位：广州市自来水有限公司
设计单位：广州市自来水有限公司、浪潮通用软件有限公司
建设单位：浪潮通用软件有限公司
管理单位：广州市自来水有限公司
案例编制人员：
广州市自来水有限公司：林立、罗斌、谭小萍、何元春、刘晓飞、何立新、卢伟、李洪荣、王开心
浪潮通用软件有限公司：王兴山、赵立刚、郭继平、赵强、陈真、许扬腾

基于“互联网+”的智慧水务云平台

项目位置：河北省石家庄市

服务人口数量：约1000万人

竣工时间：2018年12月

9.1　项目基本情况

9.1.1　项目背景

河北建投水务投资有限公司拥有从水源、水库、城市供水、供水管网、用水户到污水处理、中水回用的全产业链。鉴于所属水务企业地点分散、信息化建设水平参差不齐、应用系统各自独立的情况，为实现集团化统一管理，开展了一系列相关科技项目的研发，搭建了智慧水务共享云平台及应用系统，进行智慧水务云平台、计算中心、应用系统和物联感知系统的建设。

项目采用集团化建设模式，统一操作系统和软件版本，避免了项目重复投资，践行了网络互通化、业务融合化、资源共享化、生产智能化的“互联网+”发展理念，是国内同类项目建设的成功范例。

9.1.2　项目总体情况

1. 取得的成果

2018年12月通过国家“互联网+”重点工程项目验收。

完成省厅以上智慧水务相关科技研发项目验收9项。

主编和发布河北省地方标准《智慧供水系统技术标准》DB13（J）/T 8467—2022。

获得国家发明专利授权6项。

取得软件著作权11项。

公开发表科技论文5篇。

在大型学术会议作报告5次。

2. 获奖情况

获得2022年度河北省科学技术进步三等奖。

获得第24届国家级企业创新管理二等奖。

2017年入选国家“互联网+”重点工程项目。

2020年入选工业和信息化部物联网示范项目。

2021年入选河北省大数据应用优秀案例。

2022年入选河北省护航数据安全典型案例。

获得2022年河北省智慧政务大赛三等奖。

9.2 问题与需求分析

1）已建成的智慧水务应用系统由不同的软件开发商开发，存在“系统孤岛”问题。

2）各应用系统之间资源不共享，不同应用模块和软件版本之间不兼容。

3）各业务应用功能根据不同水务企业量身定制，缺乏通用性，安全性差。

4）物联感知信息采集、传输与存储、系统架构、数据接口、应用模块接口等执行的技术标准不统一。

5）多年来形成的海量生产运营信息存储在“黑盒子”里，形成“信息孤岛”。

6）生产运营大数据挖掘、应用不足，未能体现数据价值。

9.3 建设目标和设计原则

9.3.1 建设目标

项目“六个一”的建设目标：

1）一朵河北建投水务企业云。基于资源共享的企业云，为水务公司以多租户模式提供全产业链的智慧云服务。

2）一张基础设施物联感知网。建设物联感知网“一张网”，数据治理形成企业数据资产，奠定数字化、智能化应用的基础。

3）一幅水务业务系统地理信息图。基于地理信息“一幅图”，展示和链接相关应用系统，实现功能融合与信息共享。

4）一套智慧水务建设技术标准。编制和发布智慧水务建设技术标准，指导水务企业的智慧水务项目实施和运维。

5）一种水务行业SaaS服务模式。以集团化和SaaS化的建设与管理模式，统一软件版权和版本，实现相关功能。

6）一个智慧水务运营管理共享云平台。通过云平台，以标准的接口对接和兼容所有软件商的SaaS版业务应用系统。

9.3.2 设计原则

项目“八个化”的设计原则：

1）功能开发集团化。基于企业私有云，通过物联感知数据统一采集与展示，所有异地水务公司共用数据中心和系统平台，避免了重复投资，实现软件及时升级，功能更强；通用基础软件只需购买一次版权。

2）应用模块SaaS化。开发了多租户管理技术，不同租户之间的数据完全隔离，通过SaaS版应用系统开发或SaaS化改版升级，实现云端部署、单点登录、资源共享。

3）项目建设标准化。在项目建设过程中，编制和执行了19个数据协议和导则、18个系统接口标准文档，并对外公开发布。

4）业务功能融合化。将业务应用系统由功能驱动转换为流程驱动，基于BPM技术打通了跨越不同应用系统的业务流程，不同业务应用系统之间信息、资源共享，总体打破“系统孤岛”。

5）系统资源共享化。基于智慧水务云平台，统一管理各应用模块、手机App，实现了互联网资源和主要业务的集约化管控、功能对接与信息资源共享。

6）数据信息资产化。建设数字化企业，将海量的运营管理数据作为企业资产，进行统一的采集与清洗，建设了SCADA、物联网（IoT）、水质和应用系统四大数据仓库。

7）企业信息数字化。研发水务数据资产管理系统，自研边缘计算网关，进行数据传输、清洗和集中存储，通过数据目录系统进行数据的查询与管理，实现企业的数字化。

8）生产运行智能化。建立水厂工艺运行模型、泵组运行数学模型、供水管网水力模型，进行城市需水量精准预测、供水系统运行方案寻优，实现了城市供水从传统的自动化、信息化步入数字化和智能化运行。

9.4 技术路线与总体设计方案

9.4.1 技术路线

项目致力于解决水务行业数字化转型中存在的如何搭建云平台、管理业务数据和挖掘数据价值的问题。

1）通过搭建资源共享、互联互通的智慧水务云平台，实现系统的融合化与标准化。

2）将存储在“黑盒子”里的数据统一管理，进行数据资产的建设，实现数据的资产化与共享化。

3）利用算法工具挖掘海量运营管理数据的价值，进行数字化与智能化的开发与应用。

项目开发技术路线如图9-1所示。

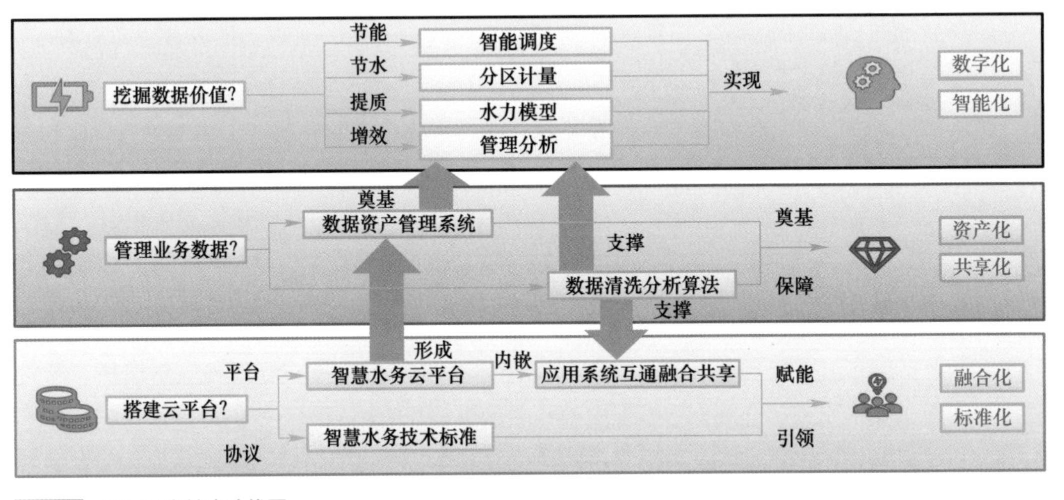

图9-1 项目开发技术路线图

9.4.2　总体设计方案

1. 云平台架构设计

云平台系统采用了开源的SOA（面向服务）架构（图9-2），统一管理系统基础设施、数据资源和SaaS应用与服务，形成以水务业务和用户服务为核心的两个生态圈。搭建基于“互联网+”的智慧水务运营管理服务云平台，将各智慧水务应用系统纳入同一平台，可实现多租户单点登录，为平台租户提供服务接口、应用系统和数据接入，进行用户、角色与权限的统一管理。

2. 云平台SaaS服务管理

采用集团化建设模式，基于云平台可实现所有业务功能，为水务公司提供SaaS（软件即服务）云服务。云平台可实现：多租户管理、计费管理、云服务接入管理、企业服务总线管理、业务流程管理、平台日志管理、移动终端管理等运维管理SaaS功能（图9-3）。

依托企业私有云，通过ESB（企业服务总线）统一管理各应用模块，通过BPM（流程引擎）实现各系统的功能互通与对接，通过EMM（移动终端管理）统一管理App（手机应用程序）。

9.5　项目特色

9.5.1　典型性

1. 集团化建设模式

针对河北建投水务投资有限公司所属沧州、衡水、廊坊、库尔勒等20个省内外水务公司，采用集团化的统一建设模式，建设内容涉及供水水源、原水输水、城市供水、供水管网、二次供水、营业收费、用户服务、污水处理、中水回用等全部业务领域。

2. SaaS云服务模式

在云平台下，各应用管理系统采用软件运营服务（SaaS）模式，可为不同的水务企业提供SaaS云服务。软件开发一次性购买版权，各功能模块互通与融合、从信息化升级到智能化，提升水务一体化管理效率；根据各种新的功能需要，在云端实现软件版本的实时在线升级，使系统功能不断完善。

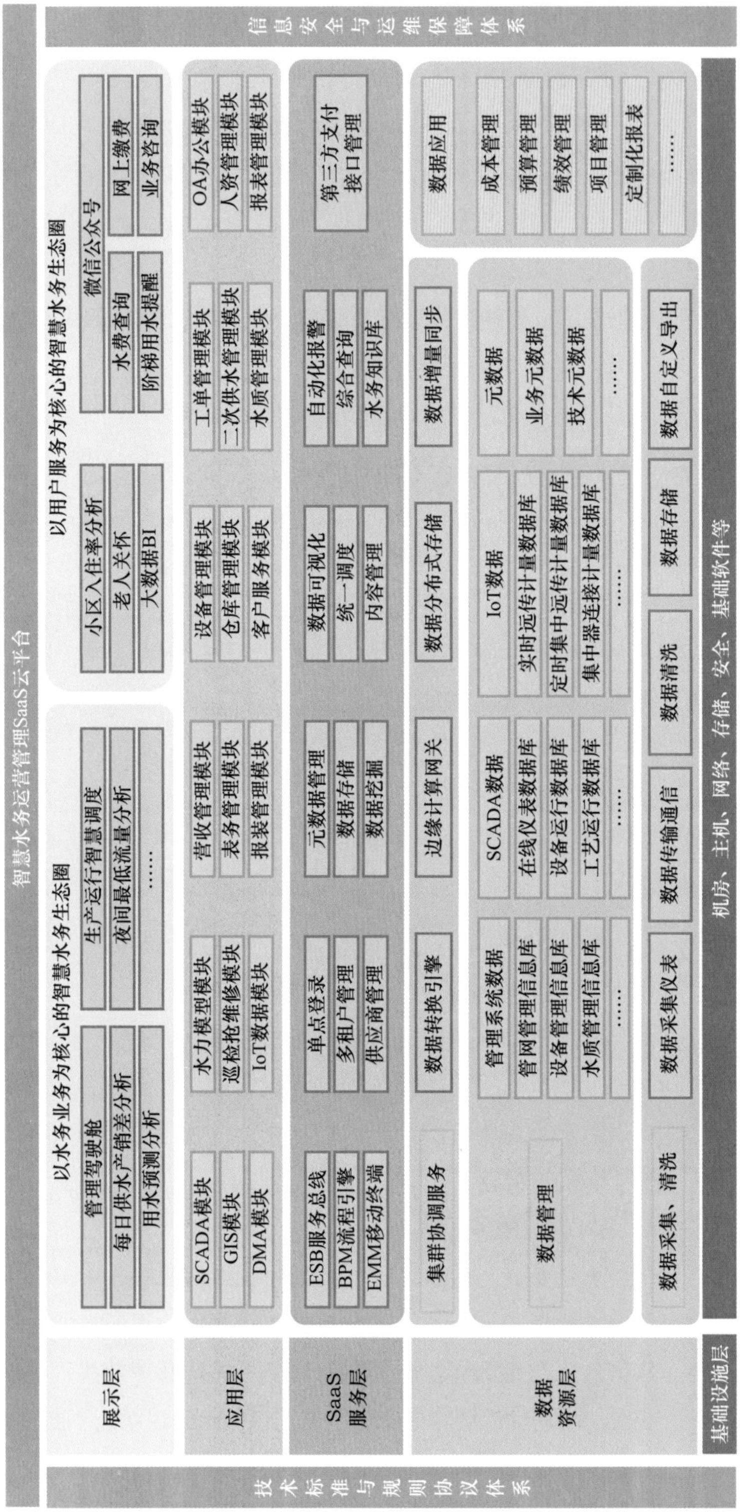

智慧水务运营管理SaaS云平台

技术标准与规则协议体系

信息安全与运维保障体系

展示层
以水务业务为核心的智慧水务生态圈
管理驾驶舱
生产运行智慧调度
每日供水产销差分析
夜间最低流量分析
用水预测分析
……
以用户服务为核心的智慧水务生态圈
小区入住率分析
老人关怀
大数据BI
微信公众号
水费查询
网上缴费
阶梯用水提醒
业务咨询

应用层
SCADA模块
GIS模块
DMA模块
水力模型模块
巡检抢维修模块
IoT数据模块
营收管理模块
表务管理模块
报装管理模块
设备管理模块
仓库管理模块
客户服务模块
工单管理模块
二次供水管理模块
水质管理模块
OA办公模块
人资管理模块
报表管理模块

SaaS服务层
ESB服务总线
BPM流程引擎
EMM移动终端
单点登录
多租户管理
供应商管理
元数据管理
数据存储
数据挖掘
数据可视化
统一调度
内容管理
自动化报警
综合查询
水务知识库
第三方支付接口管理

数据资源层
集群协调服务
数据转换引擎
边缘计算网关
数据分布式存储
数据增量同步
数据管理
管理系统数据
管网管理信息库
设备管理信息库
水质管理信息库
……
SCADA数据
在线仪表数据库
设备运行数据库
工艺运行数据库
……
IoT数据
实时远传计量数据库
定时集中远传计量数据库
集中器连接计量数据库
……
元数据
业务元数据
技术元数据
……
数据采集、清洗
数据采集仪表
数据传输通信
数据清洗
数据存储
数据自定义导出
数据应用
成本管理
预算管理
绩效管理
项目管理
定制化报表
……

基础设施层
机房、主机、网络、存储、安全、基础软件等

图9-2 智慧水务云平台SOA架构图

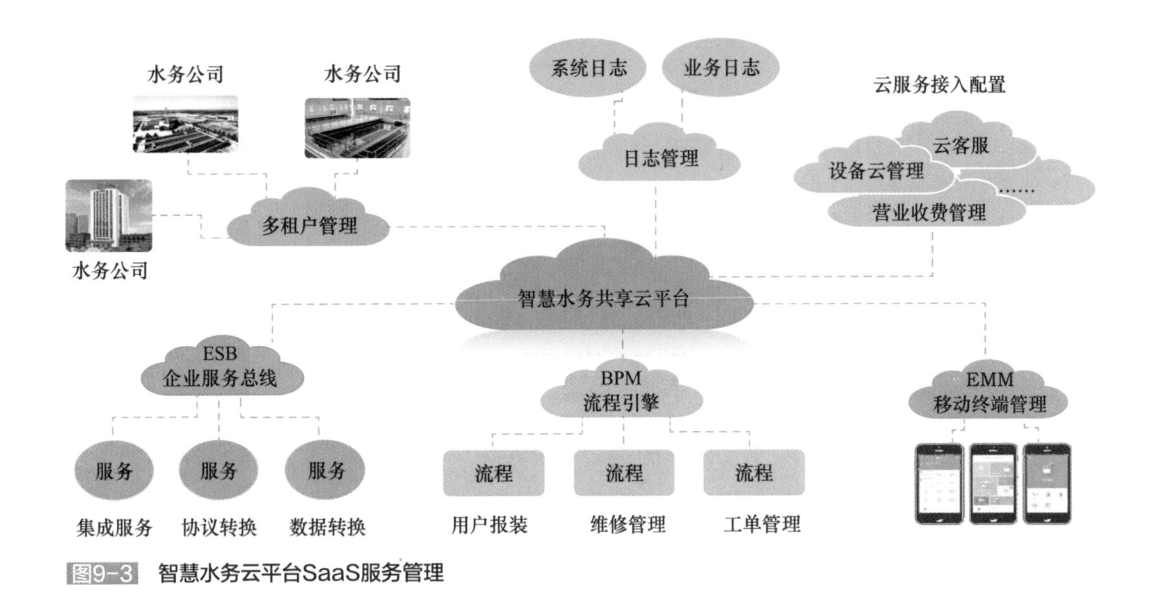

图9-3 智慧水务云平台SaaS服务管理

9.5.2 创新性

发明了泵组建模方法与优化运行、水源地供水建模方法，以及运行、预算与绩效管理分析等6项专利技术，进行了智能化运行与管理技术研发的初步尝试，为水务行业采用算法工具挖掘数据价值，实现企业的数字化转型，开辟了新的技术路径。6项专利技术具体如下：

1）变频调速水泵数学模型的建模方法及系统，专利号：ZL202210250201.1。

2）一种供水泵组变频调速智能化运行方法及系统，专利号：ZL202210250210.0。

3）地下水源地供水水力计算模型的建模方法及系统，专利号：ZL202210941406.4。

4）地下水源的智能化运行方法及系统，专利号：ZL202210941415.3。

5）一种水务年度预算分析系统，专利号：ZL202210250613.5。

6）一种水务业务绩效管理分析系统，专利号：ZL202210250618.8。

9.5.3 技术亮点

1. 搭建了智慧水务云平台，研发了SaaS版应用系统

采用BPM、ESB、EMM等新型互联网技术，搭建了基于SOA架构的智慧水务云平台，研发了云服务子系统和应用子模块，解决了困扰传统水务行业多年

的应用软件“系统孤岛”和“信息孤岛”问题，实现了业务功能的互联互通，系统和信息资源的融合共享。

2. 研发了水务数据资产管理系统，深度挖掘数据价值

通过引入时间序列、孤立森林、神经网络算法，挖掘海量水务数据价值，开发了一套水务行业大数据处理方法。将传统工艺运行存储在“黑盒子”里的闲置数据，进行清洗、挖掘、分析、利用，开发智慧应用模块，保障数据安全，发挥数据价值。

3. 发明了一系列数学模型算法，开发智能化应用系统

基于人工蜂群算法、机器学习等大数据分析工具，发明了泵组与优化运行数学模型、水源地与供水系统数学模型、预算与绩效管理模型等，实现了供水运行状态实时模拟、多种调度方案智能寻优、企业运营的精细化管理，解决了“黑盒子”里的信息未发挥作用，制约用户、管网和泵组运行数据挖掘分析，影响供水系统智慧运行的难题。

9.6 建设内容

9.6.1 企业云计算中心建设

采用先进的虚拟化、云计算信息技术统一建设企业云计算中心，利用企业级服务器虚拟化解决方案，将静态、复杂的互联网环境转变为动态、易于管理的虚拟数据中心，降低数据中心成本。基于先进的管理功能，实现虚拟数据中心的集成和自动化，使分散于各地的水务公司不需专门建设分计算中心与IT基础设施，通过网络专线即可实现云计算资源的共享。企业云网络架构如图9-4所示。

9.6.2 SaaS版应用系统的开发与统一管理

平台包括数据采集与监控（SCADA）、管网地理信息管理（GIS）、营业收费等十大应用子系统，智慧调度、工单管理、分区计量等48个应用子模块（图9-5），应用功能为新开发或对原有成熟业务系统进行SaaS化改版升级。

开发了在线巡检、用水户报装等11个移动应用App（图9-6），并已对接冀时办、各银行、微信和支付宝生活缴费等8个外部应用（图9-7）。

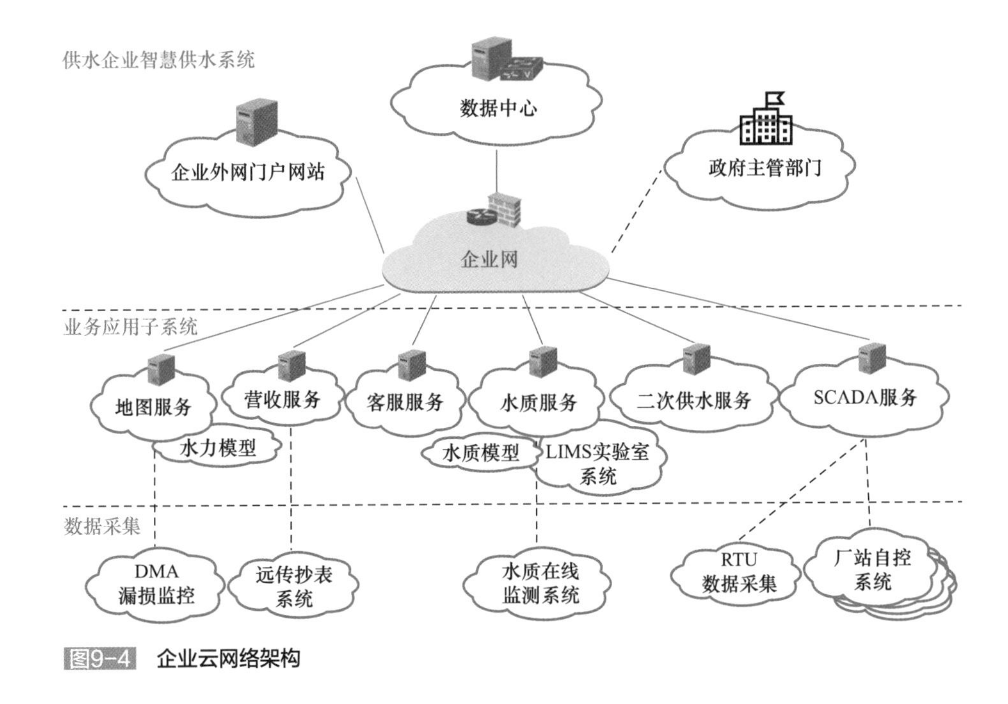

图9-4 企业云网络架构

9.6.3 物联感知数据的采集、清洗与存储

采用厂网一体化水务数据处理技术，从大量的、有噪声的、模糊的实际水务应用数据中进行数据挖掘，采集、清洗、传输和存储，建设数据资产，形成SCADA、物联网（IoT）、水质和应用系统四大数据仓库（图9-8），实现企业数字化。

9.6.4 海量运营信息的大数据挖掘与智能化开发

通过机器深度学习、大数据分析和人工智能等技术，进行了管网的分区计量和动态水力模型、供水泵智能化运行、供水系统优化调度、预算和绩效管理等生产运行智能化技术的研发。

9.6.5 网络与信息安全系统保障

建立健全多重先进实用、完整可靠的网络信息系统安全体系；形成系统安全“防火墙”，保证系统和信息的完整性、真实性、可用性、保密性和可控性；保障信息化建设和应用，支撑智慧水务云平台持续、健康、稳定运行。

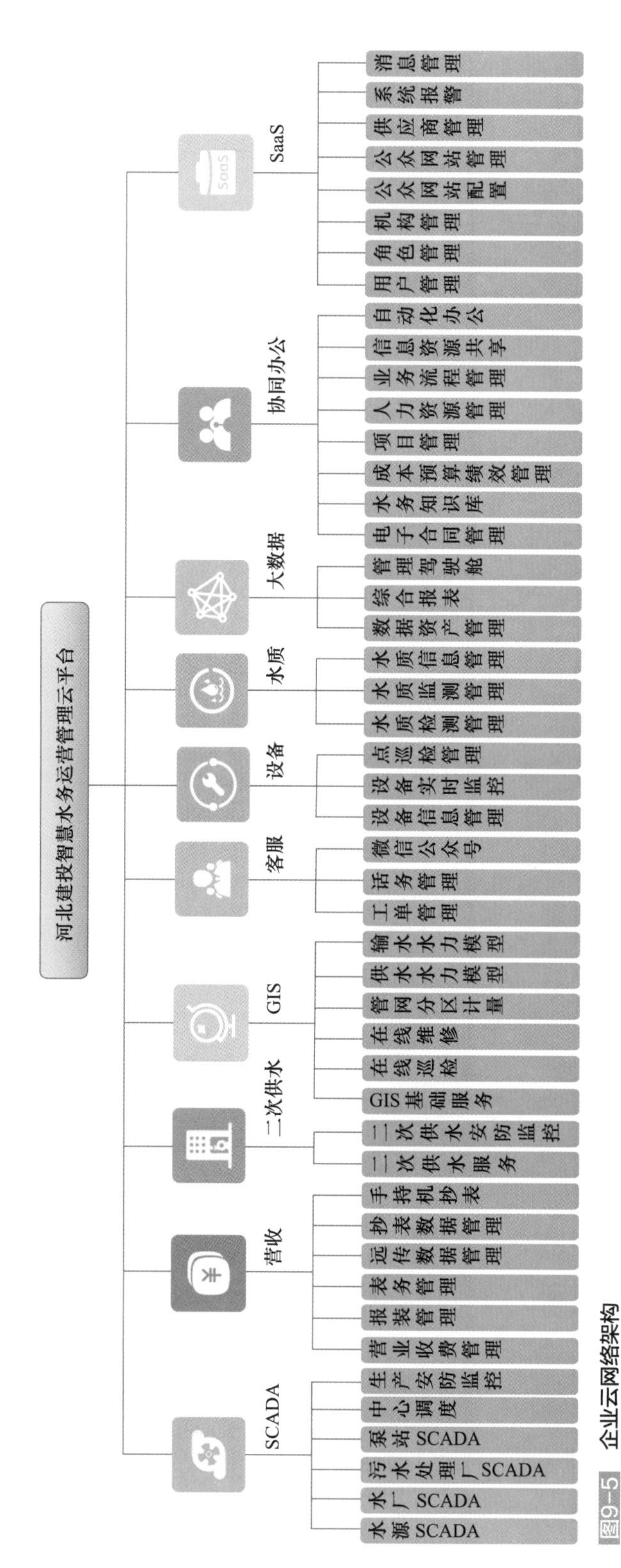
河北建投智慧水务运营管理云平台
SaaS
消息管理
系统报警
供应商管理
公众网站管理
公众网站配置
机构管理
角色管理
用户管理
协同办公
自动化办公
信息资源共享
业务流程管理
人力资源管理
项目管理
成本预算绩效管理
水务知识库
电子合同管理
大数据
管理驾驶舱
综合报表
数据资产管理
水质
水质信息管理
水质监测管理
水质检测管理
设备
点巡检管理
设备实时监控
设备信息管理
客服
微信公众号
话务管理
工单管理
GIS
输水水力模型
供水水力模型
管网分区计量
在线维修
在线巡检
GIS基础服务
二次供水
二次供水安防监控
二次供水服务
营收
手持机抄表
抄表数据管理
远传数据管理
表务管理
报装管理
营业收费管理
SCADA
生产安防监控
中心调度
泵站SCADA
污水处理厂SCADA
水厂SCADA
水源SCADA

图9-5 企业云网络架构

图9-6　智慧水务业务功能移动应用App

图9-7　智慧水务对接的外部应用App

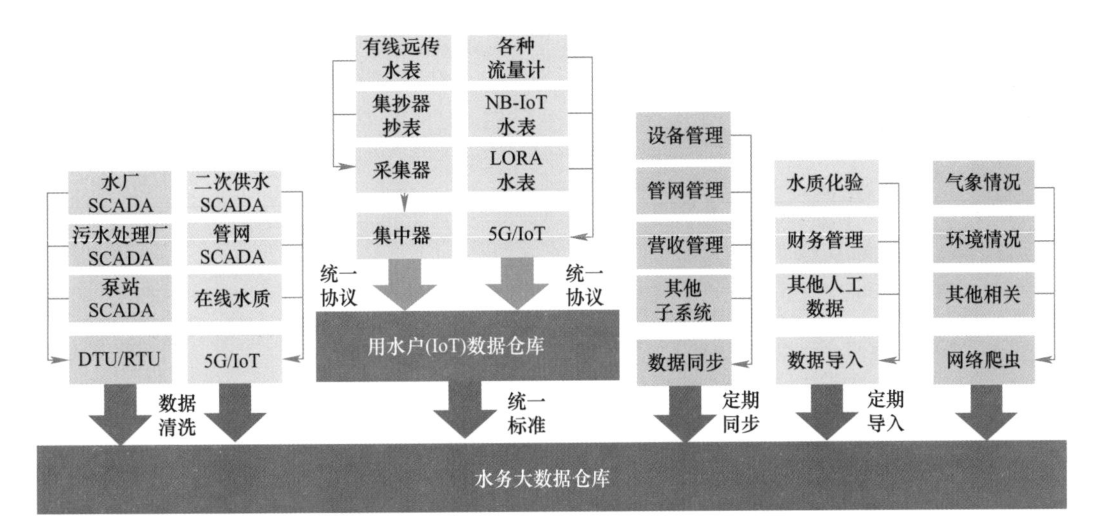

图9-8　数据资产解决方案

9.7 应用场景和运行实例

本项目已在国内山东、沧州、廊坊、衡水、库尔勒等地区的20家单位、29座水厂、3000余公里供水管网中应用。项目共开放API接口103个，SaaS云服务应用模块48个，用户1451个，平台支付占总支付数量的88.48%。

9.7.1 供水系统智慧调度

基于海量水泵运行历史数据，采用最小二乘法，获得水泵实际运行曲线，引入效率系数（α）进行数据修正，通过机器学习建立数学模型，采用效率最高求解的人工蜂群算法进行调度方案的寻优，从而得到最佳的水泵组合方案（图9-9），在曹妃甸等水厂的运行中，效果良好，使供水运行从传统意义的自动化与信息化到数字化与智能化。

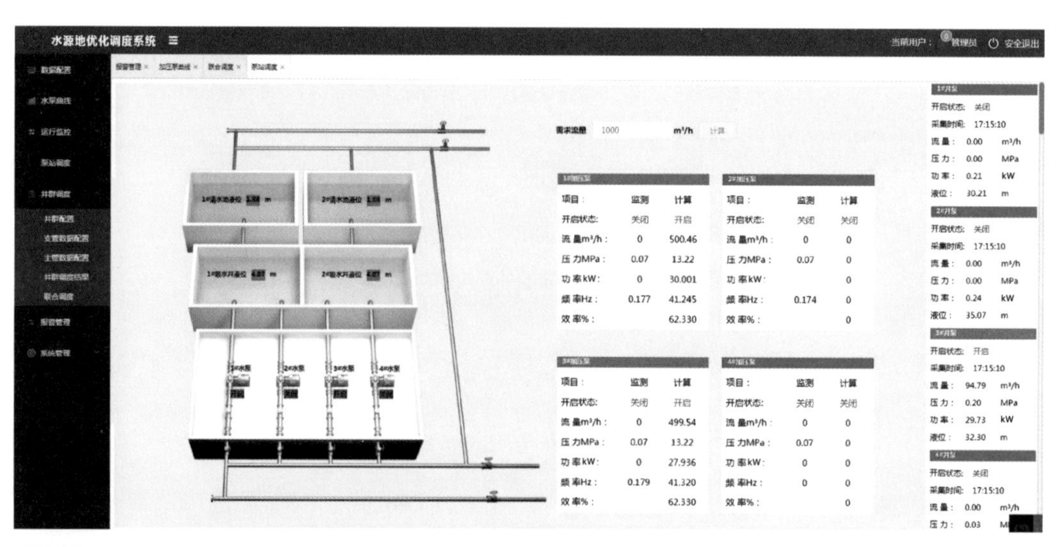

图9-9 供水泵组智能化调度画面

9.7.2 供水管网分级分区计量

基于水厂SCADA、用户IoT和管网流量数据，进行数据清洗，建立管网计量分区，针对年、月、周、日不同时间维度和空间维度进行产销差统计分析。结合区域流量预警和最小夜间流量分析，进行漏损区域定位、管网漏水量核算，将产销差率由传统的按月度计算精确到每日计算，实现了管网漏损的精准控制。

9.7.3　设备全生命周期管理

基于设备资产管理系统，进行设备全生命周期管理，与SCADA、GIS、巡检、抢维修等其他应用系统进行对接；基于BIM技术实时监控设备的运行情况，实现计划检修、预防维修和故障预警。

9.7.4　供水设施巡检抢维修

基于地图和算法，使工作人员巡检路线最优；故障信息实时上传，启动抢修流程，使抢修人员可快速定位事故地点，抢修工单网上流转，提高维修及时率。

9.7.5　成本、预算与绩效管理

基于历年的经营管理数据，实现业财融合。研发的年度预算分析系统可在线进行年度预算的数据对接、分析、编制、审核、调整与模拟运行；绩效管理分析系统可实时对本年度绩效指标进行分析，对年底指标完成情况进行模拟，指导本年度运营管理的工作重点。

9.7.6　不同需求的管理驾驶舱

建立了智慧水务管理驾驶舱的标准模板，可根据不同管理层的工作需要进行不同权限与视角的个性化定制（图9-10），自选时段和内容，实时展示所需生产和经营管理信息。

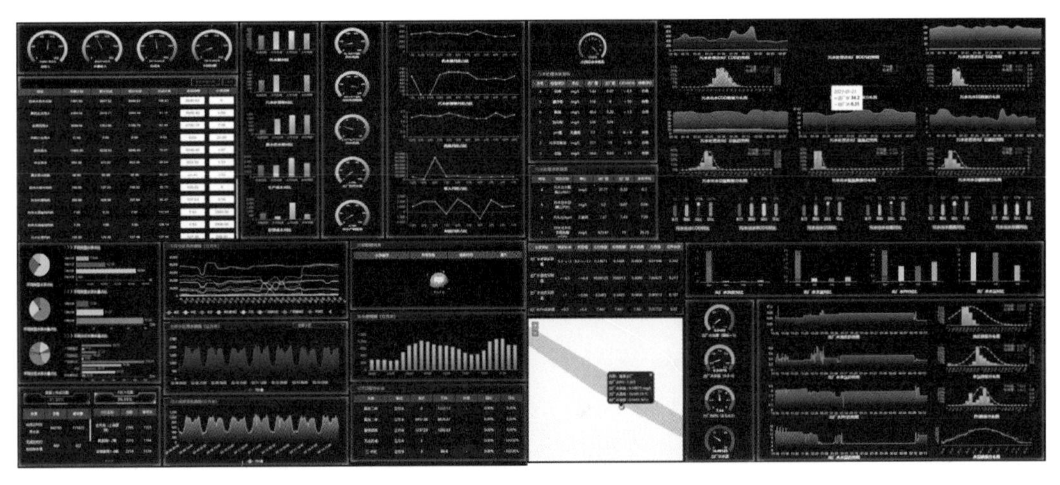

图9-10　不同需求的管理驾驶舱

9.7.7 个性化定制运营管理报表

建立了运营报表的标准模板，可根据不同业务的工作需要进行个性化定制，自选时段和内容，进行数据的展示与报表导出。

9.8 建设成效

9.8.1 投资情况

项目建设内容包括智慧水务云平台、计算中心、应用系统和物联感知系统等，共投入经费12572.56万元，其中软件费用4452.44万元。

9.8.2 经济效益

项目应用以来，公司合并口径供水产销差率已由2018年的14.38%降至2022年的7.98%，其中，曹妃甸供水公司效果最佳，供水产销差率已达到了2.82%；供水单位耗电量平均降低8.93%，经济效益显著。

9.8.3 环境效益

项目应用以来，供水水质合格率达100%，所有水厂出水浊度总体控制在0.3NTU以下，其中辛集水厂只有0.07NTU，供水压力合格率达100%。公司合并口径的管网漏损率由2018年的13.92%降至2022年的7.80%（未折算），共节水1009.58万m^3。

9.8.4 管理效益

系统功能全面覆盖了供水排水行业的运营管理和服务业务，解决了生产和服务过程中效率低、能耗高、漏耗大、指标差、不智慧等痛难点问题，降低了生产运营成本，提高了用户服务质量，提升了集团化管控能力，加快了水务公司智能化建设进程。

9.9 项目经验总结

1. 做好智慧水务建设顶层设计

智慧水务的建设不仅是技术，也是一项系统工程，是管理理念的革命。智慧水务的投入将会带来可观的经济和社会效益，要做好智慧水务建设顶层设计，高起点规划、高标准实施。除满足基本的业务功能外，要总体消除“系统孤岛”和“信息孤岛”，确保数据掌握在自己手中，确保网络和应用系统的安全。

2. 要高度重视数据的价值

数据作为水务企业的重要资产，要高度重视其具有的价值，同时确保数据的安全。通过互联网和算法工具，进行数据挖掘，开发更多的智能化应用，助力企业的高效、持续和健康发展。

3. 数字化和智能化依然任重而道远

智慧水务的建设重心正逐步由建设传统的业务应用系统转变至建设以数据治理和大数据为主的企业数字化，水务行业的智慧水务建设正在迎来企业数字化转型的新发展阶段，从自动化与信息化到数字化与智能化转变任重而道远。

业主单位：河北建投水务投资有限公司

设计单位：河北建投水务投资有限公司、清华大学、成都九瑞数科智能科技股份有限公司

建设单位：河北雄安睿天科技有限公司、成都九瑞数科智能科技股份有限公司、中电科普天科技股份有限公司、上海积成慧集信息技术有限公司、武汉易维科技股份有限公司、天津三博水科技有限公司、中电信数智科技有限公司河北分公司

管理单位：河北雄安睿天科技有限公司

案例编制人员：

河北建投水务投资有限公司：牛豫海、张自力、张增烁、张娟、王松、苏鹏

河北雄安睿天科技有限公司：田志民、于凯

排水篇

智慧水务在城市排水领域的应用场景，主要包括污水处理厂、再生水厂、排水管网、海绵城市、防洪排涝、水体环境治理，等等。城市排水领域智慧化发展，从基础数据自动化采集，逐步发展，过渡到信息数据互联互通和智慧化决策。物联感知、数字孪生、大数据分析、模型等技术在智慧排水领域不断实践与应用，通过数据采集和传输、设施控制、数字化运营及管理，协助城市管理者提升管理水平和服务效能。

第六章 | 污水处理厂运行与管理

10 智水优控智慧污水管控平台解决方案

项目位置：山东省青岛市西海岸新区

服务人口数量：45万人

竣工时间：2021年2月

10.1 项目基本情况

青岛镰湾河BFM智慧水厂，以BFM工艺为核心，设计规模2万m^3/d，实际运行最大处理量为3.12万m^3/d，平均处理量为2.1万m^3/d，出水水质稳定达到准Ⅳ类水标准。污水处理厂已采用传统中控管理模式，实现污水处理过程监测，提高了工作效率，但仍存在工艺控制依赖人工经验、较高的能耗和药耗、运行数据不完整、“数据孤岛”、各类数据无法交叉分析及全局分析等问题。因此，为实现短流程下快速响应和精准控制，在传统管控上全程加载智水优控智慧污水管控平台。

智水优控智慧污水管控平台，将污水处理工艺、水厂运营管理经验，同工业互联网、大数据、人工智能等技术有机结合，是一个涵盖生产运行全过程监测、各子系统信息高度互通、全流程智能化控制、多维度数据分析、多渠道智能报警、日常运营数字化、设备资产全生命周期管理、移动化高效运维的智能平台。通过AI算法模型对水质水量进行预测预警，智能控制现场碳源加药和曝气运行参数，智能诊断设备运行状态，减少人员对经验操作的依赖。同时将日常运营数字化管理，实现多维度跨系统的生产数据和业务数据之间互通互联、融合分析，数据赋能提升管理者监测、预警、分析研判和综合决策能力，做到统一监测、统一分析、统一调度的智慧化升级，实现智能管控、节能降耗，保障出水水质的稳定达标。

10.2 问题与需求分析

污水处理由于其反应机理复杂，且具有非线性、模糊性、不确定性、动态性等特点，属难以控制的复杂工业过程。污水处理系统过程控制方面的研究及应用较能源、化工、机械等行业相对落后。

1）仪表、控制和自动化技术虽已引入污水处理控制领域多年，但国内外多数厂建成的仅是SCADA系统（即数据采集与监视控制系统），仅具备进出水水质流量参数、过程仪表参数的数据采集与传输存储，各处理单元与关键控制点的视频监控，各主要设备的远程监测、开停机及变频控制、故障报警等功能，缺乏全局控制、系统优化与反馈调整模块。

2）实际运行队伍中相对缺乏高水平专业技术人员，生产中多以运行人员的经验为主导，海量生产数据未得到有效挖掘与应用，污水处理工艺调整时缺乏必要的基础数据作为支撑，过程控制与系统优化方面的工作欠佳。

上述原因导致现有污水处理厂自动控制系统能发挥的作用比较有限，仅作为“监控系统”，与全自动控制的要求尚有差距，与智能控制的要求更是相距甚远。即现有的污水处理厂自动控制系统缺乏“大脑”思维，不具备发现问题、分析问题、解决问题的能力。

随着物联网、大数据、人工智能及云计算等新技术不断融入传统行业的各个环节，新兴技术和智能工业的不断融合，应用新科技打造水务企业智能化运营平台，从而建立起水务企业在水资源方面的行业大数据及企业大数据，为城镇水资源利用的布局、优化厂站和管网设计，以及高效率低成本运营提供基于数据驱动的决策依据，已成为传统水务行业迫切需求之一。

10.3 建设目标和设计原则

10.3.1 建设目标

以云计算、大数据、物联网和移动互联网等高新技术为支撑，以全面整合提升已有信息化平台功能及软硬件支撑能力为主要目标，通过整合信息资源、优化结构、创新应用和优化管理流程，围绕“安全生产、稳定达标、节能降耗”这一水务核心需求，研发智能控制系统和智慧水务平台两大产品矩阵，提升水务服务水平和精细化管理支撑能力。

1）全面感知：建立水务全流程感知体系，全面监测仪表、设备、安全、人员、运营等一切数据，自动报警和自动控制，变被动监督为主动监控，满足各级管理人员日常运营监管需求，提升应急响应能力。

2）业务融合：在平台内建立大数据中心，对采集数据统一管理，提供各种数据预处理、数据清洗方式，保障系统内数据准确性。一个平台整合所有业务系统的业务流程和数据资源，各系统间数据互通互联、充分共享，多维度数据统一，消除“信息孤岛”，实现企业运营信息的全面监控和综合分析，做到业务协同、资源协同、信息协同。

3）数据驱动：建立标准化运行管理体系，以多维度统计图表的方式展现绩效结果，识别水厂运行管理薄弱环节，重视数据的价值，根据日常经营指标完成情况，为水厂运行管理优化提供决策支持，逐步形成用数据分析、用数据诊断、用数据指导决策的数据生态。

4）智慧运维：充分利用大数据和智能控制算法，在保证出水稳定达标的前提下，智能控制日常的运行，及时优化工艺运行保证出水稳定达标、节能降耗，减少对人的依赖。

10.3.2 设计原则

1. 全局性与整体性原则

在把握全局性的基础上，从整体信息化建设的角度出发，充分考虑信息化建设的需求，使系统实现全局信息资源（硬件、软件、网络和数据）的共享，使系统能真正的发挥作用。

2. 成熟性与先进性原则

系统建设采用成熟性的技术、方法、软件、硬件和网络平台，使系统成熟与可靠。同时兼顾先进性，确保系统在一段较长的时间内满足全局性与整体性要求，适应未来技术发展和需求的变化，使系统能够可持续发展。

3. 标准化与开放性原则

系统具有灵活的设计，提供可扩展的应用框架。所采用的设计方案和产品能满足用户业务增长的需要，统一的数据接口通过简单的配置实现新增业务应用系统数据交互，保证多源数据的兼容性。系统要支持各个层次的多种协议，支持与各业务系统的互通、互联，采用标准的数据交换方式，保证数据共享。服务端采用Linux操作系统，客户端支持各主流浏览器，并提供Windows客户端和手机移动应用。数据库支持主流和开源产品（Oracle、SQL Server、MySQL、PostgreSQL等），针对物联设备采集的数据量大的问题，采用时序数据库支持秒级数据长期存储。支持常见的接口技术（如Web Service、Web Socket等），能够与其他系统良好集成。

4. 实用性与灵活性原则

系统开发“以人为本”，充分考虑水务系统各项业务活动的实际需要，贴近用户的需求与习惯做法，做到功能强大、界面友好和美观、操作简单、使用灵活。充分实现信息资源的共享，减少工作人员的工作量，实现各项业务办理的计算机协同工作环境，使工作人员办理业务过程中能方便地获得所需的信息。

5. 可维护性与可扩展性原则

为了确保系统的可持续发展，系统应具有较强的可维护性和可扩展性。当机构调整、人事变动、业务内容与流程变更时，能方便地进行系统流程和功能的调整，以适应系统需求变化；系统能够方便地进行管理与维护，软、硬件的升级不影响正常运作，系统功能、结构以及数据库可方便地扩展。

6. 安全性与保密性原则

建立完善的信息授权和安全加密系统，保障信息访问、传递和使用过程中的安全。在系统架构设计、系统软硬件平台选择以及应用系统开发上应充分考虑安全需求，保证系统运行安全可靠，既考虑信息资源的充分共享，更要注意信息的保护和隔离，因此系统应分别针对不同的应用和不同的网络通信环境采取不同的措施，包括系统安全机制、权限管理、日志管理、系统数据备份方案、系统灾难恢复策略及应急预案等。

建立完整的权限控制系统，用户必须通过登录验证才能访问应用系统，不同的角色拥有不同的权限，每个用户的权限可以管理和定义。

系统的部署和运行应当依照现有的网络环境，加入企业的网络管理服务体系，并遵循已有的网络安全策略，进行等保建设工作，加强网络安全。

各个系统均需要提供日志记录和管理的功能，跟踪和记录用户的操作行为。日志管理包括日志的记录、备份、清除、查询、分类、打印、输出等。

7. 高性能与高可靠性原则

在系统设计、开发和应用时，从系统结构、技术措施、软硬件平台、技术服务和维护响应能力等方面综合考虑，确保系统具有较高的性能，如在网络环境下对系统多用户并发操作要求具有较高的可靠性和响应速度，综合考虑确保系统应用中最低的故障率，确保系统的可靠性。

8. 经济性与时效性原则

系统建设投资要控制在用户所能承受的范围内，并尽可能利用现有的资源（软件、硬件、数据和人员），按计划在规定的时间内高质量高效率实现系统的总体与阶段性目标。

10.4 技术路线与总体设计方案

10.4.1 技术路线

运用物联网、大数据、人工智能等新一代信息技术，与污水处理工艺技术相结合，以智能化、智慧化为目标，通过“1+1+1+*N*”的信息化架构（图10-1），实现一张网感知所有态势、1个中心包含所有数据、1个中台掌控所有业务逻辑处理和*N*个应用支撑所有业务管理执行。数据赋能为企业提供决策支持、运营支持，协助管理者集中监测、统一运营、统一调度、分散控制的智慧化升级，实现业务“一条线”和管控“一张网”。

1. *N*个场景应用

1）生产监控应用：工艺全过程监测、多级安全预警、设备多维度管理、多级安全管控、智能视频监控、管网多维监测、能耗药耗监测、成本分析、碳排放分析、污水处理厂进水预警等模块。

2）运营管理应用：数字孪生水厂、扫码交接班、多维数据分析、数据报表、移动巡查养护、化验管理、成本精细分析、闭环维修管理、知识库、有限空间作业、物料库存管理、绩效评估等模块。

3）指挥调度应用：一张图智慧大脑、水量调度、管网漏损管控、专家系统、管网溢流管控、生产调度、厂网河联合调度、污染溯源等模块。

4）智慧应用：智能加药控制、智能曝气控制、水质水量预测、设备预测性维护、软仪表测量、智慧安防、异常值诊断、知识图谱、智能决策等模块。

2. 统一平台服务

以一体化协同运营管理为目标，采用统一的业务框架设计，通过标准化接口打通各环节的业务流程，将各环节的数据集中监控，集中分析，达到各系统之间的数据共享和业务联动，实现业务协同、资源协同。

1）物联网平台：实时/历史数据采集、协议转换、远程控制等。

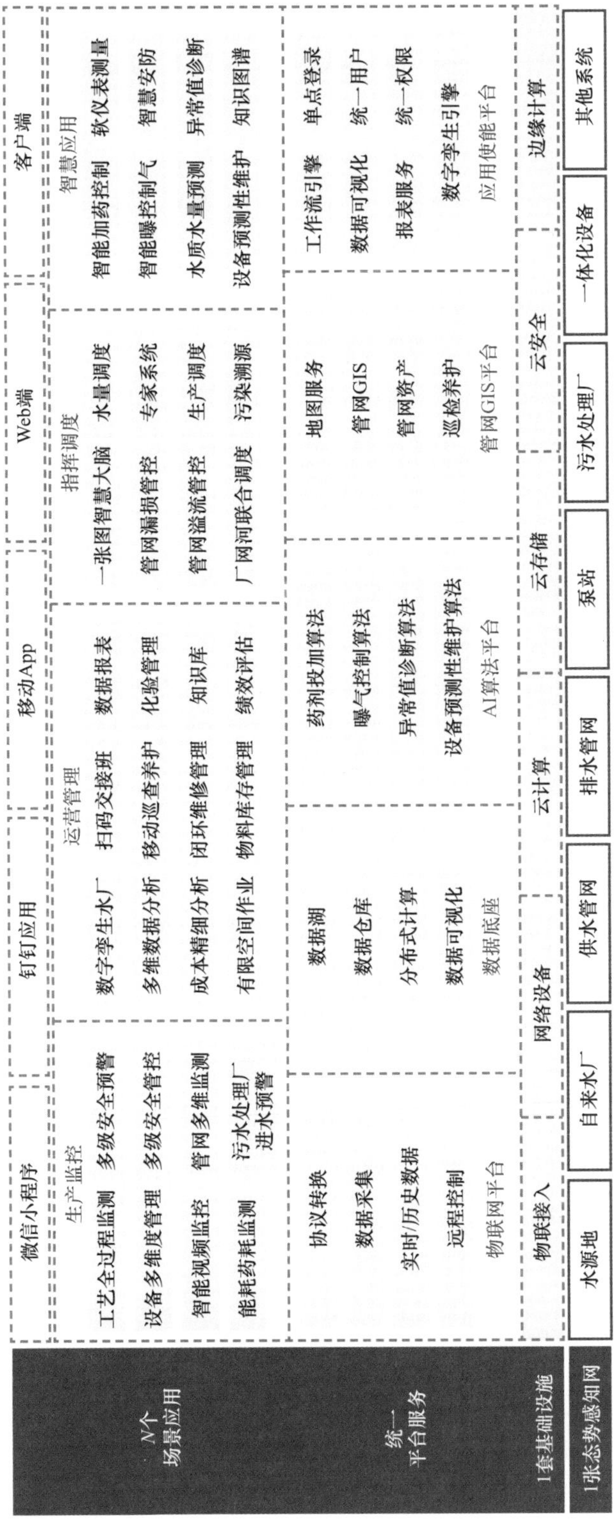

N个场景应用

微信小程序　钉钉应用　移动App　Web端　客户端

生产监控
工艺全过程监测　多级安全预警
设备多维度管理　多级安全管控
智能视频监控　管网多维监测
能耗药耗监测　污水处理厂进水预警

运营管理
数字孪生水厂　扫码交接班　数据报表
多维数据分析　移动巡查养护　化验管理
成本精细分析　闭环维修管理　知识库
有限空间作业　物料库存管理　绩效评估

指挥调度
一张图智慧大脑　水量调度
管网漏损管控　专家系统
管网溢流管控　生产调度
厂网河联合调度　污染溯源

智慧应用
智能加药控制　软仪表测量
智能曝控制气　智慧安防
水质水量预测　异常值诊断
设备预测性维护　知识图谱

统一平台服务

协议转换
数据采集
实时/历史数据
远程控制
物联网平台

数据湖
数据仓库
分布式计算
数据可视化
数据底座

药剂投加算法
曝气控制算法
异常值诊断算法
设备预测性维护算法
AI算法平台

地图服务
管网GIS
管网资产
巡检养护
管网GIS平台

工作流引擎　单点登录
数据可视化　统一用户
报表服务　统一权限
数字孪生引擎
应用使能平台

1套基础设施

物联接入　网络设备　云计算　云存储　云安全　边缘计算

1张态势感知网

水源地　自来水厂　供水管网　排水管网　泵站　污水处理厂　一体化设备　其他系统

图10-1　技术架构

2）数据底座：数据湖、数据仓库、分布式计算、数据可视化等。

3）AI算法平台：药剂投加算法、曝气控制算法、异常值诊断算法、设备预测性维护算法等。

4）管网GIS平台：地图服务、管网GIS、管网资产、巡检养护等。

5）应用使能平台：工作流引擎、数据可视化、报表服务、单点登录、统一用户、统一权限、数字孪生引擎等。

3. 1套基础设施

云计算所需的硬件和软件组件，包括服务器、应用程序、内存、网络交换机、防火墙、负载平衡器和存储设备等。同时匹配定制终端业务系统对安全的需求，全面提升运维保障水平，确保平台安全稳定运行，保障所承载业务系统运行的高可用性。

4. 1套态势感知网

采集仪表、设备等相关数据，结合PLC，通过modbus、OPC UA、SIEMENS等协议接入物联网智能网关，同时利用边缘计算脚本在智能网关侧完成数据的格式化封装，分担平台的计算压力。智能网关连接平台云端微消息中间件EMQX，定时推送已完成格式化的数据或解析订阅的消息。智能网关和EMQX之间的通信采用标准的MQTT协议。仪表、设备和平台之间建立了双向连接，可以顺利地双向通信，完成数据采集和智能控制。技术路线如图10-2所示。

5. 平台安全保障

平台以微服务模式进行开发。同时，使用Redis处理分布式缓存和解决分布式锁问题。

运维采用Kubenetes（K8s）容器集群管理系统进行自动化运维。可自动化部署和回滚及自我修复，保证了平台的高可用、高性能，提升系统整体的稳定性。

接口安全方面，平台使用Token鉴权机制，可以跨系统平台使用，根据客户端的不同采用不同的有效期，进行功能权限、数据权限两层验证，确保用户只能访问授权应用、查看管理授权数据。通过多角色体系，给用户同时赋予多重身份，方便用户授权管理。

数据安全方面，不同用户管理、数据库、中间件在同一个NAT网关内。NAT网关提供统一出入口，内部可以自由通信，进入和出去的请求必须经由NAT网关过滤并转换网络地址。

除上述安全保障外，平台提供额外的虚拟专用网络（VPN）控制措施，将项目的内网和公共外网进行物理隔离。物联网智能网关通过VPN通道向平台发

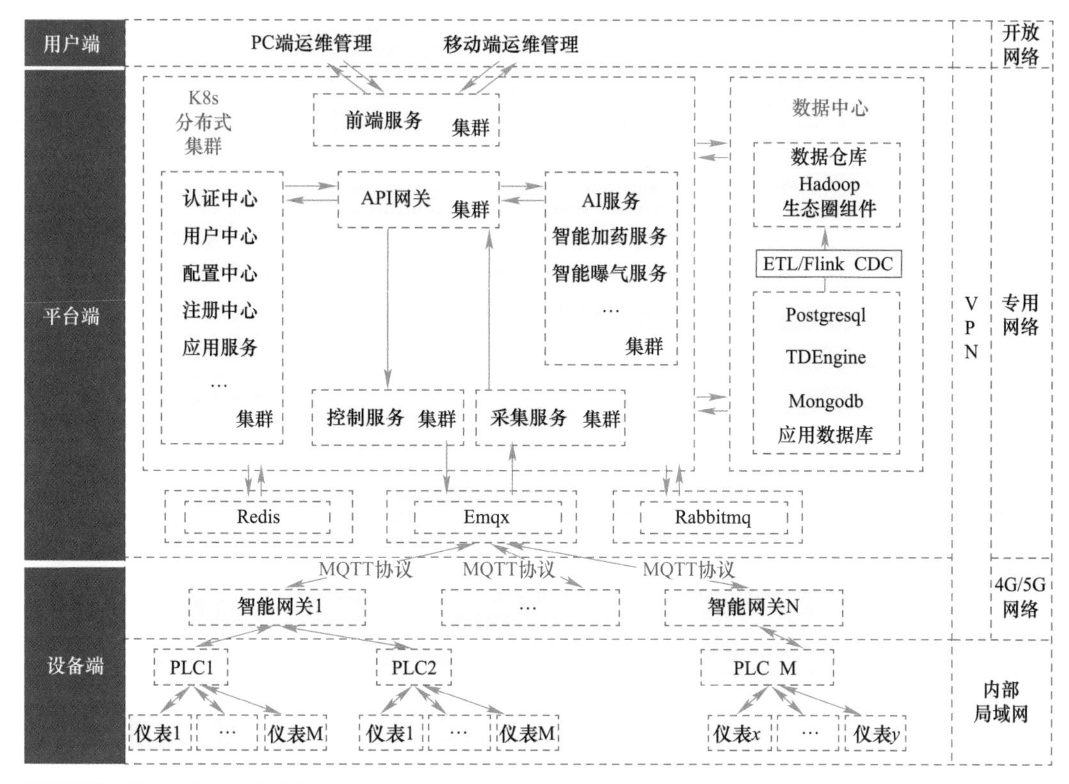

图10-2　数据采集和智能控制图

送和接收数据。数据定期备份、唯一身份认证、通信传输全程加密、操作权限和数据权限双层限定，实现管理应用和业务应用的多重安全保障，确保数据完整与安全。

10.4.2　总体设计方案

1. 建立水务全流程感知体系

1）运用物联网智能网关、互联网、边缘计算技术全方位采集各站点设备、仪表、摄像头、环境、告警等数据，同时利用边缘计算脚本在智能网关侧完成数据的格式化封装，分担平台的计算压力。仪表、设备和平台之间采用标准的MQTT协议，建立双向连接，完成数据采集和智能控制。

2）建立数据中心，对采集的数据统一进行数据预处理，为数据分析、数字运营和智慧应用做基础数据支持。

3）将污水处理厂、泵站的内网和公共外网进行物理隔离，并通过VPN专网连接，数据定期备份、唯一身份认证、通信传输全程加密、操作权限和数据权限双层限定，实现管理应用和业务应用的多重安全保障，确保数据完整与安全。

2. 以一体化协同运营管理为目标建立数据中心

数据中心包含两个部分，应用数据库和数据仓库。应用数据库承接平台业务数据和采集的物联网感知数据。数据仓库用于大数据分析计算、AI机器学习。

数据仓库的数据来源于应用数据库，如分布式关系数据库PostgreSQL、工业时序数据库TDEngine、非关系数据库MongoDB，分别存储业务数据、仪表设备的实时数据和历史数据、变量实时状态值和用户行为数据。采用定时或实时的数据同步中间件处理所得。

数据仓库分为不同的主题库。Hadoop和Spark组合对数据仓库中的大量数据进行离线批处理或实时流处理计算，并打上系列特征标签，结合Python使用深度学习框架PyTorch进行机器学习相关的AI服务模型开发，供智能控制业务和智慧应用服务调度。

独立的数据仓库，可以避免大数据分析、AI模型训练等高耗计算资源操作对应用数据库产生冲击，规避了改变数据的原始类型和数据值的风险。

3. 研发基于数据驱动的水务智慧化运营管理平台

利用人工智能、大数据等新技术强化运营管理数字化和智能化。以全面感知、业务融合、数据驱动、智慧运维为核心理念，通过“1+1+1+N”的信息化架构构建智慧水务应用，整合水务各类信息化系统，打通水务全要素数据，将日常运营管理全流程全域覆盖，日常运营作业任务、数据自动流转，数据驱动运营决策，实现运营过程标准化、流程化、可追溯管理。

平台建设采用高可用分布式架构。同时支持B/S和C/S架构，可以跨平台、跨客户端访问。无需安装额外应用，支持微信小程序、钉钉应用移动运维，打造万物智联的手机“移动中控室”，可随时随地查看监测数据、协同办公。

4. 将污水处理工艺与控制逻辑有机结合研发智能控制系统

运用物联网、大数据、智水优控AI算法引擎，与污水处理工艺技术相结合，在不同进水水质条件下，智能调控曝气、加药的最优运行参数，实现对全厂设备和水处理工艺的精细化、自动化、智能化控制，同时通过算法模型进行水质预测、软测量、设备运行健康智能诊断，提前发现设备故障，保证出水稳定达标、节能降耗、减少人的依赖。

10.5 项目特色

10.5.1 典型性

截至目前，智水优控智慧污水云管控平台已在全国10余个省级行政单位，40余个水污染治理项目实现了落地应用，应用场景涉及了市政污水智慧化处理、农污一体化智慧化管控、工业废水节能降耗处理、微污染水智能化控制等。应用该平台，可实现单厂（站）智慧运维、多场（站）一图统管、供水排水系统智慧监管，相比人工控制可节省约20%～30%的运行成本，应用效果得到了业主的一致认可，标志着在智慧水务领域已形成可复制、可推广的先进经验，具有较好的行业示范引领作用。

10.5.2 创新性

1. 多元数据融合

通过标准化接口整合水务各类信息化系统，打通水务各环节业务流程和全要素数据。管理者通过平台和移动应用，动态管理水厂、管网、泵站生产运行全过程。多维度统计分析工艺运行、设备运转、能耗、药耗、成本等数据，进行监测数据之间的联动分析，辅助判断，消除各部门之间的“信息孤岛”，数字赋能助力管理者数智决策。具体如图10-3所示。

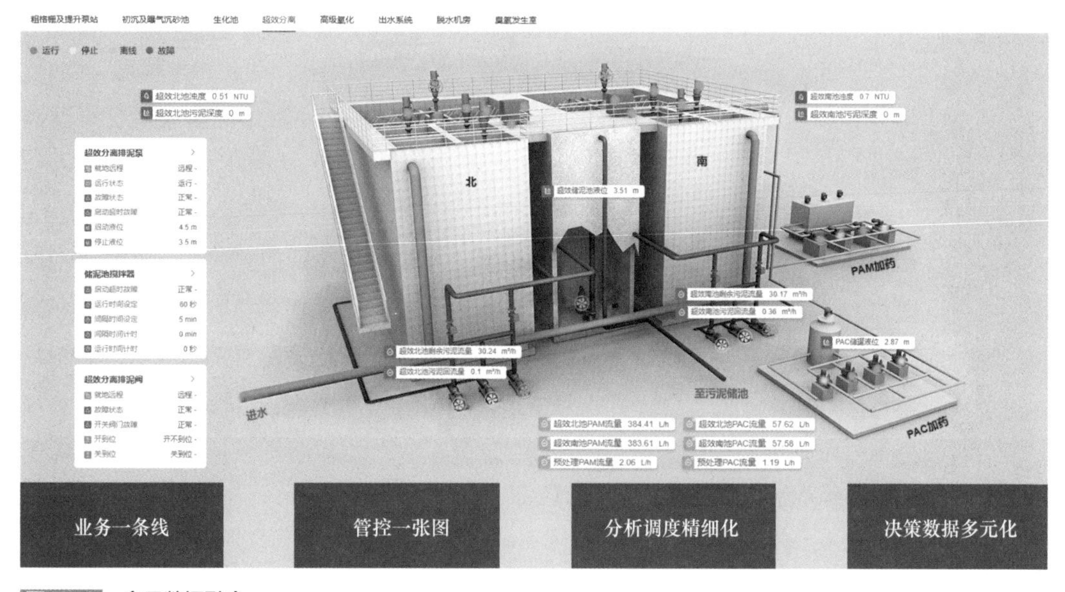

图10-3　多元数据融合

2. 深度融合污水处理厂工艺控制及运营管理经验

从工艺本源出发，打造符合水厂需求的行业化解决方案（图10-4），真正实现了通过技术辅助管理。系统运行稳定，节能降耗，在保证出水水质100%达标率基础上，降低成本0.1～0.15元/m^3。全自动化运行，算法鲁棒性强，传感器依赖度低，异常情况系统智能判定。

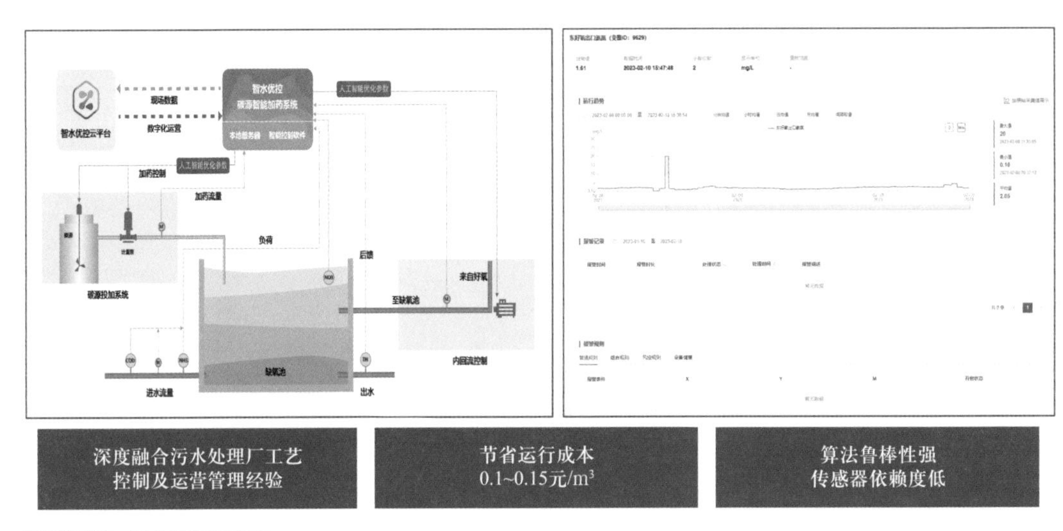

图10-4 行业化解决方案

3. AI控制真智慧

综合运用物联网、大数据、数字孪生、人工智能技术，工艺技术专家与AI算法专家紧密协作，结合深度神经网络技术，大数据学习优化智慧模型。此外，模型算法具备自我进化、自我提升的能力，可根据实际情况自动调整模型和算法。

4. 重视数据的价值

将各系统数据完全整合和梳理，深入挖掘数据之间的关联，逐步形成用数据分析、用数据诊断、用数据决策的数据生态。如在创建巡检任务时，关联交接班的排班表信息，快速创建巡检任务。通过库存与设备管理的关联，利用设备直接查出管理的备件库存信息，或利用设备关联的维修、保养记录，汇总该设备每年维护费用，为设备的后续的采购、选型提供数据依据，达到真正地用数据指导决策。

5. 适用于当前水务行业不同应用场景

适用于如污水处理厂、水务集团、村镇农污运营平台、智慧排水、智慧管网等不同应用场景及平台。预留扩展接口，可随时与城市管理部门、水务集团公司以及智慧城市平台数据对接，通过大数据分析，促进城市的健康化发展，以“大融合”实现“水智慧”，打造智慧城市。

10.5.3 技术亮点

1. 将污水处理工艺与AI模型控制逻辑有机结合

工艺技术和AI模型的结合，由工艺技术专家与模型算法专家紧密协作完成。已发布在线使用碳源加药、除磷加药、智能曝气、设备健康预测等多个模型，实现了工艺逻辑与平台逻辑的互为补充，提高了平台运维的准确性，优化工艺与控制，保证污水处理系统实时处于最优工况，进而提高污水处理效率，增强平台运行的容错性，实现了污水处理厂的经济高效运行。

2. 人工智能、区块链等新技术应用于污水处理过程

围绕节能降耗、节省人力，降低工作难度、安全生产等方面，利用人工智能技术并结合污水处理工艺，针对仪表存在异常值、仪表故障的问题，采用异常值检测算法对数据进行检测，并利用软测量算法（LSTM）对异常数据进行替代；针对仪表存在滞后性问题，基于出水前相关指标数据，利用深度学习算法（XGBoost），结合进水水质实际数据，引入天气、降水量等数据参与建模，预测未来一段时间进水水量水质，设置阈值进行预警，提前应对水质变化情况，保证系统健康正常运行。

针对不同污水处理厂类型、工艺序列、污水类型，在保证出水水质的前提下采用深度学习算法，通过智能加药、智能曝气入口函数自由组合不同模型，调用不同的特征参数，对水、气、药等各个关键工艺参数智能控制，极大地保证了模型运算结果的准确性、可靠性，大幅度节省运行的电耗和药耗成本，减少人员依赖。通过区块链技术，将污水处理厂的进出水等关键运行数据“上链”，构建不可篡改的电子存证。

3. 建立数字孪生水厂

基于WebGL库ThreeJs引擎将水厂建筑、设备、管网等实体进行1∶1数字3D建模，建立数字孪生污水处理厂（图10-5），大到整个厂区，小到每台设备，都映射在数字孪生场景中，将厂区的仪表、设备、安防、人员、日常运行等业务数据与3D场景数字化深度融合，突破原有生硬的文本或图表信息展示交互方式。

通过自动模式或可控模式三维可视化虚拟巡检，无需亲临现场就能实时掌

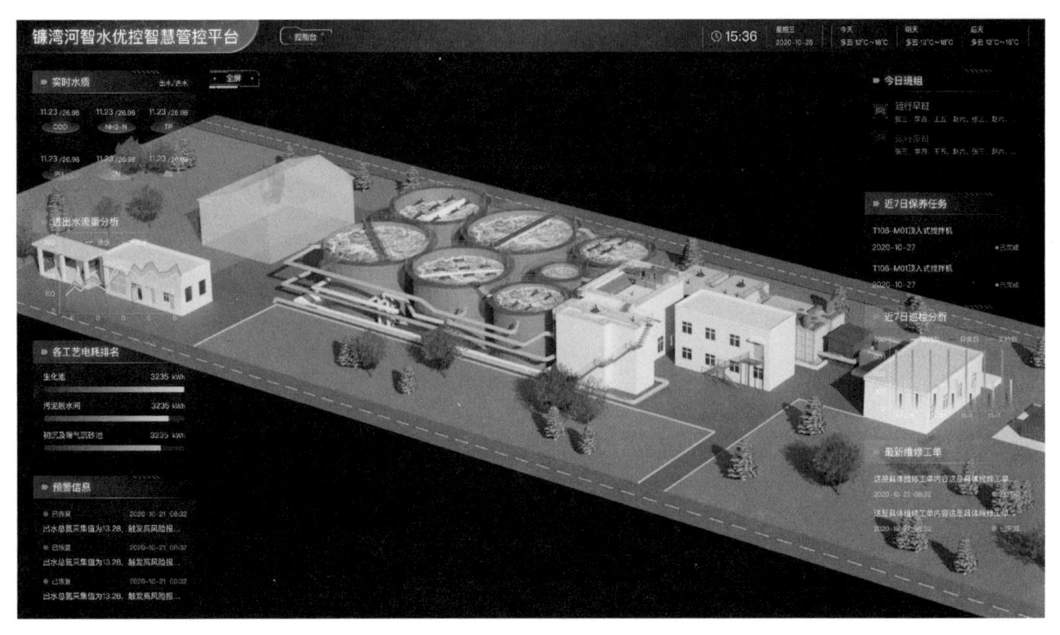

图10-5 数字孪生水厂

握厂区每个设备或设施的运行状态。支持设备3D模型拆装交互展示效果，以第一视角、旋转视角、自由视角模式360°全方位无死角浏览设备内部构造，全面满足监测、诊断、预警等需求，达到“监”“控”一体，实现运营全方位决策支持。

4. 基于云的组态软件，免编程灵活图形化拖拽

云平台提供丰富的各类图形化组件和基础组件，多种数据源接入数据，无需编辑代码，用户通过简单拖、拉、拽组件自由配置布局，全程图形化编辑操作，所见即所得。零编程零成本快速搭建所需的大屏模块和运行图示模块的画面布局及数据内容，满足用户各种数据场景的多维展示。

10.6 建设内容

1. 研发基于工艺本源的高精度智慧化控制算法

针对手动控制受经验限制而出现难以推广、药量过剩或不足的问题，在保证出水水质的前提下采用深度学习算法（RNN+SVM）实时学习最优的加药量，从而达到在保证出水水质的条件下进行最优加药。模型算法具备自我进化、自我提升的能力，根据实际情况自动调整模型和算法，实现对设备和水处理工艺

的精细化、自动化、智能化控制。

针对仪表存在异常值、仪表故障的问题，采用异常值检测算法对数据进行检测，并利用软测量算法（LSTM）对异常数据进行替代。针对出水存在滞后性问题，基于出水前相关指标数据，利用深度学习算法（XGBoost）对出水水质进行预测。

采用Isolation Forests、Nerual Prophet等算法对设备运行数据进行拟合分析，判断设备运行状态，发现异常趋势自动发起维修工单，对设备进行预防性维护管理，确保设备的安全稳定运行，降低设备维护费用，降低操作人员的工作强度。

2. 研发符合当前水务行业需求的数据中心

通过建立集智慧水务建设数据汇聚中心、存储共享中心在内的数据中心，连接计量仪器、监测站点、业务系统、气象数据等多个数据源，通过系统接口自动获取各类原始数据，建立污水处理基础数据库，以微服务统一管理，实现业务板块一体化。通过数据汇聚，跨系统融合，深度挖掘数据价值，解决“信息孤岛”问题。

3. 研发基于数据驱动的水务智慧化运营管理平台

采用3D实景仿真技术建立数字孪生水厂，将水厂安全生产、设施管理、智慧调度、管网运行、水厂能耗等进行可视化呈现，最终实现对水厂的三维全景可视化、交互式管控。

基于云端和移动端，随时随地实时接收钉钉、微信等多渠道告警信息；随时随地查看工单处理进度。维修、巡检、保养、绩效考核等日常运营数字化闭环管理，设备资产全生命周期管理，实现运营过程标准化、流程化、可追溯管理。

10.7　应用场景和运行实例

1. 全业态集中监控

建立数字孪生水厂，从进水到出水全流程、多角度集中监测，达到“监”“控”一体，实现3D场景和水质、设备、安防、日常运行等业务数据的实时联动，核心设备模型拆解、异常参数预警等应用。

2. 智能控制节能降耗

采用“前馈+算法模型+反馈”方式，智水优控AI算法引擎在不同进水水质条件下，智能调控曝气、碳源加药、除磷加药的最优运行参数，减少对人的依赖。同时支持利用AI软测量算法代替现场采集不准或未配置的在线仪表，在出水稳定达标基础上，有效节省药耗、能耗10%～30%，大幅节约运行成本。

3. 数字化生产运营

随着信息技术的不断发展，水务运营移动化成为主流，基于云端和移动端，随时随地接收微信、钉钉告警信息和工单提醒；提供交接班、维修、巡检、保养、库存、化验、知识库、绩效考核、设备资产全生命周期管理等应用，数据、任务自动流转，及时查看工单处理进度，多维度统计分析，实现在移动条件下日常运营闭环管理。具体如图10-6所示。

图10-6 数字化闭环移动运营

4. 多维度运营分析

支持化验、药耗、电耗的远程自动抄表和手工填报，对各类设备能耗、药耗、成本指标进行全面监控分析；提供多维度各类专题分析，从不同角度为管理者提供决策参考；支持不同时段、不同维度、各类数据任意组合分析和关联性分析，深入挖掘数据之间的关联，逐步形成用数据分析、用数据诊断、用数据决策的数据生态。如在创建巡检任务时，关联交接班的排班表信息，快速创建巡检任务。具体如图10-7所示。

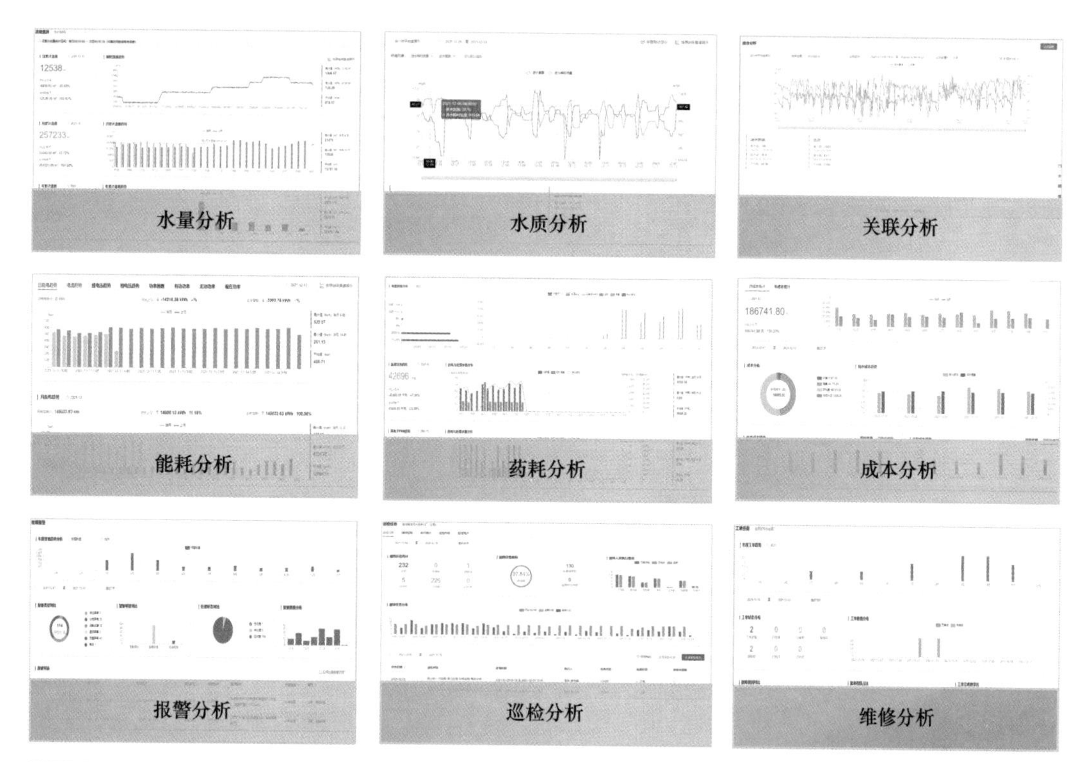

图10-7　多维度运营分析应用

5. 设备预测性维护

基于历史数据，AI算法引擎7×24h对推流器、泵、风机等设备运行状态进行预测预警，在设备未触发故障之前发现异常，提醒运维人员进行有针对性地设备维护，避免突然停机带来的损失，延长设备寿命。

6. 智能预警、多渠道报警

除支持自定义配置普通规则外，还提供持续时长、三级风险、多条件组合等报警规则。触发时微信、短信、语音电话、平台多渠道推送报警信息，并根据不同风险等级给出不同的处理建议，数据恢复正常后自动解除报警。支持告警频率收敛策略和报警死区阈值设置，节省报警成本，实现报警闭环联动管理。

10.8　建设成效

通过部署智慧水务管理平台，线上随时随地掌握厂内工艺运行、设备运行、视频安防、经济指标等运营数据；通过移动运维、交接班、维修、巡检、保养、库存、化验、知识库、运营简报、绩效考核等应用，建立标准化运行管理体系，实现日常运营数字化和精细化管理。

基于工艺本源的全厂控制，打通IT+OT，结合工艺优化应用场景，真正实现厂站生产运行和运营管理的“闭环”控制。

智能曝气和智能加药控制系统的应用，实现按需投加、少人干预、智能运行，确保出水稳定达标，有效节省药耗30%、电耗23%，总费用节省26%。

10.8.1 投资情况

本项目工程建设投资8874.0万元。智慧水务平台基础建设研发投资800万元，项目直接投资210万元。

10.8.2 经济效益

通过对污水处理各个环节的数据分析，结合模型计算，自动化、智能化控制污水处理的工艺和设备运行参数，降低人员劳动强度和实现无人/少人值守。通过分析合理调配设备运行台时，避免设备空载运行，降低生产过程中的电耗。通过对药剂使用的精细化管理，减少药剂耗费。在保证出水达标的前提下，实现节约电耗0.05kWh/m^3，节约药耗0.09元/m^3，成本节约0.1元/m^3，降低电耗15%以上，降低药耗30%以上，有效降低污水处理厂的能耗、药耗，运维人工成本，促进实现水处理过程的可持续发展和碳中和。

10.8.3 环境效益

通过本平台的应用，直接为污水高效处理、水资源的开发、利用、调度以及水环境保护与治理等提供综合管理和决策服务。在提高社会水环境的基础上，实现了水资源优化配置及水利工程的科学管理水平，解决了水环境质量、水资源配置与经济社会发展的诸多矛盾，为保护人民的生命财产、保障人民的正常生活、维护社会的稳定起到重要作用。此外，平台的应用伴随着充分开发利用与水有关的信息资源，水务信息化水平将得到提高，水务政务工作的日趋透明，政府形象得到改善，增强公众对政府的信任感。

10.8.4 管理效益

监测污水处理各个环节各类型设备和业务数据，实现预警联动设备进行第一时间干预处置，提高水务企业的应急响应能力；通过大数据分析实现主要运行指标的预测预警和维护，提高设备运行可靠性，确保安全、持续、可靠运行。

通过构建一体化协同运营管理模式，打通各平台之间的“数据壁垒”，实现各系统之间的数据共享和业务联动，形成污水处理大数据，并对水务数据进行深度挖掘与分析，发挥数据的智慧决策能力，为企业业务管理提供快速、有效的决策支撑。各部门转变经营模式，避免主观、感观式判断，降低无效损耗、闲置设备维护成本，保证了运行安全、出水水质达标，提升企业的综合管理效率。

通过新一代信息技术手段，水务企业逐渐由机械式、人工式监控向自动化、智慧化调控发展，实现运营管理数字化，作业标准化，人员管理效率提升，提升各级人员的IT应用技能与素质，有效减少管理成本以及运营维护成本，提高公司整体竞争力。

10.9 项目经验总结

智慧水务建设是一项系统性的复杂工程，涉及多方面专业，不仅需要自动化、信息化方面的技术支撑，更需要结合水务公司的经营管理实际，从工艺本源出发满足实际需求。目前的智慧水务建设，很多关注集中在表面形式，比如提供酷炫的动画效果、复杂的展示形式，但对实际使用人员的朴素需求关注不够，尤其是数据分析应用、工艺分析优化、运营管理提高方面，这是目前更加需要解决的问题。智水优控从工艺本源和日常运营管理经验出发，结合先进的控制技术和工业互联网技术，实现了安全生产、稳定达标、节能降耗、提质增效等最本质的需求，这是能够取得较好应用效果的重要原因。

高水平智慧水务建设的实现，离不开高水平的人才队伍。人才培养方面，建设多层次、多类型的人才培养体系，产学研紧密结合，引进懂水务运营管理的人才和算法、懂软件开发的复合型人才，打造智慧水务高水平人才队伍落实好智慧水务的日常运营管理，避免系统建成后运维薄弱的问题。

智慧水务的整体建设，涉及各个部门各项业务，离不开主要负责领导的重视和统筹。强有力的领导者，能够组织协调整合多个部门资源，提高水务建设的执行力度，降低协调难度，提高基层员工对智慧水务工作的接受度和服务态度，促进协同管理的顺利运行。

智慧水务建设需要打破“信息孤岛”。很多公司虽然建立了各类数据系统，但数据相对孤立，没有实现共享。公司业务处于多系统状态，相关工作甚至需要几个系统运作才能完成。只有将收集到的数据信息互通共享，才能打破“孤岛”；只有将各模块的数据信息全部收集整合、精准分析，才使得智慧水务的建设作用发挥到极致。

业主单位：青岛西海岸新区城市管理局
设计单位：青岛思普润水处理股份有限公司
建设单位：青岛思普润水处理股份有限公司
管理单位：青岛思普润水处理股份有限公司
案例编制人员：
青岛西海岸新区城市管理局：李波、隋栋
青岛思普润水处理股份有限公司：薛磊、周伟、吴迪、周家中、韩文杰、于林静

第七章 | 厂网河及一体化运行管理

11 南山区“智慧水务”项目（一期）

项目位置：广东省深圳市南山区

服务人口数量：179.58万人

竣工时间：2021年11月

11.1 项目基本情况

1. 项目主体业务领域：城市级综合性水务管控平台

2. 项目覆盖范围

1）项目涉及南山区全部八个街道，辖区面积187.53km^2，服务人口179.58万人。

2）涉及全量的水务监管要素包括：厂、网、河、站。

3）涉及各类水务监管业务包括：供水排水管理、防洪排涝管理、水环境管理、审批管理等。

11.2 问题与需求分析

1. 理清南山区水务数据家底，实现水务信息资源“大融合”

深圳市南山区水务局在日常工作中积累了大量的数据资源，但存在数据标准不统一、数据质量不达标问题。通过大数据融合、数据共享等技术，实现水务基础数据全面融合汇聚，实现“一数一源”数据标准化。

2. 构建南山区水务感知网，实现水务要素7×24h不间断监测告警

传统水务管理依靠“人力”无法全面实时掌握水务运行状态，通过物联网、5G通信、低功耗窄带物联网、数据共享等技术，初步构建7×24h不间断供水－排水全链条监测体系，逐步实现“从被动响应到主动发现”的转变。

3. 构建综合性城市级水务管控平台，实现全局业务一盘棋管理

南山区水务局使用的水务业务应用系统种类繁多、应用主体繁杂，多头申报的现象较为严重。通过智慧水务中枢三平台支撑能力，拉通业务、数据流程，全面解决“烟囱、僵尸”系统，建设供水排水管理、水环境管理、防洪排涝管理、水务执法、工程、审批等业务系统，补全南山区水务管理信息化方面空白，实现全局80%以上业务线上办理。

4. 建成基于数字孪生技术的可视化辅助决策系统，实现水务业务实景化映射

南山区水务局信息化系统大部分的功能主要还是以满足日常管理需要为主。辅助决策类、统计分析类功能不足。通过BIM、CIM、数据融合、物联感知、数字孪生、水务机理模型等技术的融合应用，实现南山区水务基础数据、监测数据、业务数据全面融合及在CIM平台上的全面数字化映射，为南山区水务监管提供辅助决策。

11.3 建设目标和设计原则

11.3.1 建设目标

充分利用新一代信息技术，采用松散耦合架构模式，构建智能感知、数据融合和智慧应用三大体系，实现水务感知、监管及决策的全过程智能管控。

11.3.2 设计原则

根据深圳市水务信息化建设“安全、实用”总要求，按照集约化、一体化建设原则，统一规划、统一标准、统筹资金、分工负责、分块实施、分步推进南山区水务信息化建设各项工作。

1. 坚持统筹谋划，需求导向

在全面深入分析水务业务领域需求的基础上，在更高起点、更高层次、更高目标上开展南山区水务信息化顶层设计。科学确定目标任务，合理确定总体架构，充分结合水务业务发展和改革的实际需求制定水务信息化建设的“时间

表”和“路线图”，高质量、快节奏推进水务信息化建设。

2. 坚持共享协同，多元参与

强化辖区内市、区各涉水部门的信息集成和共享，做到跨层级、跨部门的全面互联、充分共享和协同管理。加强全区统筹和政企协同，按照事权划分原则，各司其职、分工协作，高质量推进全区水务信息化建设各项工作。

3. 坚持安全可控，创新实用

以安全为底线、实用为前提，结合水务业务实际，科学合理运用新一代信息化技术，从基础设施、物联通信、数据处理、业务应用等多维度、全方位保障信息安全，全面建设创新实用、体验友好的水务信息化应用。

4. 坚持深度融合，加强监管

紧紧围绕水务重点监管领域，快速提升监管支撑能力，形成事前预防、事中处置、事后反馈的全链条、全过程、全覆盖水务监管新模式。全面贯彻落实创新驱动发展战略，大力推进云计算、物联网、大数据等新技术与水务业务的深度融合，着重加强水务数据资源和业务应用整合，以科技手段实现工作效率和管理能力的提升，实现业务流程优化和管理模式创新，推动水务业务不断变革和发展。

11.4　技术路线与总体设计方案

11.4.1　技术路线

1. 梳理汇聚南山区水务基础数据，构建南山区水务全要素数据沙盘

通过建设水务信息资源平台，开发数据接入、数据清洗、数据标准化管理、数据融合、数据分析等功能，将各自独立的60余万条水务基础数据进行全面汇聚管理，形成“一数一源”的标准化管理方式，并进行落图入块，形成水务“一张图”管理。

2. 围绕南山区水务重点管理对象，打造“源—供—排—污—灾”水务全链条监测感知一张网

通过建设水务物联网管理平台，开发水务监测数据传输协议管理、水务监测设备运行状态管理、水务监测数据告警管理、水务监测设备运维管理等功能，按照充分共享、总体规划、整体常态监测、分级轮换监测的感知布设原则，建设水质在线监测、排水管网液位监测、内涝水位监测、视频监控等感知体系，实现全区890余项水务要素的7×24h不间断监测预警。

3. 强化南山区业务应用支撑能力，开发综合性水务业务管控平台

通过建设水务应用支撑平台，开发统一地图服务、统一流程引擎、统一访问认证、统一消息服务、统一图表配置等共性支撑能力，实现水务业务管理系统的低代码开发，通过“拖、拉、拽”等方式，快速配置各类水务业务管理系统，开发包括供水管理、排水管理、河湖管理、水务审批管理、自动化办公等14个业务应用子系统；通过应用支撑平台的单点登录、ETL数据抽取对接等功能，最大化接入外部系统，对接20余个市区相关业务系统，全局业务信息化覆盖率达到80%以上，基本实现全局业务从线下转到线上联动一体化管理。

4. 通过数字孪生技术，打造多维度水务实景映射辅助决策监管系统

通过BIM、CIM、GIS、大数据融合、水利机理模型等技术的综合应用，构建L2级别的水务设施BIM建模并叠加至城市水务CIM平台上，通过与监测数据、GIS数据的全面融合，实现水务设施状态的实景化映射；通过与调度预案、水务机理模型的结合，通过数据可视化技术，全面在CIM平台上呈现模型、预案的运行效果，为业务管理者提供全面的、实景的可视化辅助决策场景。

5. 以网络信息安全为底线，建立南山区智慧水务标准规范体系

依照国家、省、市、区新型智慧城市以及智慧水利、智慧水务方面建设标准，结合南山区水务监管对象、业务特点、管理模式，制定水务密码安全、水务数据安全、水务网络安全、水务感知传输安全等一系列安全管理规定，全面保障南山区智慧水务系统的安全稳定运行。

11.4.2 总体设计方案

结合南山区的水务发展现状及智慧水务发展趋势，同时结合目前最新的信息化技术，兼顾未来的技术发展，设计南山区智慧水务建设方案，使得系统具备良好的实用性、先进性、扩展性、移植性及开放性。

南山区智慧水务项目总体架构如图11-1所示：

1. 智慧水务基础设施建设

智慧水务基础设施建设主要包括物联感知网建设、网络资源建设和管控中心建设。

1）物联感知网建设

基于现有物联感知基础，通过自建+对接的方式，打造全水务链条（源—供—排—污—灾）物联监测体系，主要包括水库在线监测分系统（源）、水资源在线监测分系统（供）、排水监测分系统（排）、河道在线监测分系统（污）、水

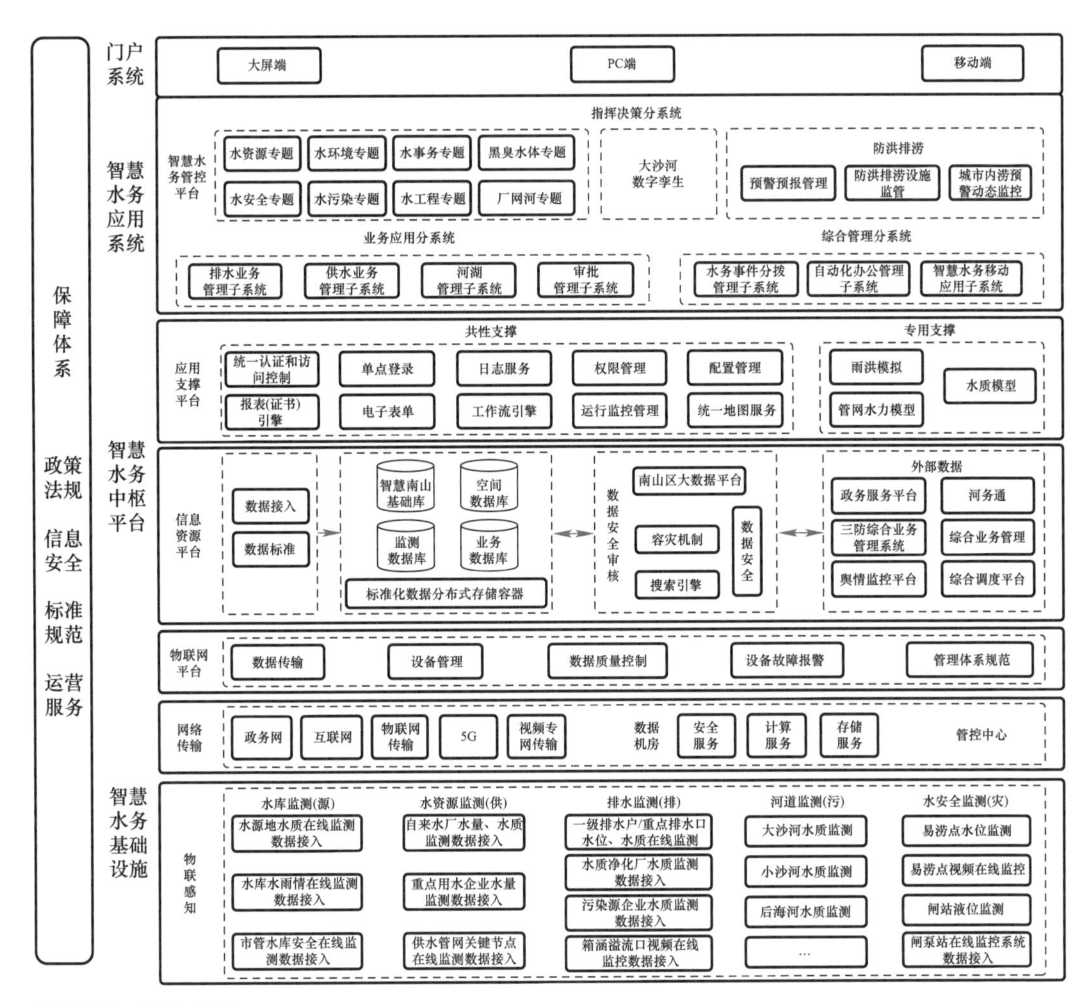

图11-1　总体架构图

安全在线监测分系统（灾）五个方面内容。

2）网络资源建设

网络资源建设主要针对水务局物联网的传输网络进行改造升级，无线传输采用统一的网络运营商。

3）管控中心建设

管控中心作为智慧水务的中枢大脑，将上报的信息通过分析、计算、展示等进行第一时间处置，建立水务一本账与信息传输流程，确保分拨事件、督办任务等上令下达。

2. 智慧水务中枢平台建设

智慧水务的中枢平台建设主要包括3部分内容：智慧水务信息资源平台、智慧水务应用支撑平台、智慧水务物联网平台。

1）信息资源平台

以水务数据的全生命周期管理和开放共享为核心，实现对各类数据的融合汇聚和统一管理。通过大数据挖掘分析，为上层平台和各类应用提供多元化的信息资源综合服务。

2）应用支撑平台

对智慧水务各应用系统的通用、共性技术进行提炼与抽象，搭建统一的开发与运行环境，构建各系统共用的应用组件，实现跨系统的数据、流程的交互，解决各应用系统建设在技术层面的统一布局问题，保障各系统之间的互联、互通，确保系统的稳定性、扩展性，满足应用需求多变的发展需要，减少重复开发和投资，保证智慧水务系统长期、有序、高效地运行，为南山区水务工作科学高效的管理提供技术支撑。

3）水务物联网平台

水务物联网平台是基于当下的物联网技术和产业特点打造的开放平台，水务物联网平台通过适配各种网络环境和协议类型，支持各类传感器和智能硬件的快速接入和数据管理，满足物联网领域设备连接、协议适配、数据存储、数据安全等平台级服务需求，对南山区水务局物联网监测数据统筹管理。通过提供丰富的API和应用模板以支持水务应用和智能硬件的开发，能够有效降低物联网应用开发和部署成本。

3. 智慧水务应用系统建设

智慧水务应用系统将面对区水务局的领导、业务管理人员、协同单位人员进行定制开发，主要建设内容分为3个分系统：业务应用分系统、指挥决策分系统和综合管理分系统。

1）业务应用分系统

开发建设以业务科室为单位的业务管理系统，其中包含：供水管理、排水管理、河湖管理、水务审批管理等。

2）综合管理分系统

综合管理分系统以水务局综合业务为主，结合业务人员的日常管理需求进行建设开发，主要包含：水务事件分拨、智慧水务移动应用等。

3）指挥决策分系统

指挥决策分系统基于水务基础信息、监测信息、业务信息，进行数据挖掘和管理分析，为水务局领导提供辅助决策功能，主要内容包含：水务管控平台、大沙河数字孪生、防洪排涝指挥等。

4. 智慧水务门户系统建设

本项目新建内网办公门户，支撑各应用系统统一登录及消息接收等。

5. 智慧水务保障体系制定

制定智慧水务运行管理相关规定，解决智慧水务运营机制问题，为数据采集更新、系统运行维护提供组织和管理保障，形成长效运营管理体系，确保系统有序建设和高效管理。

11.5　项目特色

11.5.1　典型性

南山区“智慧水务”项目（一期）通过采集水务设施动态信息，搭建水务机理模型，打造城市级别水务信息资源池，已初步实现水务要素实时监测，提升执法、管养效率，节约人员成本，通过实时获取河道、易涝点等监测数据，并提供实时监测预警，可供执法监察、设备巡检人员及时掌握水务状态，避免盲目执法、巡检，大大减少人员成本。基本完成由传统人工和图纸存储管理方式向信息化和智慧化管理的转变，形成统一的资产管理模式，解决资产状况不清、数据标准不统一等问题。以数据为基础，以服务为理念，充分利用新一代信息技术，采用松散耦合架构模式，构建智能感知、数据融合和智慧应用三大体系，实现涉水事务感知、监管及决策的全过程智能管控，为水务监管提供智慧化支撑。

11.5.2　创新性

1. 建设完成“源—供—排—污—灾”的水务全链条监测感知网

在物联感知建设方面，遵循“整合已建、统筹新建”部署原则。在整合已建方面，项目充分利用ETL数据抽取、Web Service接口对接等数据融合技术，完成与深圳市水务局、深圳市气象局、深圳市生态环境局、深圳市水务（集团）有限公司、南山区应急管理局等多个相关单位的辖区涉水监测数据对接共享。在统筹新建方面，项目充分考虑监测设备传输数据量，针对传输数据量小的设备，如排水管网监测设备，采用NB-IoT低功耗窄带物联网传输技术，保障数据稳定传输的同时，极大程度减少设备耗电量，减少现场人工巡查和运维的频率。针对传输数据量大且对实时要求性较高的设备，项目优先考虑5G通信技术传输，进一步保障监测数据传输的稳定性和低延迟性。此外在排水管网监测部署方面，项目采用“整体常态化监测、分级轮换式监测”方式，监测设备采用非接触测量方式，完成分级监测的任务目标，设备可拆卸安装，提高设备利用率。

2. 构建完成统一应用支撑服务，全面支撑高度定制化业务系统开发

本项目基于微服务架构建设水务应用支撑平台，提供表单引擎、流程引擎、单点登录等多种工具，使平台具备全层次低代码应用开发能力，业务系统建设无需采用“全量代码”实现。建设单位、承建单位、运维单位均可通过应用支撑平台配置工具，采用“拖、拉、拽”的方式，实现系统页面和功能的快速配置，满足紧急状态下信息系统需求，极大降低应用开发难度，缩短应用开发时间。

3. 利用水务数字孪生技术，探索“数字孪生”水务应用场景

采用倾斜摄影、BIM建模等技术，细化南山区大沙河河口地形地貌、水务设施等数据的数字高程模型、正摄影像图、倾斜摄影模型、BIM模型等，利用数字孪生技术、空间信息化技术，将BIM、GIS、IoT融合叠加，建立传感数据与数字化模型的连接映射，能够实时、真实反映水务设施运行状态。通过与水务机理模型数据深度融合，在数字孪生平台上，直观呈现模型运算成果，实现现状的精确分析和未来态势的科学预测，创新探索水务“数字孪生”应用场景。

11.5.3 技术亮点

1. 水务全要素场景CIM应用

通过细化南山区地形地貌、水务设施等数据的数字高程模型、正摄影像图、倾斜摄影模型，搭建南山区大沙河河口的多时态、全要素的地理空间数字化映射平台。通过CIM应用全面实景还原南山区大沙河河口现状，使业务管理人员清晰了解现场情况，为调度模拟、预警预报提供实景数据底板。

2. 水务设施BIM应用

采用BIM建模技术，构建截污箱涵及其附属设施L2级BIM模型，通过叠加水务设施监测数据，实时掌握大沙河河口水务设施基本情况，为水务设施精细化运行提供数据支撑。

3. 水务设施数字孪生技术

建立传感数据与数字化模型的连接映射，能够实时、真实反映水务系统在物理世界的现实情况，并通过大数据分析技术实现对现状的精确分析和未来态势的科学预测。在水务设施BIM基础上叠加水务设施监测数据，实时对大沙河河口运行状态进行全面监测预警，改变以往无法实时掌握水务设施运行状态的问题。

4. 水务感知技术

通过水质在线监测设备、管网液位在线监测设备、易涝点水位在线监测设备，构建重点水务监管对象实时监测与预警体系，实时掌握南山区重点河流断面水质情况为河道水环境巩固提升提供监测预警数据支撑。通过排水管网液位监测，实时监测排水户排水行为，对排水户的排水行为进行分析，对可能出现的偷排、漏排等问题进行全方位监测告警。

5. 大数据分析技术

运用大数据分析技术，实现多源数据高质量融合，提高数据的准确性和可靠性，解决了从多个角度、途径获取业务信息的难题，为水务业务管理者、决策者提供量大、直观、形象的水务业务管理数据。

6. 窄带物联网技术

窄带物联网技术具有覆盖广、连接多、速率低、成本低、功耗少、架构优等特点，适合于传感、计量、监控等物联网应用。本项目管网监测设备均以NB-IoT的方式进行数据传输，在保障数据传输质量的同时，低成本解决海量传感器数据采集上传问题。

7. 微服务架构技术

微服务架构体系中各个系统是松耦合的、有功能意义的服务，无论是在开发阶段或部署阶段都是独立的，能使用不同的语言和框架开发，封装在不同的容器中，允许容易且灵活的方式集成自动部署，通过持续集成开发工具，可以极大地提高部署效率，能够及时开展功能扩展和修改，使得系统在线修订更加顺畅。本项目采用微服务架构技术搭建平台，极大程度地提高了系统的整体松耦合性，在保证系统整体性的同时，使整个系统的部署、修改、完善、集成更趋于灵活。

8. 城市内涝预测模型应用技术

针对城市内涝的问题，建立城市内涝预测模型，该模型模拟在不同的降雨条件下，地表的产流、管网排水的情况，内涝发生的可能性、地点、持续时间，以满足城市联排联调、防汛减灾工作对水情和涝情预测计算的要求，通过自学习优选出在特定条件下的模型预测结果。南山区后海河片区内涝风险较高，通过内涝模型的建立对内涝发生的程度、影响范围进行预测，为业务管理者提供数据决策支撑。

11.6 建设内容

1. 水务感知一张网

构建“源—供—排—污—灾”的全链条水务监测体系，通过物联网、5G、窄带物联等技术的应用，建设河道水质在线监测、排水管网液位监测、内涝点水位监测、视频监控等感知体系，实现重点水务监管要素7×24h不间断监测预警。

2. 水务管控一中心

打造南山区横向到边、纵向到底的智慧水务管控体系，通过大数据融合技术打通市、区等20余个系统之间壁垒，形成市水务局、区政府、区水务局、水务所、水务网格的五级水务事件管控体系。

3. 水务中枢三支撑

构建物联网平台、水务信息资源平台、水务应用支撑平台，构建南山智慧水务总体框架，为上层业务应用做好全量支撑。

4. 水务业务N应用

围绕供水排水管理、防洪排涝、水环境监管、水务审批等实际业务需求，打造集大屏（大屏端）–中屏（PC端）–小屏（移动端）为一体的城市级综合性水务业务管控平台。

11.7 应用场景和运行实例

1. 水务数据融合，实现水务要素一张图管理

通过水务信息资源平台建设，实现全区60余万条水务基础数据的全面汇聚，形成“一数一源”的水务基础数据管理模式。应用数字孪生、BIM、CIM、GIS等技术的融合应用，将水务监管要素、水务管理行为进行全面实景化映射，形成南山区水务数字沙盘，水务基础数据“可视、可知”阶段已初步达成。

2. 水务监测感知应用，促进排水户精细化业务管理水平提升

南山区智慧水务项目选择重点片区排水户为试点，在其雨水井与市政接驳井处安装液位监测设备，针对排水户异常排水行为进行实时监测，并充分利用监测事件管控体系，形成排水户监测告警—系统数据核查—现场复核—提交整改—核查整改—复核销单的全过程处置流程。在经历一个完整的雨季周期的试运行过程中，通过系统预警，针对晴天雨水井有水排放的排水户进行现场核查。

此外，通过持续运行监测，针对排水户的特点设置不同的预警限值，构建“一户一档、一户一限值”精细化管理机制，大大提高了一级排水户精细化业务管理水平。

3. 统一应用支撑能力，实现全区水务业务一盘棋

通过开发应用支撑平台建设，通过低代码开发的方式，快速配置14个全局业务管理系统，实现全局80%水务业务信息化。全面接入20余个市区业务系统，打通系统内之间壁垒，实现数据共享、业务协同，避免“僵尸、烟囱系统”等情况的发生，形成“事前备案－事中审批－事后监管”的全流程业务协同模式，解决了此前需要在多个系统填报相同数据的工作痛点，极大程度减少业务管理人员工作量，提高工作效率。

4. 探索水务数字孪生建设，赋能水务决策指挥

基于构建的南山区水务数字沙盘，围绕南山区水务重点监管区域，利用空间信息技术、多维时空数据的高性能自适应可视化技术、基于精确地理信息系统的大数据管理技术、多源异构三维数据融合匹配，将水务机理模型、业务管理预案与水务数字沙盘进行结合，实现模型成果、调度预案的可视化呈现，通过监测数据融合，对预案执行情况、模型模拟结果进行验证，提供事前、事中、事后的全过程监管和决策指挥服务。

11.8 建设成效

11.8.1 投资情况

本项目投资4012.92万元，由南山区政府财政全额投资建设。

11.8.2 经济效益

1. 有利于水务设施的管养效率，节约人员成本

通过物联感知网实时获取水务设施的运行状态，并提供监测预警，管养人员可及时掌握水务设施运行状态，避免盲目巡检，大大减少人员成本。

2. 有利于水务基础设施的统一管理，提升管理效率，节约管理成本

将原有独立、分散的水务设施信息进行整合，形成统一的资产管理模式，有效减少由于资产状况不清、数据标准不统一等造成的数据无法共享，无法为业务管理提供数据支撑等问题，从而提升了管理效率，节约了管理成本，减少了大量不必要的人力和物力投入。

11.8.3 环境效益

1. 有利于推进城市防汛工作成效的不断提高

助力智慧水务防洪排涝体系的完善，有效解决城市内涝问题，提高城市对洪涝等自然灾害的应急响应处理能力。

2. 有利于推进城市生态环境质量的不断提高

以南山区主要流域作为建设对象，有机连接城市的生态系统，有利于建设惠及居民的绿色空间，提升生态环境质量。

11.8.4 管理效益

1. 有利于推进城市水务联合治理能力的不断提高

智慧水务是创新水务管理模式的重要手段，通过智慧水务项目的全面建设和深入应用，打破传统的监管模式，建立跨业务、跨部门的高效协同监管机制，落实相关委办局的水务治理责任，形成监管合力。通过建设与整合水务业务应用系统，加强各业务部门之间的交流，实现业务信息的快速上传下达，促进协同办公，提高监管效率。

2. 有利于推动“数字政府”建设进程

智慧水务平台提供信息聚合推送、权限管理等服务，为各类应用系统提供统一的开放服务接口，通过系统调用其他部门开放的服务，统一提供数据的受理请求和提交服务。

11.9 项目经验总结

为深入贯彻十六字“治水方针”，紧握“双区驱动”历史发展机遇，作为南山区委、区政府贯彻落实深圳建设中国特色社会主义先行示范区的创新举措，本项目建设严格遵循国家、广东省、深圳市、南山区等相关政策文件要求，按照“市区统筹、共建共享、分步建设、急用先行”的建设原则进行建设。结合南山区智慧水务项目建设成果及当下智慧水利政策要求，总结经验如下：

1）传统的水务管理方式已不能满足当今社会经济快速发展的需求，以信息化为表现的智慧水务将实现水务管理的科学化、经济化和效益最大化，为社会经济稳定、长足发展提供有力支撑和保障。智慧水务的建设将开启水务智慧管理新时代。

2）作为“新基建”与数字政府建设的重要组成部分，智慧水务的建设为推进我国数字经济发展形成强大助力。以数字化为核心的智慧水务等“新基建”基础设施在优化、替代传统基础设施的建设过程中，不仅会扩大基建领域投资规模，而且会有效提高国民经济运行质量、效益。发展“智慧水务”等“新基建”的过程，将有助于增强经济韧性，释放数字经济发展潜力，使水务行业等基础设施领域凸显更大的经济、社会效益。

3）通过全面、高效、完善的信息化管理体系的建设，实现水务综合业务的规范化、标准化、精细化、移动化管理，有助于不断提高防洪排涝、供水排水管理、水环境保护与水管理服务等行业管理能力，推动水务行业管理能力跨越式发展。

4）准确及时的指挥决策和科学合理的调度配置对保障区域社会经济发展和人民生命财产安全具有至关重要的意义。智慧水务的开展利用专业模型和最新信息化技术，构建科学高效的指挥决策体系，为上层管理者提供及时、科学的决策依据，提升全局指挥调度能力，实现区域智慧化决策指挥。

5）智慧水务是“智慧城市”的重要组成部分，能够减少区域洪涝灾害损失、提高水资源利用效率、保障水务工程安全运行，充分发挥水利民生服务能力，为城市的健康发展提供快捷、直接、有效的信息，助力“智慧城市”可持续发展。

业主单位：深圳市南山区水务局
设计单位：广东南方电信规划咨询设计院有限公司
建设单位：深圳航天智慧城市系统技术研究院有限公司
案例编制人员：
深圳市南山区水务局：曾红专、林志明、张佳鸿、杨聂、张景平、廖敏军、王涛、邹端阳、徐晨、冉令景、吴文锁、冯梦娇、徐晨、张忠华、荣世广、严淑兰、唐树平、何凯超、李悦、汪明
深圳航天智慧城市系统技术研究院有限公司：赵兴圆、钟道生、陈兴晖、郑元思、赵伟、钟亮明、刘旭、刘显、唐圳、寇喜兴、邓亚运、杨毅、姜顺祥、汪祖茂、潘晓雪、于文统

12 雅典娜（ECO-Athena）水务数据综合管理平台

项目位置：北京市西城区

服务人口数量：内江、中山、宿迁、淮安、福州、顺义等水环境综合治理项目辖区人口

竣工时间：2023年5月

12.1 项目基本情况

近年来，信息技术飞速发展，数字化与智慧化为各行各业带来新发展动力，传统水务亦迎来数字化发展契机。随着生态环境建设逐步深入，水务业态也在发生变化，从传统厂网建设转为实现区域生态效益的综合性业务，使得水务业务更具专业性、复杂性和系统性，需要在规划、设计、建设、运营各阶段通过数字化贯穿始终。

本项目以流域水环境综合治理数据数字化管理为目标，从实现全要素信息数字化开始，到可以单种类设施评估分析，再到多种类设施综合评估分析，即从基础数据到简单场景分析再到复杂场景分析这一过程通过信息化技术予以实现。最终以信息化、数字化手段辅助进行系统化分析、运营策略分析和设计后评估等评估分析，形成水环境项目技术类分析评估体系，辅助日常业务，增加数据分析技术手段与精准性，提高专业数据分析能力。

12.2　问题与需求分析

流域水环境综合治理项目具有复杂性和系统性，实现数字化可以从数据量和数据分析两个层面考虑。在数据层面上，数据量大，基础数据、GIS数据、各业务类型的数据、各实施阶段的数据需要不断整理和标准化，以提高数据有效性。在数据分析层面，具有系统性，需要系统化考虑项目规划与设计，需要运营数据进行后评估分析确认效果，利用信息化技术进行算法封装，以构建互有关联的分析评估体系。从数字化管理角度分析，北京首创生态环保集团股份有限公司（简称首创环保集团）有大量流域生态建设和运行项目，每个项目都具有庞杂的基础数据，项目运营过程中亦会产生大量设施设备运行数据，高效管理、分析、使用数据，发挥数据价值，十分必要。

综合以上情况，数据综合管理平台待解决的问题和需求如下：

1）如何高效、科学地管理工程体量大、分散式遍布于全国的流域水环境项目。

2）如何提高数字化建设水平，将工程全生命周期数据进行梳理与保存。

3）如何利用积累的大量工程建设与运营经验支撑未来项目的决策。

4）如何落实数字化转型，利用信息化手段提高技术水平与日常管理效率。

5）如何利用技术优势，推动行业进步，提升行业管理水平。

12.3　建设目标和设计原则

12.3.1　建设目标

流域水环境综合治理所包含的厂、网、河等各类设施设备，种类多、数量多，各种设施设备之间具有较复杂的关系，需要精准地梳理各类设施之间的关联关系，以便系统地进行规划设计和辅助运营。数据综合管理平台的开发与应用以数据综合管理为基础，通过实现项目全要素信息数字化建设，在项目全周期过程中以专业数据分析服务，不断固化和沉淀项目经验，实现数据和技术中台建立，支持流域水环境治理项目数据管理、技术沉淀，为其他相关业务提供辅助数据服务，提升数据综合管理能力和团队数据分析能力。

12.3.2 设计原则

1. 稳定性

在一个运行周期内、在一定的压力条件下，软件应具有低的出错率和性能劣化趋势，以确保系统能够满足大量用户的应用需求，并保持长时间的正常运行能力；在功能设计方面，避免由于功能的增多带来对系统的负面影响，尽可能地优化结构。

2. 安全性

在信息系统建设的实施过程中要正确处理发展与安全的关系，综合平衡安全成本和效益，建立和完善信息系统网络与信息安全保障体系。尽管网络安全从技术层面上已有很多解决方案可以实施，但是信息系统的安全更需受到关注的是使用人员的安全意识和机构内部安全机制的建设。一方面，有些机构没有安装防火墙或者安装后不及时升级病毒库，造成内网中流动的信息暴露在危险之中；另一方面，有些部门认为安全问题主要来自外部，殊不知统计表明75%以上的安全问题是由组织内部人员引起的，所以建立完善的安全管理机制是首要的。

3. 兼容性

软件兼容性包括操作系统兼容性、异种数据兼容性和应用软件兼容性。系统在开发过程中应充分考虑兼容性，保证系统的正常使用。

4. 可扩展性

系统的可扩展性应体现在如下两个方面：系统技术本身的可扩展性和业务应用的可扩展性。

首先，在系统建设的各个阶段充分地向前考虑可扩展性，使整个系统成为一个有机的整体，避免出现“信息孤岛”现象。技术层面的扩展是建立在统一的标准和统一的规范之上的，以开放的系统架构和组件化的设计思想，使系统能够兼容已有系统，同时兼顾将来的系统建设。系统技术的可扩展性体现在：

1）采用开放的系统架构，封闭的系统架构无法遵循国际上成熟的、通用的技术标准、规范和协议。

2）遵照执行国家颁布的现有标准以及将要推出的各类规范。

3）采用组件化的设计思想，减少系统耦合性，提高系统的复用性。

其次，技术的可扩展性并不是最终的目的，而是实现应用扩展的手段。业务应用的可扩展性体现业务处理能力的可扩展性。业务对系统处理能力的需求不是一成不变的，随着业务的不断拓展，业务对系统处理能力的要求也会越来越高。系统的设计必须在满足现有业务量需求的基础上，对今后的业务发展进行有效地评估，使系统处理能力在一定的时间内能够满足业务增长带来的处理能力增长的需要。

5. 技术的先进性与成熟性

信息技术尤其是软件技术发展迅速，新理念、新体系、新技术的推出，造成了新的、先进的和成熟的技术之间的矛盾。而大规模、全局性的应用系统，其功能和性能要求具有综合性，因此在设计理念、技术体系、产品选用等方面要求先进性和成熟性的统一，以满足系统在很长的生命周期内有持续的可维护性和可扩展性。本项目在体现设计思想和实现技术先进性的同时，也需要保证先进性与成熟性、可靠性的统一。

6. 实用性

平台与实际业务紧密结合，不仅要满足用户对人性化使用和目前实际工作的具体需要，而且应适应未来发展的需要。软件系统是提高工作效率、提升综合服务能力的手段。在建设时必须充分考虑系统使用者的工作习惯、计算机使用水平，以方便、直观、易理解、友好的操作界面和随时可得的在线帮助，为使用者提供服务。

7. 经济性

在平台建设之前进行认真细致地调查研究，以充分整合利用现有信息化资源。在建设实施中，本着“量力而行，实用为本”的原则，始终强调开发方和用户方的沟通交流，认真进行需求分析，确保系统能适合办公流程的需要。同时采用成熟的产品和技术，缩短系统开发、实施时间，以降低开发费用。在选择第三方产品时，在能满足目前的实际需要、符合技术发展方向的条件下，尽量选择能节省经费的产品。

12.4 技术路线与总体设计方案

12.4.1 技术路线

水务数据综合管理平台根据流域生态综合治理业务发展需要，系统性规划全业务基于数据分析的应用需求，制定整体建设规划并分期实施，目前所进行的是一期建设内容，重点内容为综合数据库建设和数据分析工具建设。具体如图12-1所示。

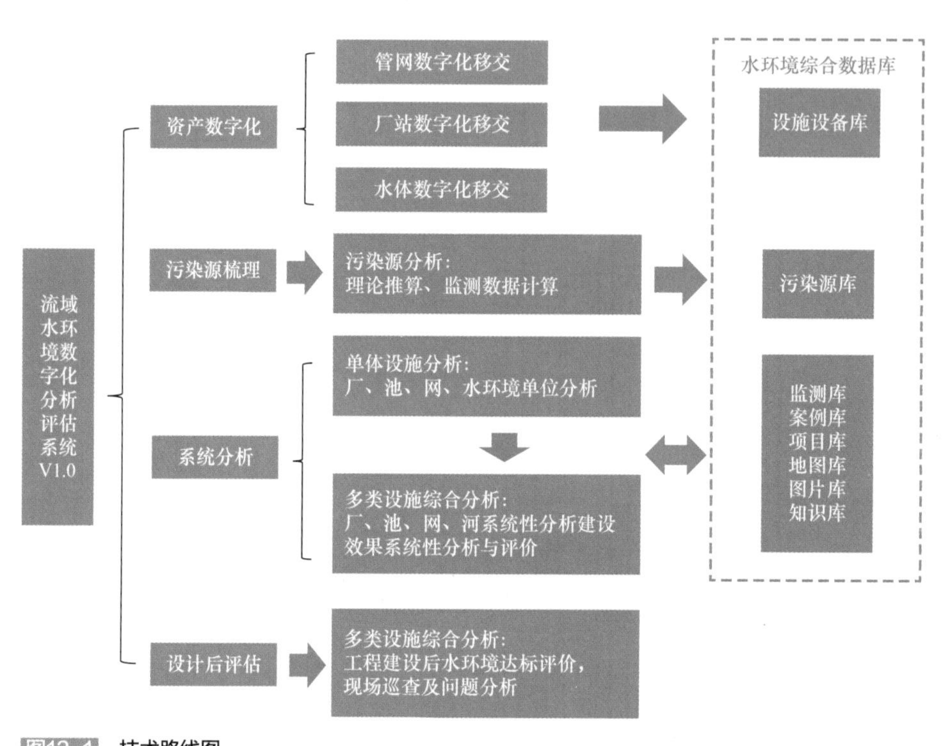

图12-1 技术路线图

12.4.2 总体设计方案

水务数据综合管理平台采用信息化、数字化、智能化建设，运用物联网、大数据等先进技术，以贴合流域水环境业务管理模式为基础，实现流域水环境类项目全生命周期覆盖、全过程科学记录分析、投资决策有依据为目标，围绕水环境综合数据库，汇聚水环境类项目业务数据，建设涉及排水管网、厂站、河道等各类设施的系统化分析体系。通过管网、厂站、水体的数字化移交工具将基础信息数字化移交后入库。以包含污染源库、监测库、案例库、地图库、图片库、知识库在内的水环境综合数据库为基础，开发污染源分析工具、管网状态评估工具、污水处理厂水量评定算法工具等分析评估类的工具，梳理流域污染源，调用各类数据辅助单类设施进行分析与评价，再通过流域排水系统的模拟综合分析评估系统的匹配性与方案的可达性，从而实现对设计方案的校核。

平台总体架构如图12-2所示。

数据采集层：支持上传文件、图片等各类资料，接入监测数据，同步工单数据等多种数据采集形式。

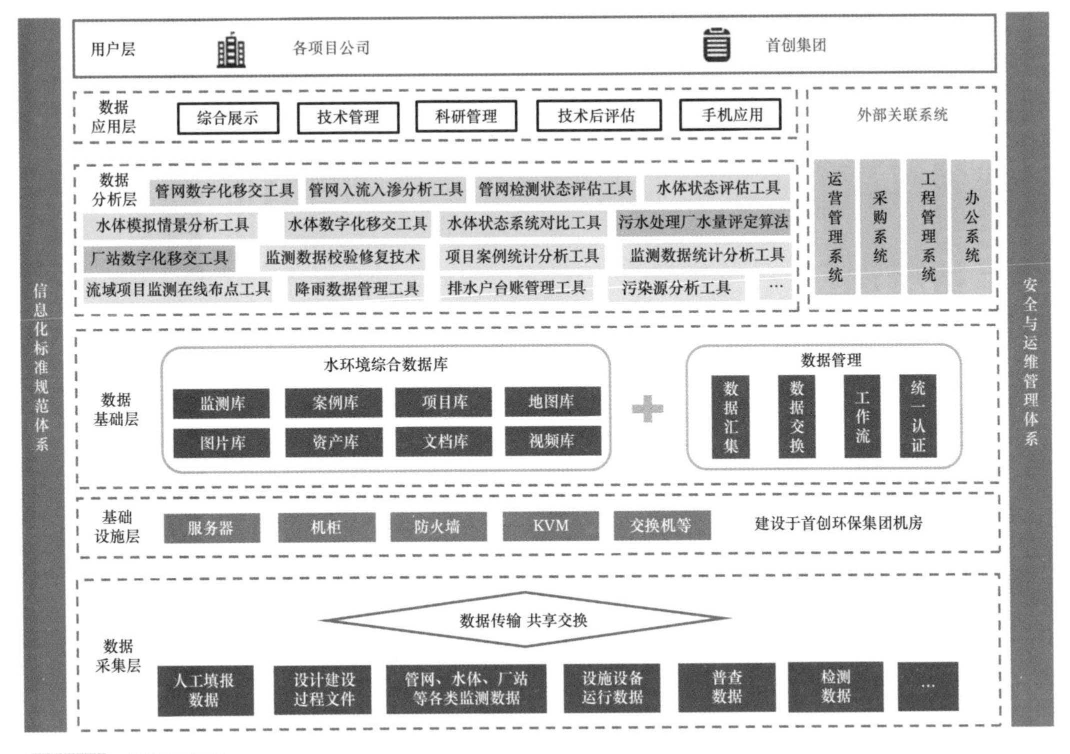

图12-2　总体架构图

基础设施层：建设于首创环保集团机房，为系统正常运行提供软件、硬件和网络支撑，集成项目数据，实现多级管控，支持与各项目进行数据交互。

数据基础层：通过对中山、淮安、内江、福州等项目的梳理，构建包含项目数据库、监测数据库、文档库、图片库等在内的标准化水环境综合数据库，通过对排水系统的梳理构建3个层级、5大类设施、60余小类设施的设施设备库，对分布于全国的水务资产进行统一数据管理。

数据分析层：包括管网、水体、厂站、海绵、流域、通用共6大类近30项数据分析工具，对数据进行管理与分析。

数据应用层：提供综合展示、设计管理、科研管理、技术后评估、手机应用5类应用服务，支持与外部办公、工程管理等系统进行关联。

用户层：与系统直接进行交互的用户，主要包括分布在全国各地的项目公司、北京首创生态环保集团股份有限公司技术中心、首创环保集团以及相关政府部门。

12.5 项目特色

12.5.1 典型性

1）本项目基于水务数据进行综合管理，提供全要素数字化和专业数据分析服务，可将设计技术参数、数据分析结论汇总形成案例，将专业技术经验持续沉淀和迭代，为新建项目实施过程提供辅助参考。

2）可与水务运营系统有效衔接，将专业技术经验和数据分析贯穿于项目各阶段，为运营系统提供服务调用接口，辅助运营阶段的专业技术分析。

3）可基于案例汇总，实现跨场景、跨业务应用数据协同，避免各模块之间分析结论的碎片化，支持流域生态项目系统化分析。

4）系统功能构建与实现契合水务业务场景，在流域治理项目技术管理方面具有典型性。

12.5.2 创新性

1）实现项目全周期信息数字化：未来数据资产将作为企业的重要资产之一，项目全周期信息的数字化，保证了后期数据分析与数据价值挖掘的有效进行，为企业数字化建设提供有力保障。

2）项目经验积累固化和沉淀：通过尽调、方案、设计中的一系列数据进行分类收集和索引，使项目实施过程中的经验逐步固化，再对建设期的方案及实施效果进行后评估，实现经验固化和沉淀。

3）水务设施数据标准化管理与分析评估：将流域水环境设施设备资产基于统一分类标准实现数字化，各分类体系结合大量基础研究成果构建相应的评估规则，再由大量运营数据进行校验修正分析，可服务于企业数据应用，有效填补国内空白。

12.5.3 技术亮点

1）数据与技术双中台：打造可扩展的水务数据中台，建设跨专业的技术分析工具，持续服务于水务环保企业数字化转型战略。

2）多场景数据分析：数据综合管理系统既满足单类设施和专项分析，也可以进行多类设施和复杂业务场景的分析。

3）灵活的数据共享方式：采用接口调用的方式，可灵活调取各类数据分析的结果，有效为其他业务提供数据服务支持。

12.6　建设内容

建设内容包括技术管理、水务工具包系统、综合数据库及手机应用。

技术管理：包括总部技术管理和项目技术管理，针对企业“项目级+生态级”分层管理模式特点，采用两级节点的部署方式。技术管理（生态级）是在首创环保集团部署总节点，为用户提供各项目级中的汇总查看功能。技术管理（项目级）是在各项目部署分节点，为用户提供技术管理应用等，具体包括数据综合展示、技术填报、调研勘察管理、图纸审核管理、技术案例分析和综合检索功能。

水务工具包系统：水务工具包系统为用户提供流域水环境分析评估的技术服务，包括管网工具包、水体工具包、厂站工具包、流域工具包和通用服务等。

综合数据库：包括监测库、案例库、项目库、地图库、设施设备库等。

手机应用：移动端应用系统针对项目勘察、审批任务和后评估等日常工作内容涉及的消息提醒、现场信息上报等功能，在实现必要功能的前提下沿袭系统PC端的操作方法，并尽量简化操作步骤，在操作示例图上力求做到简洁、明晰。

12.7　应用场景和运行实例

12.7.1　排水管网入流入渗分析工具

该工具基于管网上各点位的监测数据，实现对管网的混错接分析、入流入渗分析和运行状态评价。混错接分析模块提供了管网结构分析和监测数据分析两种混错接分析方法。入流入渗分析模块采用夜间最小流量法进行管网的入流入渗分析，支持调用监测数据，从而确定典型旱天曲线，实现对降雨的入流量统计功能。具体如图12-3所示。

12.7.2　排水管网检测状态评估工具

管网老化，破损事故发生，影响管道的正常运行。管网状态评估工具用于管网缺陷分析、缺陷展示以及缺陷统计分析，也可以实现空间拓扑分析查看。管网状态评估工具基于管网评估分析分为五个模块，包括：缺陷评估分析、管道分类渲染、缺陷详情、CCTV数据导入、设施设备信息和缺陷专题图。具体如图12-4所示。

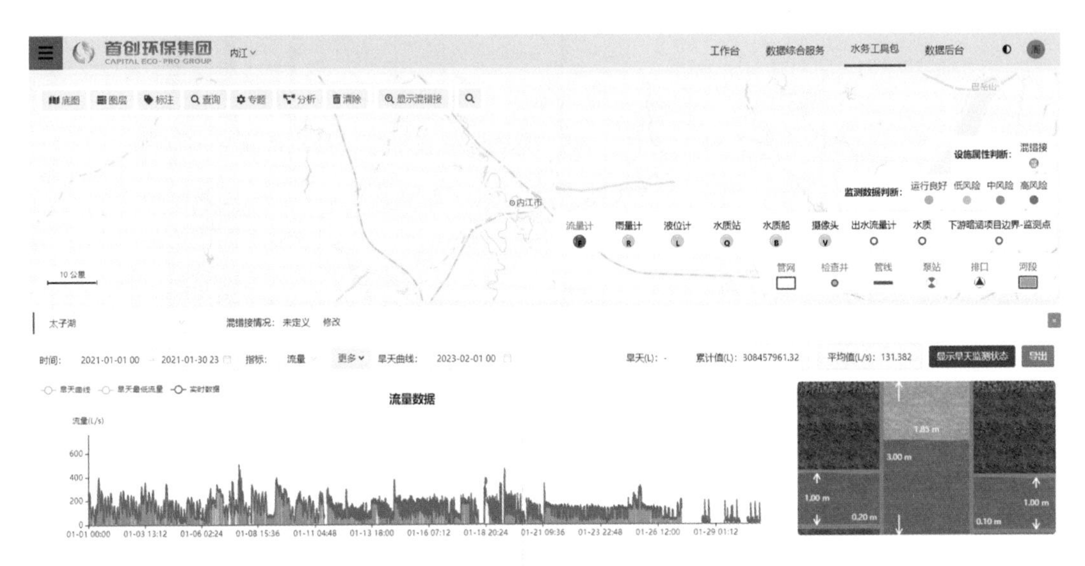

图12-3 排水管网入流入渗分析工具示例图

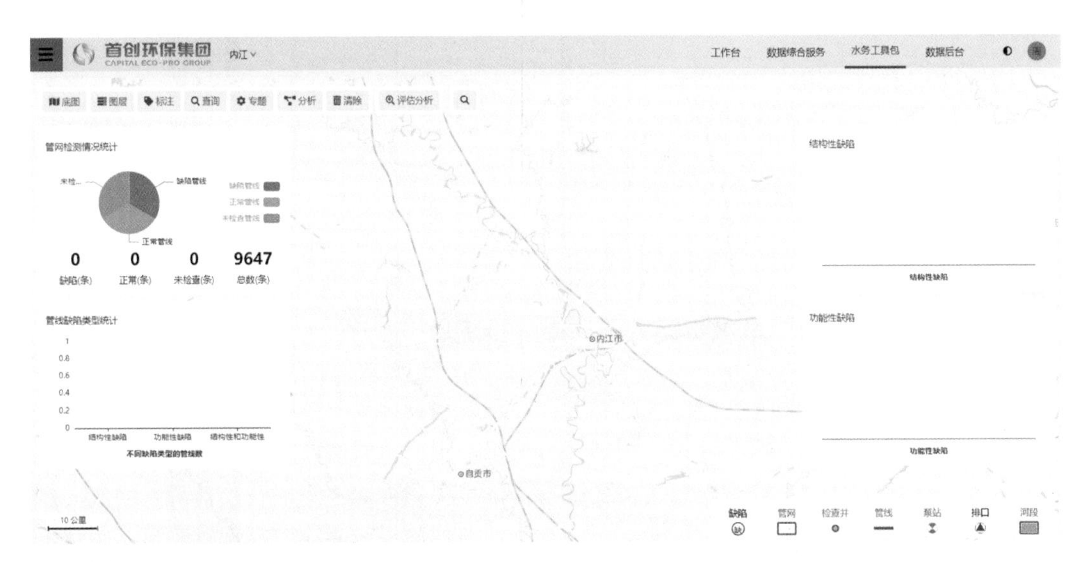

图12-4 排水管网检测状态评估工具示例图

12.7.3 污水处理厂水量评定算法

污水处理厂水量评定算法利用图元绘制污水处理系统的逻辑概化图，通过输入各环节的基本信息，并调用其监测数据，实现对日均处理量的计算，从而实现匹配性分析。具体如图12-5所示。

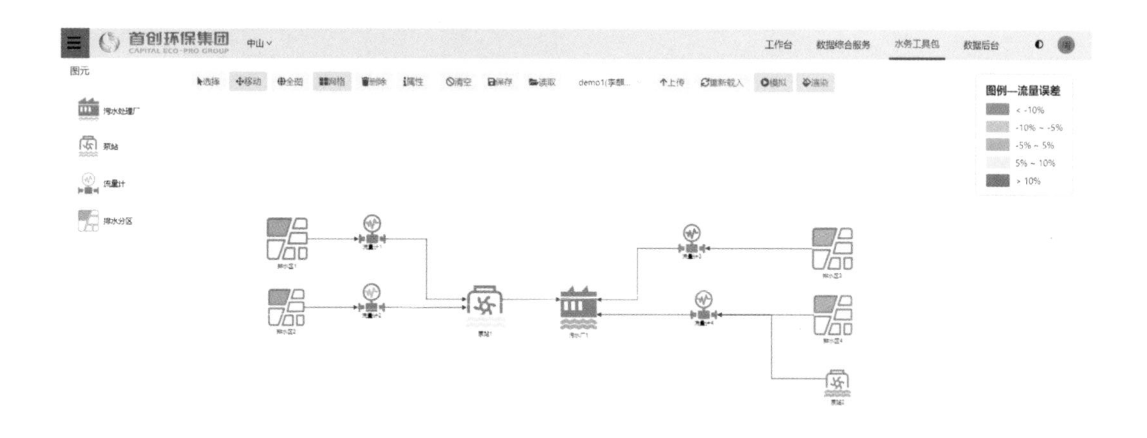

图12-5　污水处理厂水量评定算法示例图

12.7.4　监测数据校验修复技术

在多台监测设备的各项指标的长期监测结果中找出某个时刻的数据缺失无疑是一件耗时耗力的事情，监测数据校验修复工具不仅能对在线监测设备采集的监测数据进行缺失值和异常值的检验，还可以进行自动修复。监测数据校验修复工具主要包括预校验模块、人工校验模块、自动修复模块。具体如图12-6所示。

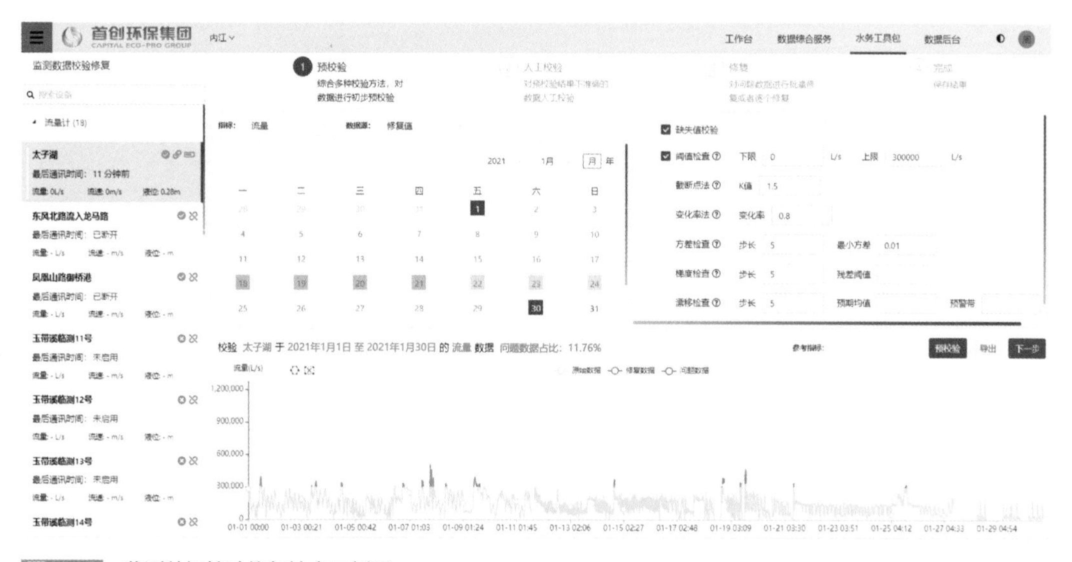

图12-6　监测数据校验修复技术示例图

12.7.5 流域项目监测在线布点工具

项目前期进行资料收集后的勘查工作需要针对监测方案实施布点工作。流域项目监测在线布点工具具有布设点位、编辑点位以及点位查看的功能，设置了点位布设模块、点位信息模块、设施设备可视化模块以及方案比选模块。具体如图12-7所示。

图12-7 流域项目监测在线布点工具示例图

12.7.6 资产数字化移交工具

资产数字化移交工具为用户提供流域水环境分析评估的技术服务，包括管网工具、水体工具、厂站工具等。以管网工具为例，具体情况如下：

管网数字化移交工具（图12-8）基于标准化管网数据的录入、对项目设施设备各类信息的查看和编辑、设施设备的报装以及其他工具对于移交设施设备的调用，具有新建管网、基本信息、设施列表、设备列表、设施地图模块的功能。

12.8 建设成效

12.8.1 投资情况

目前进行项目一期开发内容，一期投资490万元，包括数据基础层、部分数

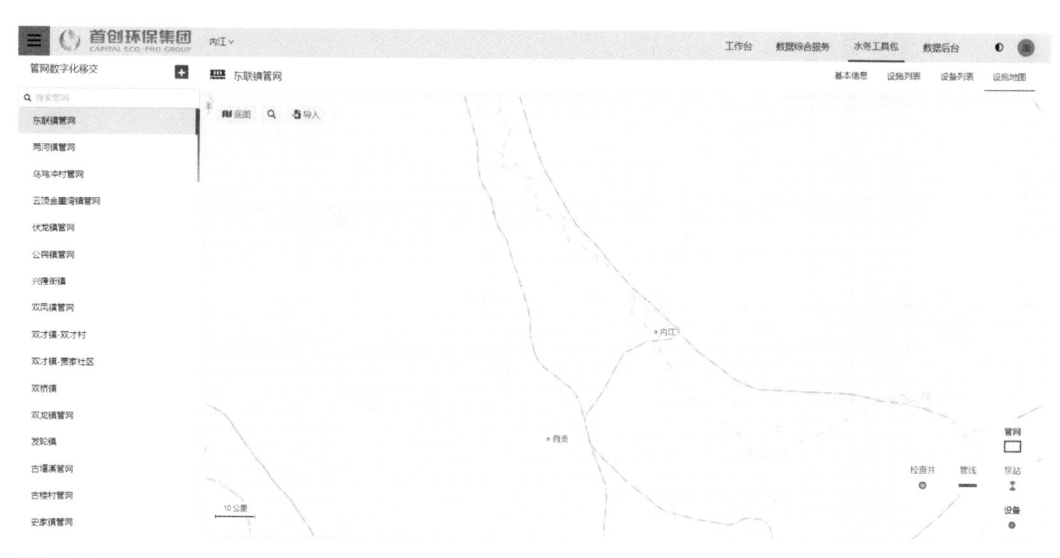

图12-8　资产数字化移交工具示例图

据应用层和数据分析层。

12.8.2　经济效益

1）数据综合管理平台的建设提升了流域生态综合治理项目技术团队的专业能力，通过专业数据分析辅助和经验沉淀能力，使公司技术管理团队在项目实施过程中可以提供更优化的技术方案，提升企业在生态项目上竞争力。

2）数据综合管理系统的应用可有效辅助日常工作中的专业数据分析，提高工作效率。

3）数据综合管理系统所囊括的数据资产，对于企业行业均是重要财富，随着时间的积累和对数据深入应用，在数字化进程当中不断获取更有价值的经济效益。

12.8.3　环境效益

1）数字经济和生态经济为当下乃至今后长期的国家根本和民生基础，在流域生态综合治理过程中，数据化将发挥重要作用，最优化的方案可以使城市获得更好的生态环境，实现源网厂河一体化协调发展。

2）数字化助力首创环保集团“生态$^{+}$”理念，为城市生态实施提供更优质的服务，改善区域生态环境，使公众充分感受生态治理带来的环境效益。

12.8.4 管理效益

1）数据综合管理平台是以数据中台的方式构建和实施的，具有扩展为数据中台的能力，同时各类专业的技术分析工具，也使技术中台具备一定的雏形，满足后期数据中台和技术中台的建设要求，有效提升了数据管理能力。

2）数据综合管理平台在功能的梳理方面是以水务业务场景为单元展开的，因此对于公司相关业务只要涉及同类场景，均可以采用接口调用的方式调取各类数据分析的结果，有效地为其他业务提供数据服务支持，提高多业务协同管理能力。

12.9 项目经验总结

1. 数字化建设过程中遇到的现实问题

1）建设效果的不确定性：水务企业受限于行业利润和水务行业的特性，对于数字化建设带来的效果，往往具有不确定性，决策者对于资金投入和最终价值产出无法准确估量。

2）战略制定的摇摆性：基于上述建设效果的不确定性，必然存在战略制定的摇摆性，反复论证战略可行性和落地性，投入一波不见效果的戛然而止，而后又在观望一段时间后重新论证，这些都体现了摇摆性。

3）总体规划缺乏整体性：数字化建设出现不确定性和摇摆性的根本原因，大多数情况是缺少基于数字化建设的总体规划，没有效果论证，缺少实施步骤、路径、阶段目标等具体落地措施，建设缺乏整体性。

4）建设需求确认周期长：需求分析过程周期较长，各部门之间需求多样，涉及多个系统建设、系统间工作边界划定、数据流转和存储等，需求分析做完后难以及时确认，仍需各部门和决策者反复讨论确定内容，根源在于缺少统一的组织协调部门。

5）追求形式急于求成：急于求成所催生的各种信息化产品，各系统之间很难融合，系统不好用、没人用，浪费了很多资源。

6）缺乏持续性：数字化建设是一个长周期建设过程，但实际上有些项目建完后由于缺少后续维护和持续使用，很快就变成了一个失败的项目，其实这不是项目建设本身的问题，而是缺乏持续性地使用、优化和迭代。

2. 保证企业数字化建设的可持续性需要注意的事项

1）企业决策者下定决心：数字化建设从长远来说是利大于弊，其最大的获利便是管理者们在决策时可以有的放矢，管理效率的提高就是效果的提升。在水务实施运营方面，大量数据收集、整理、分析也可以降低运营成本，所做的前期资金投入可以在长周期持续获益。

2）建立信息化专项小组：决策者下定决心后，执行过程中涉及多部门系统，要有统一的专项小组全过程参与规划和建设，便于各部门之间梳理和确定工作内容。

3）制定数字化建设总规：一张蓝图绘到底，总体规划要做细，要有分阶段目标，规划过程中具有不确定性内容可以选择试点，各系统之间留好接口方便后续集成。

4）打通业务及数据关系：基于流域生态项目所包含业务类型，拆解业务场景，梳理业务场景所包含数据，明确各业务场景中数据的流转关系。

5）建立数字化的企业文化：数字化建设既要对管理体系变革，也要进行配套的企业文化建设，广泛地吸收数字化新技术并应用到日常工作中，让员工积极有序地在日常工作中收集、积累、分析数据。

6）试点先行循序渐进：数字化建设是一个长周期持续性工作，需要循序渐进地分阶段实施，各系统要有明确的建设目的性，且边界清楚，对于规划阶段不确定效果的部分，可以试点先行，逐步完善。

业主单位：北京首创生态环保集团股份有限公司、北京首创协同创新科技有限公司

设计单位：中国市政工程华北设计研究总院有限公司

建设单位：北京首创生态环保集团股份有限公司、北京首创协同创新科技有限公司

管理单位：北京首创生态环保集团股份有限公司、北京首创协同创新科技有限公司

案例编制人员：

北京首创生态环保集团股份有限公司：蔡然、周庆霄、潘华崟、周鑫江

中国市政工程华北设计研究总院有限公司：王浩正、张郅巍、栗俊涛

13 光明区智慧水务一阶段项目

项目位置：广东省深圳市光明区

服务人口数量：100余万人

竣工时间：2021年7月

13.1 项目基本情况

13.1.1 项目背景

1. 政策背景

2018年7月深圳市印发《深圳市新型智慧城市建设总体方案》，提出深化智慧水务建设，推进城市水务网络化、流域化、综合化管理，实现“源、供、排、污、灾”全过程量化监控管理模式；加强污水排放监控体系建设，实现重要污水排放点实时监控。之后又相继印发《深圳市智慧水务总体建设方案》《深圳市智慧水务一体化建设总体技术要求（试行）》《深圳市2020年水污染治理成效巩固管理提升年工作指引》等文件，提倡发展智慧水务管理，提升水务设施智能监管能力。2018年光明区制定了《“智慧光明”总体规划（2018—2022年）》，提出“六个一网”的发展目标，“三网络四平台，三门户两中心”的总体架构，智慧水务是其中重要组成部分。

2020年以来，光明区领导多次在水务工作会上指出，完善水务管理“三网”，提高一体化、精细化、智慧化管理水平，并于2023年1月、4月专门听取智慧水务建设方案汇报，强调加快智慧水务建设。

2. 管理背景

1）从治污向提质转变

光明区水污染治理成效显著，但实现“长制久清”目标，任务仍然艰巨。2020年，光明区坚决落实深圳市委市政府“水污染治理成效巩固管理提升年”有关部署，重点围绕雨季水质达标，推进排水管理进小区、水务管养进社区、排查整改错接混接、沿街商铺间接空白区等问题，确保雨污分流、正本清源全覆盖，加快完成小区、城中村雨污分流整改和验收移交管养，实现区域水环境全水域、全天候水质稳定达标。

2）从多元到一体转变

光明区率先启动水务设施一体化管理改革，有效整合市区环境水务资源，组建深圳市光明区环境水务有限公司，推进供水排水一体、厂网河一体、涉水事务一体的管理新模式，提高水务精细化管理水平。

13.1.2 项目总体情况

本项目是针对光明行政区全区的水务设施、水务业务，建设一个城市智慧水务综合管控平台。覆盖区域面积156.1km^2，服务人口100余万人，管控对象包含主要河流16条，水库18座，供水排水管网7500余千米，自来水厂4座，污水处理厂（站）5座，排水户57000余户等。

13.2 问题与需求分析

1. 水务设施杂，运维管养粗放

光明区水务管控对象齐全但繁多，包含水源水库、自来水厂（站）、污水处理厂（站）、各类管网（污水、雨水、初雨、补水、供水）调蓄池、河流、水库等水务设施以及各类排水户，主要通过人工管控，人力物力消耗大，管控效果不佳，而且问题不能及时有效处置。针对设施底数不清楚，物联感知能力不足，水务问题识别不明晰，水务事件处置不及时的问题，亟需一套水务管控系统，保障实现水环境全天候达标，水系统稳定健康运行的目标。

2. 水务事件多，事权关系复杂

经统计，项目实施前光明区每年供水排水事件累积约1.5万件。诸如面源污染类事件的处置，涉及多个部门协作，如生态环境局、城市管理和综合执法局等，处置流程长，水务事件处置效率有待提升。

3. 涉水系统散，缺乏统筹管理

项目实施前，光明区已有部分涉水信息系统，但这些系统均为专项业务系统，如地表水监测系统、海绵城市信息化系统、河长制管理系统等，此类系统的处理业务类型单一，流程碎片化，缺乏数据共享和统筹管理能力，不足以支撑全区水务管理工作。

13.3 建设目标和设计原则

13.3.1 建设目标

在深圳市智慧水务建设总体目标背景下，光明区智慧水务充分利用新一代信息技术，以感知为基，业务体系为纲，智慧化应用系统为支撑，为光明区水动态感知、智慧分析、决策调度提供一站式服务，强化水务业务与信息技术深度融合，深化业务流程优化和工作模式创新，实现光明水务业务精细化管理，涉水设施精准化管控，践行科技治水的先行示范。

13.3.2 设计原则

以问题为导向，治水融城，优化建设。光明区智慧水务充分利用现代传感技术，形成强大的水利物联网，充分利用新一代信息技术，切实提高技术业务的科学化，加快水务改革发展，促进水务一体化，用数据和科学算法支撑水务的管理和决策，为水务管理提供定制化和数字化的服务。设计原则如下：

1. 实用性和经济性

平台建设方案中系统、数据资源等建设以及相关技术、设备选型满足光明区智慧水务各业务系统的实际需求。充分利用现有网络资源、硬件设备、软件系统、人力资源和数据资源，相关设计和建设要保护前期投资，降低投资成本。

2. 可伸缩性与开放性

系统建设因为经费投入、现阶段应用需求以及其他各种硬软环境的制约，往往无法一步到位。因此，系统总体方案应具备可伸缩性特点，系统建设的不同阶段，基于统一的框架平台，不断扩充、完善并优化，可根据需求方便灵活地进行系统扩充。

3. 共享与标准统一

统一筹划加强信息资源共享，建立安全、有效的信息交换体系，实现建设各部门、各信息实体之间的信息互通，纵向满足上下级部门间的政务信息交换需求，横向满足政府主管部门与其他政府职能部门的信息交换需求。

4. 安全性和可靠性

平台系统开放程度一旦增加，将对系统安全带来安全隐患，需要在建设中结合安全性和开放性两个相互矛盾的因素，合理解决系统建设中信息共享和交换中的安全问题。通过制定相关的信息安全与保密制度和规定，引进和研制系统安全与数据保密技术，保证系统和信息的安全。

13.4 技术路线与总体设计方案

13.4.1 技术路线

如图13-1所示，依托于市智慧水务架构、标准体系，结合智慧光明的统一标准要求，搭建了本项目的系统框架。在充分共享和集成市级、区级各类涉水信息数据及功能基础上，形成光明智慧水务的一个水务数据中心和一套智慧水务综合管控平台。另外，本项目系统将与茅洲河流域管控系统业务流程全面打通，配合茅洲河流域管理中心以流域维度统筹跨区域、跨部门的协调和调度等。

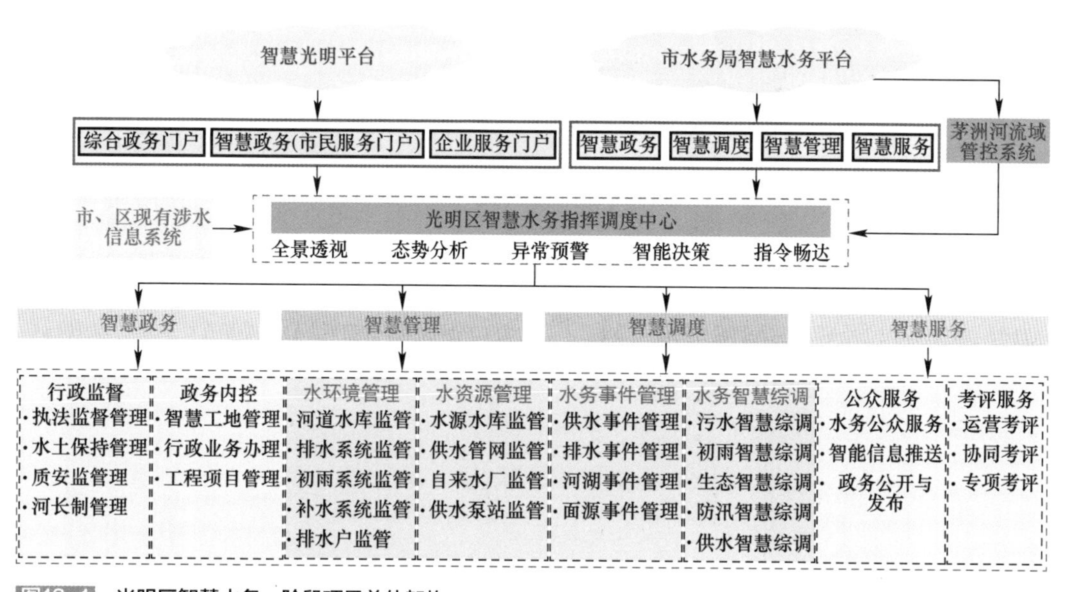

图13-1　光明区智慧水务一阶段项目总体架构

13.4.2 总体设计方案

如图13-2所示，项目开发基于水务行业最新面向服务架构（SOA）应用集

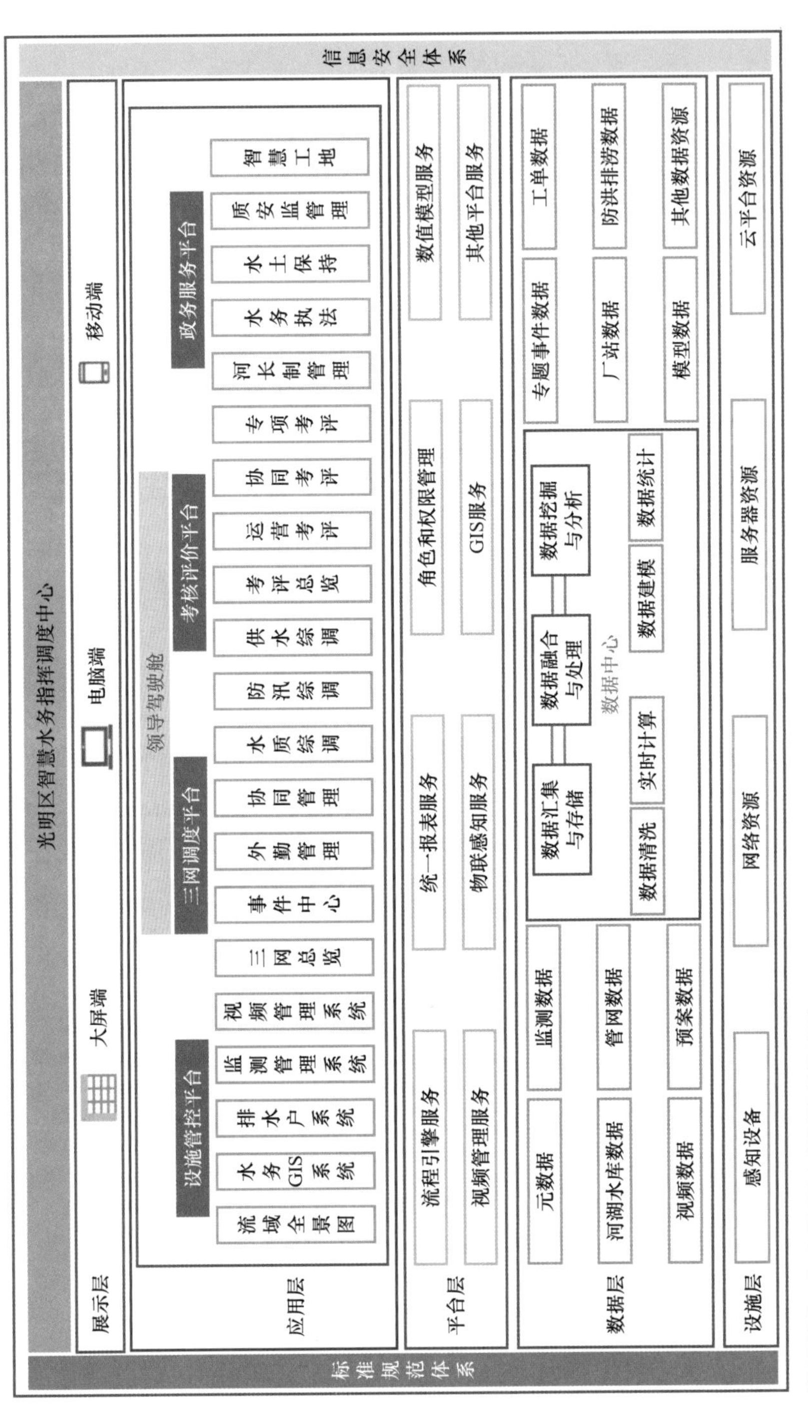

图13-2 光明区智慧水务系统总体框架

成，系统具备高度开放型数据及业务流接口，通过接口规范化和数据标准化，使各业务系统高度融合。构建从设施层、数据层、平台层、应用层到展现层的五层架构，以及信息安全、标准规范两大保障体系，形成“五横两纵”的系统总体框架。

13.5 项目特色

13.5.1 典型性

本项目依托区政务云资源部署运行环境，采用目前市场最新的开发技术完成系统开发。在物联感知布设方面，充分调研实际环境，按照国家及行业规范科学选点、安装实施，同时最大程度复用已建监测点，避免重复建设。在业务应用方面，深度挖掘政府主管部门、运营公司的需求，并通过流程再造方式，形成一套业务管理体系和一套业务应用体系。

13.5.2 创新性

作为一个区级城市智慧水务综合管控平台，与上级行业主管部门市水务局及流域统筹部门茅洲河流域管理中心在业务流程上全面打通，形成条块结合的水务智慧管理体系。本项目系统同时服务行业主管部门、区水务局及水务设施运营企业，实现真正意义上的水务一站式监控、分析和调度，践行了科技治水的先行示范。

13.5.3 技术亮点

项目技术亮点，主要体现如下：

1）政企联动，“三网”融合

如图13-3所示，本项目建设的目标用户，从定位上包含了政府部门和运营公司。系统以“发现网”“整治网”“执法网”三网融合为内核，按照“纵向到底，横向到边”原则，将水务事件分为供水、排水、河湖、面源四大类365子项，实现水务事件全覆盖。针对各类事件，通过流程梳理和再造，将每个事件实现闭环处置，实现上报、调度、处置、协同及销单全程留痕。

除此之外，水务事件流转流程涵盖了运营公司、主管部门、社区、街道、市、区相关职能部门的各个机构，实现真正“一网统管”。借助项目契机，推动了光明区4号河长令、光明区排水监管办法的发布和落实。

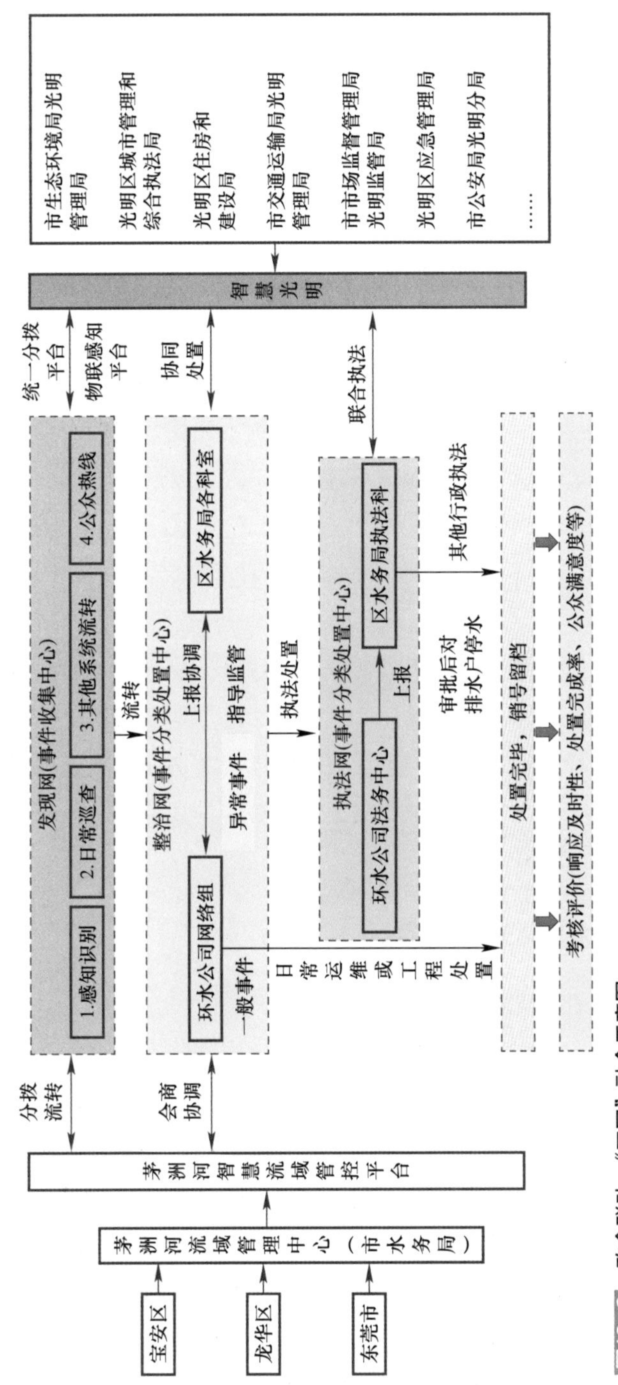

图13-3 政企联动，“三网”融合示意图

2）水务设施一体化智慧监管

系统依托于GIS，结合在线感知监测，详细呈现全区厂、网、泵、站、池、泥、河、库、湿地等全要素水务设施分布，实时展示各设施的运行态势。本项目将排水设施和供水设施纳入系统，实现供水排水一体化监管。在数据收集处理方面，采用数据治理技术手段，将数据进行统一汇聚、清理、整合。智能感知监控方面，引入自动无人机巡航，打造无人自动巡河；引入鹰眼视频，实现大范围全景式高清监控等；在智慧分析方面，应用污水系统水动力数值模型，实现污水系统冒溢、淤积、外水入侵等常见而复杂问题的预警、识别和处置预测分析。

3）水务管理全面信息化赋能

系统贯彻光明区4号河长令，构建社区水务管理单元，形成社区河长统领、水务部门行政监管、水务网格专业化运维的水务管理责任体系。以此为基础，搭建在线考评模块，实现运营考评、协同考评及设施管理成效、巡检、维修管理过程的专项考评功能。其中运营考核，涵盖了水环境管理、排水管理、安全管理、内涝防治等方面，考核可细化到具体网格、具体人。

另外，本项目根据各部门的政务需求，建设了河湖长制、质安监管理、执法管理、水土保持、智慧工地等政务服务模块，有效推动水务管理的数字化转型。

13.6　建设内容

13.6.1　感知建设

总体数量：新建355套，利旧或共享421套，投资约1600万元。具体建设内容包括地表水监测、四管网监测、辅助监测。具体如图13-4所示。

1）地表水监测：包括液位、水质、语音广播、视频监控、水库四要素。

2）四管网监测：

污水系统：干管、支管、汇水分区、重点地块、高风险点、关键点、大用户等；片区干管+汇合点+跨区断面布设水质监测设备。

初雨系统：上、中、下游高溢流风险点、排口汇入处布设液位监测设备；末端布设流量监测设备；茅洲河箱涵布设水质监测设备。

雨水系统：包括防汛感知监测、电子水尺。

补水系统：补水支管上布设流量监测设备。

3）辅助监测：包括便携式水质及流量监测仪、移动水质监测车、CCTV机

图13-4 物联感知设备图

器人、鹰眼视频、RTU等。

13.6.2 应用建设

1. 领导驾驶舱

领导驾驶舱是全区水务运行情况的集中管控中心，可以支撑区领导、水务主管部门、运营调度中心等快速、清晰掌握水务管理的总体、实时情况。该模块主要分为3部分：运行态势、处置总览和考核评价。具体如图13-5和图13-6所示。

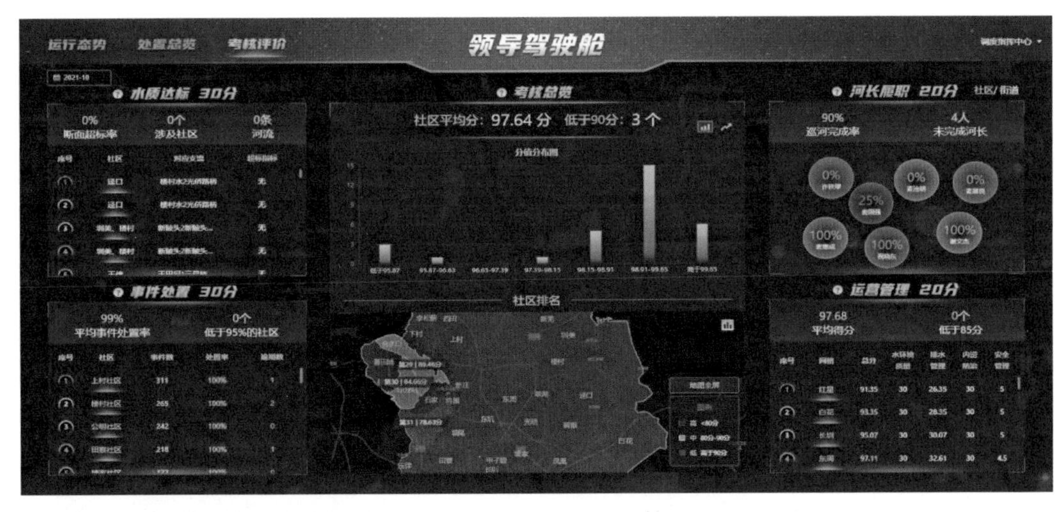

图13-5　领导驾驶舱考核评价界面

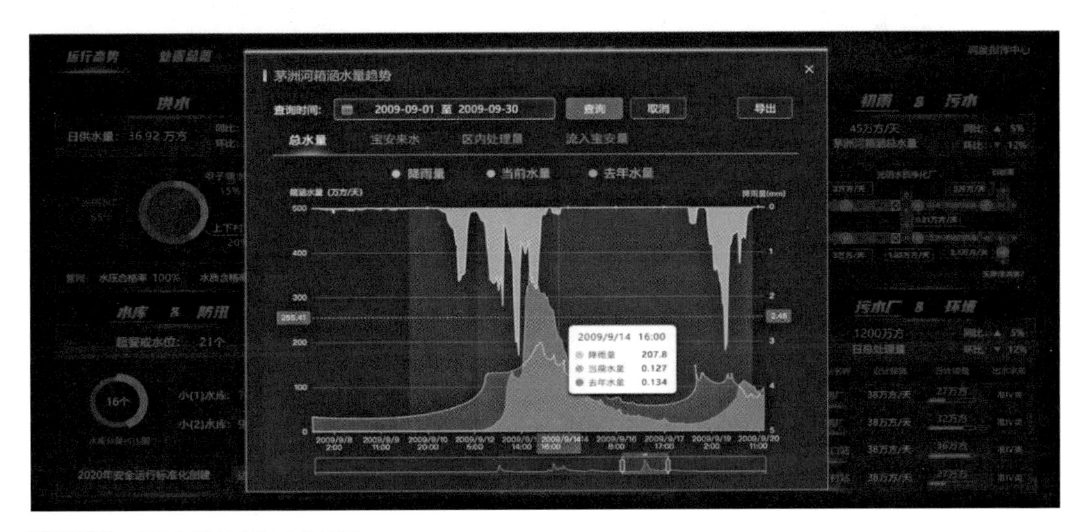

图13-6　领导驾驶舱运行态势界面

2. 设施管控平台

详细呈现了全区水务设施详细分布，结合物联感知，实时掌控设施运行态势。本模块主要分为2个方面，如图13-7所示。

1）流域全景图：详细展示了各设施的空间分布、运行状态及统计分析总览等。

2）GIS系统：依托于GIS软件，构建的全区水务设施GIS系统，具备增、删、改、查、分析等功能，管控力度可具体到具体管段、检查井的详细属性信息及运行关联台账。

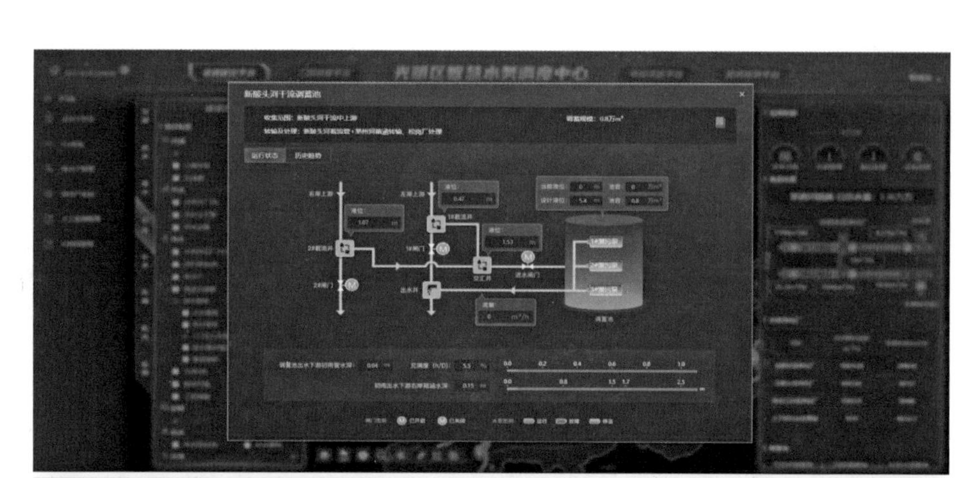

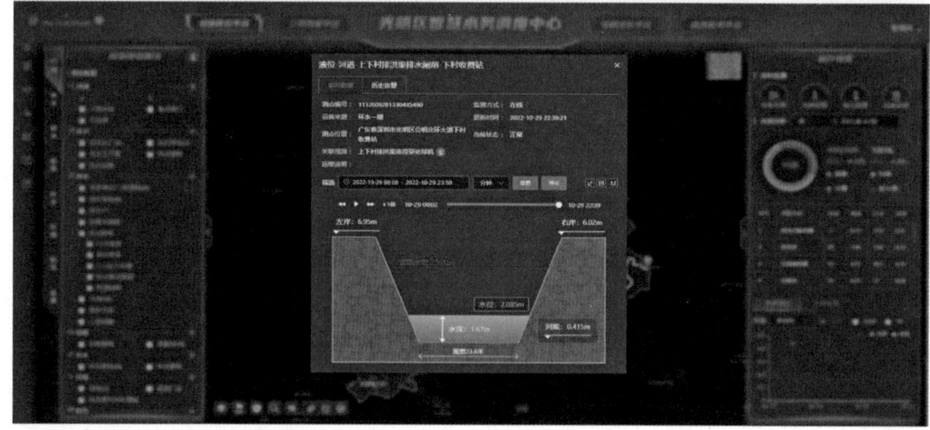

图13-7 自控系统运行详情及水库监控详情

3. 三网调度平台

实现全水务事件发现、处置、协同、执法、销单的闭环管理。主要分为3个方面，如图13-8所示。

1）事件管理：实现全水务事件全流程闭环，事件管理涵盖运营公司、区水务局、社区、街道及市、区相关职能部门，实现一网协同。

2）防汛综调（图13-9）：综合展示防汛相关设施预警情况，根据实时气象预警，触发应急预案，实现值班、值守、巡检等动态管理。通过与App联动，实现综合调度。

3）水质综调（图13-10）：按照排水体系，分为3个子模块：初雨综调、补水综调及污水综调。依托水务设施之间的拓扑关系，应用数值模型及相关算法，为排水系统的运行分析提供决策基础；同时通过派发指令联动，提供调度抓手。

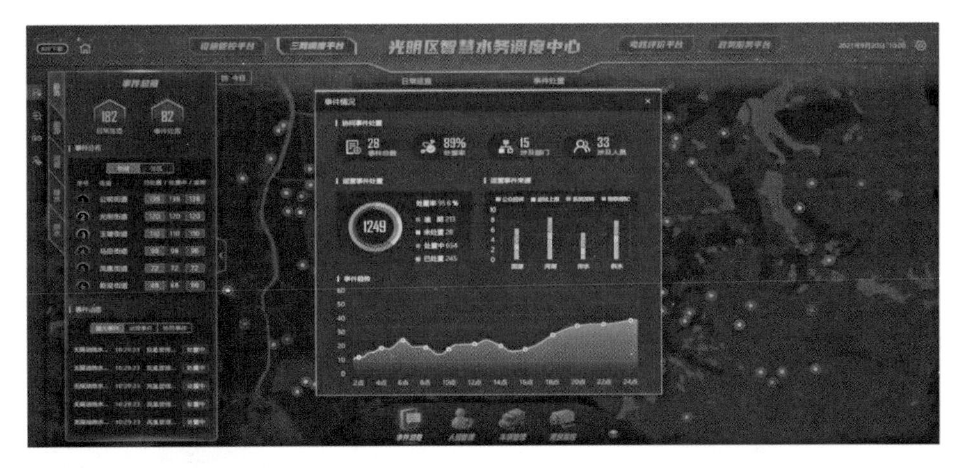

图13-8　事件管理界面

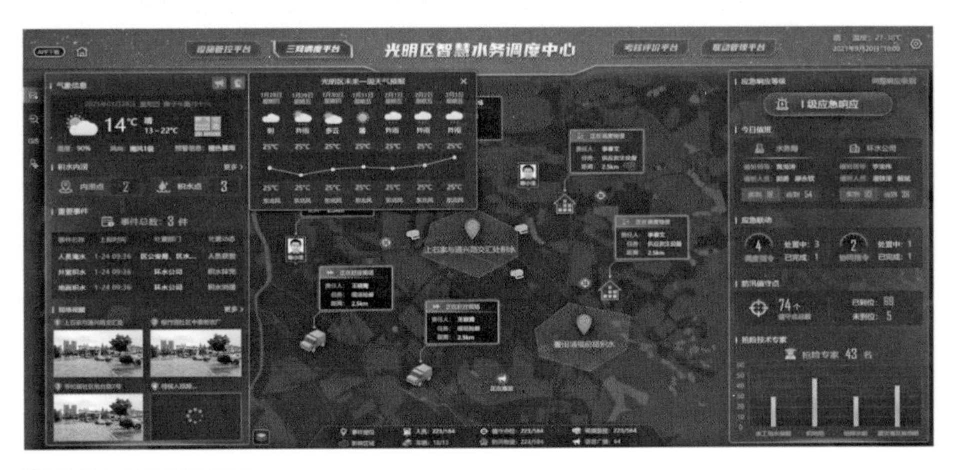

图13-9　防汛综调界面

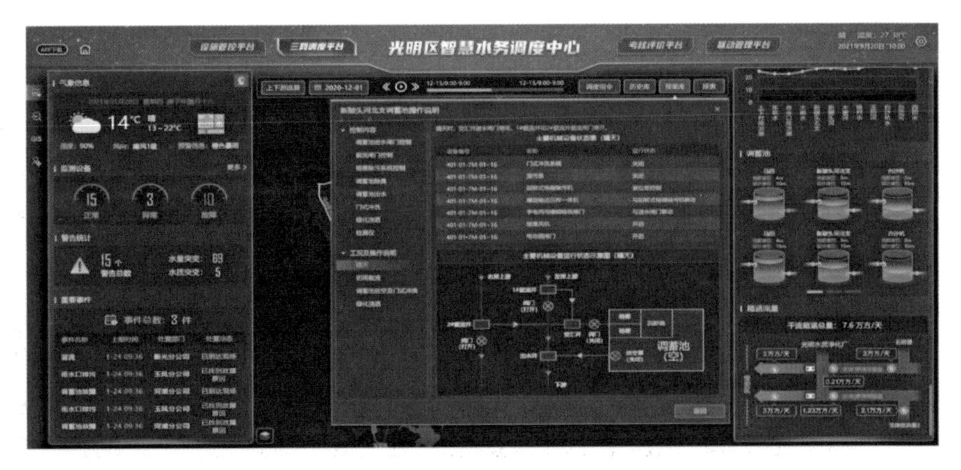

图13-10　水质综调界面

4. 考核评价平台

实现对运营、协同及专项的综合考评（图13-11）。

1）运营考评：从水环境质量、排水管理、安全管理及内涝防治等方面对设施运营成效综合评价，通过细化到网格的力度，推动精细化运营。

2）协同考评：针对水务管理的协同部门，街道、社区及职能部门的考评，通过对水务事件协办效率的评比，促进协同成效。

3）专项考评：通过配置式架构，按照内置的逻辑规则，丰富考评的维度，实现以考促效的目的。

图13-11 考评总览界面

5. 政务服务平台

如图13-12所示，该模块是按水务主管部门政务需求，拓展管理外延，辅助

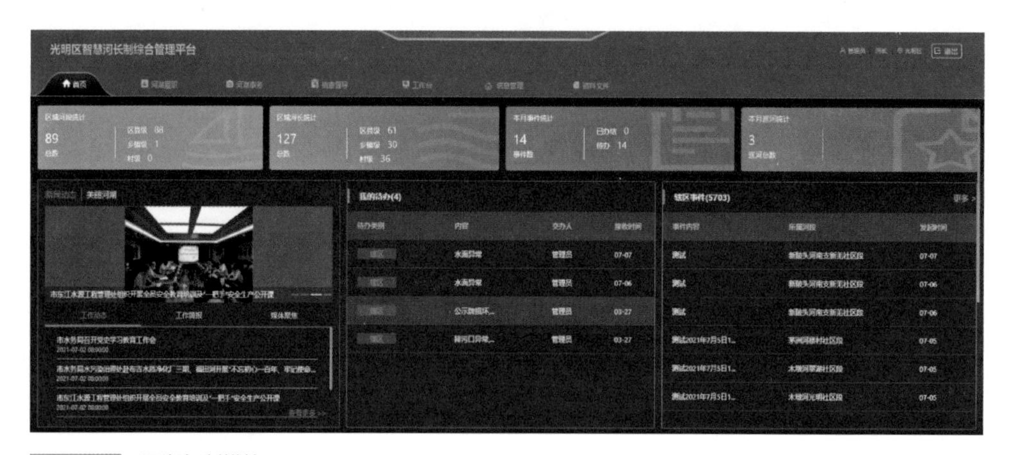

图13-12 河湖长制模块

行政管理而建设，主要包括河湖长制模块、质安监模块、执法管理模块、水土保持模块、智慧工地模块等。

13.7　应用场景和运行实例

13.7.1　场景实例一：设施管控：态势感知—实时告警—派单联动—自动秒转—处置归档闭环（图13-13）

事件识别：系统整合物联感知、人工巡查、系统流转、公众上报等信息渠道，通过派单联动，生成事件工单。人工巡查可通过移动App上报；系统流转实现区一网统管平台、市局水务系统等各系统对接；公众上报可通过系统客服、微信公众号等收集；感知渠道包含直接报警、模型预警等。各类事件均可通过对应的事件触发逻辑，自动或人工转为工单。

事件流转：系统预设各事件分类及对应处置流程，通过识别事件中的位置、分类等信息，可自动秒转到对应处置人员，同时支持字段信息不足时人工调度。

事件处置：处置人员收到工单后，按照预案进行处理，通过App填报处置结果，完成事件处置。

事件归档：事件完成销号自动归档，可实时查看每个事件处置过程，并支持回放处置轨迹等。事件会对应关联到各设施、各管段的运维台账中，支撑设施运维成效分析，为下一步运维策略制定提供依据。

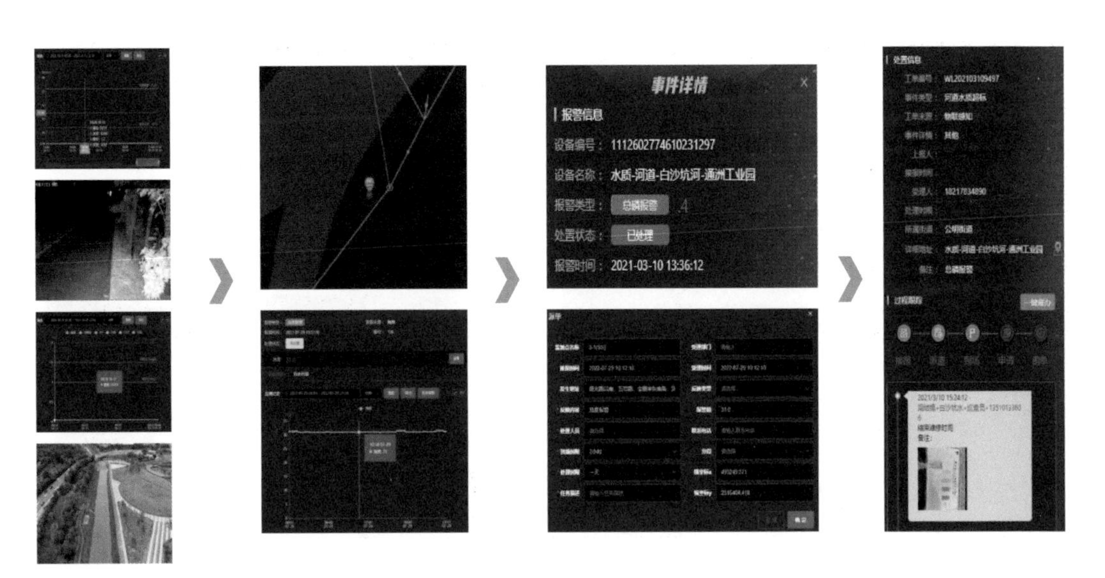

图13-13　设施管控场景运行实例

13.7.2 场景实例二：防洪排涝：气象预警—应急响应—智慧调度—自动报告—总结分析闭环（图13-14）

气象局预报、预警、雨量信息实时接入：通过从市大数据中心订阅市气象局发布的天气预报、气象预警、实时降雨数据、降雨估测云图，实时掌握气象情况。

预警、响应自动联动：系统通过内置化防汛预案，将气象预警与应急响应按等级关联，根据预警自动触发响应预案，派发防汛任务，通过App联动，实现防汛人员值班、值守管理。

防汛管控一张图：全局化呈现河流及水库水位、积水、视频，防汛人员信息，实时运行态势，从而为防汛管理人员提供综合决策支撑。

实时调度：调度中心人员可通过视频实时查看现场态势，并通过指令、事件系统，对水务设施、现场人员、车辆、物资进行联动指挥，实现防汛事件实时调度。

汛中简报、汛后快报自动生成：防汛过程中，系统可以按照固定化模板，自动生成汛中简报，降雨结束后，自动生成汛后快报，并及时发送相关人员，获取最新的汛情总览。事后快报分析，形成整改任务，通过事件模块形成闭环。

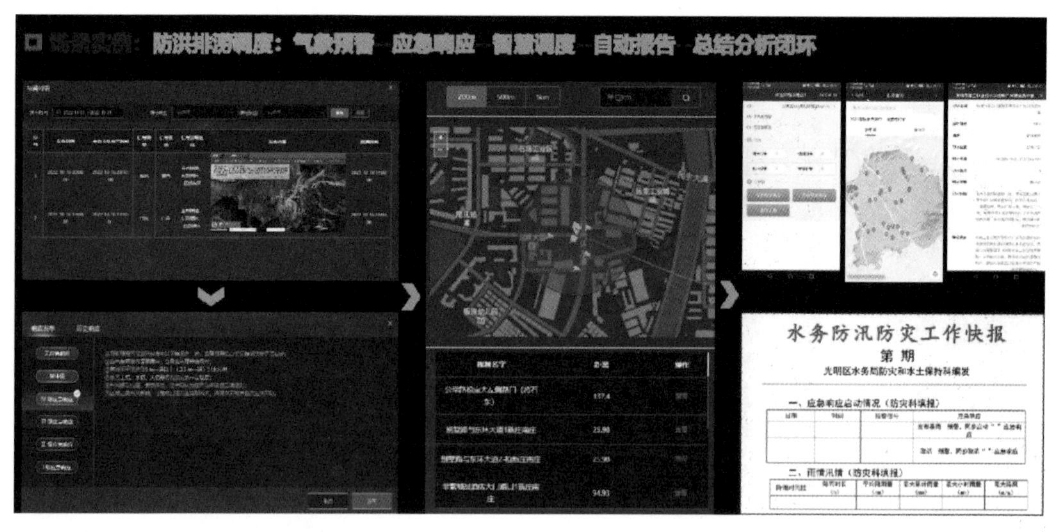

图13-14 防洪排涝调度场景运行实例

13.7.3　场景实例三：运维考评：巡检任务派发—巡检过程跟踪—多级综合考评闭环

以管网巡检考评为例：首先，运维公司根据上级要求，制定年度或月度管网巡检计划，通过系统巡检功能，完成巡检任务派发，任务制定可具体到人、周期、巡查区域等；任务派发后，系统可自动跟踪各项任务执行情况，在一个考评周期完成后，可自动计算任务完成率，巡查关键点打卡情况，巡查轨迹与管网分布情况等，从全方位评价总体、单元、个人的任务完成质量。具体如图13–15所示。

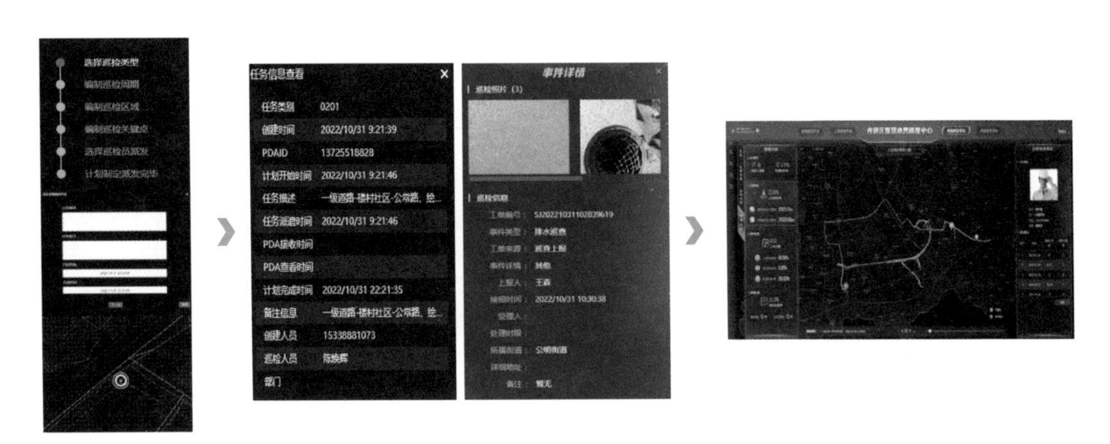

图13–15　运维考评场景运行实例

13.7.4　场景四：政务办理：执法巡检—现场核查—案件办理—归档统计闭环

执法科相关人员通过接报或现场检查，发现需要执法的案件，一方面可通过手机App或电脑端查看或填报案件信息，判断需要进一步现场执法后，进行现场检查，通过手机或电脑App填报各类调查文书（现场检查笔录、询问笔录、证据照片等）、违法行为决定书、立案审批表等，并支持现场打印、现场签字，从而快速完成执法案件的办理。所有案件可支持一张图查看与管理，通过不同维度统计分析，掌握案件发生趋势，为下一步工作部署提供支撑。具体如图13–16所示。

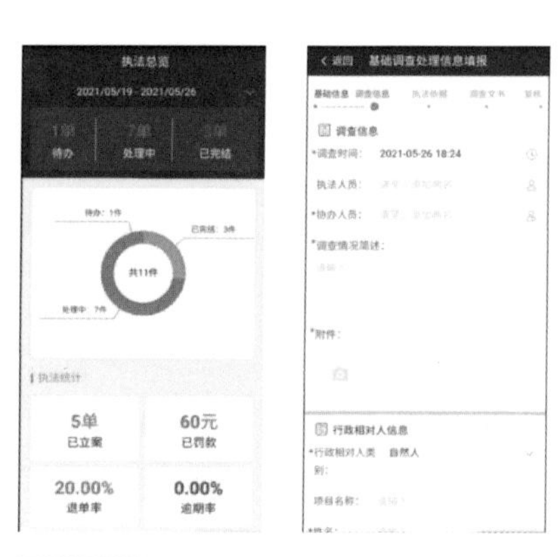

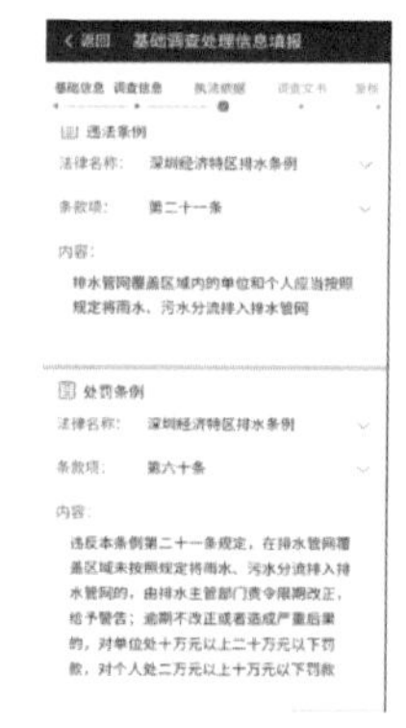

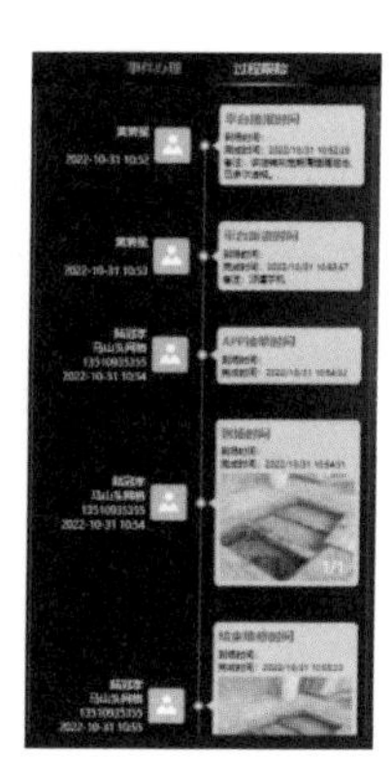

图13-16　政务办理场景运行实例

13.8　建设成效

13.8.1　投资情况

工程建设费用总投资3775.38万元（其中硬件购置1610.20万元，软件及应用系统开发2102.98万元）。

本项目自实施后，已经过近一年的运行，在节约人力成本、提高效率、水质保障方面有显著的效果。

13.8.2　经济效益

经济效益的体现，主要在人力成本节约上。在项目实施前，各类水务设施运营人员约1200人。项目实施后，水务设施管养范围更全面，而各类水务运营管养人员共926人，含116名管理部门人员。在人力人员量节约方面，节约率约23%。系统内可实时统计人员在线情况，针对外勤人员，可实时查看人员上班后位置、任务执行过程的轨迹及执行的成果。以社区网格为单位，将“河长–行政监管体系–管养服务责任体系–工程建设责任体系”真正落到了实处，通过精细高效的调度，有效地节约了运营物力成本。具体如图13–17所示。

13.8.3　环境效益

在项目实施前，全区水污染治理工程已基本完工，但在水质保障方面，偶有黑臭水体事件反弹，晴天河流水质基本为地表水V类。项目实施后，河流水质方面，根据生态环境局周测数据，2021年水质达标率100%，平均污染指数总体降低，黑臭水体消除率100%，日常河流水质达到地表水Ⅳ类保持在85%以上；

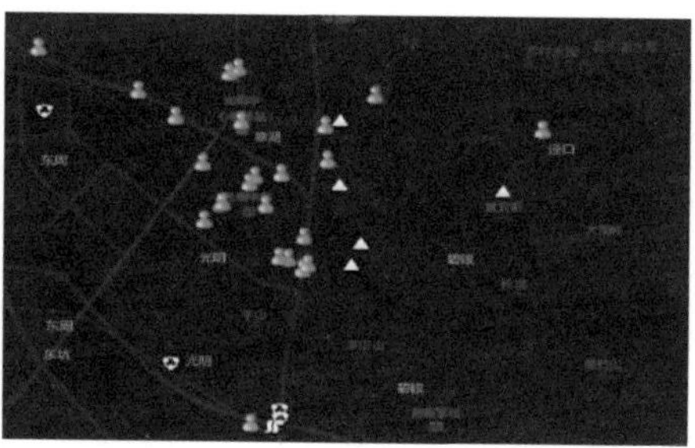

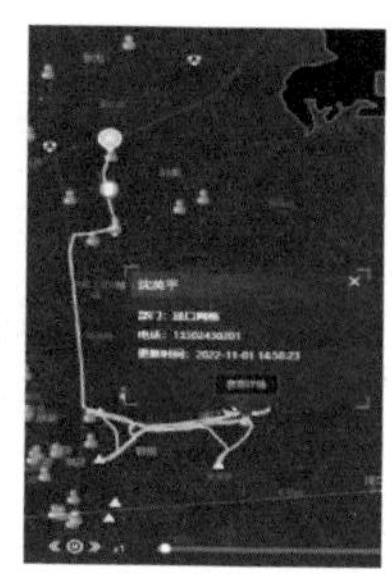

图13-17　人员管理配置界面

污水方面，水质净化厂的进水BOD浓度有明显提升；初雨方面，初雨箱涵的水量明显减少，减少率约70%；防汛方面，易涝点逐年下降，水安全体系更为健全。系统上线后，有效推动了长制久清。具体如图13-18所示。

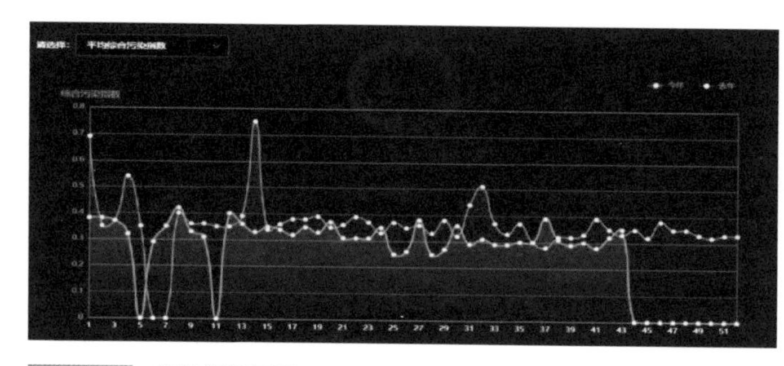

图13-18　设施运行界面

13.8.4　管理效益

水务事件处置方面，在项目实施前，全年处置供水、排水各类事件约15000件，一般事件平均处置时间2～7d，事件处置完成情况无明确档案记录。项目实施后近一年的运行中，从2021年7月至2022年7月，共处置供水、排水各类事件52133件，一般事件平均6～48h内处置完成，及时处置完成率98.44%。系统上线后，水务事件的识别、记录成效大幅提升，水务管理效率明显提升。具体如图13-19所示。

图13-19 事件收集、处置界面

13.9 项目经验总结

1. 政企联合，打造城市智慧水务建设新模式

通常情况，水务主管部门或水务运营公司，根据自身的需求，分别建设水务信息化系统，缺乏统筹规划，经常出现单一、碎片化的信息系统，系统间的功能重复性较为严重，系统持续生命力不强。根据本项目建设经验，采用政企联合建设模式，可以统筹规划，综合管理，既能满足行政管理的需求，又能指导水务设施精细化运营管养，而且还有助于实现数据充分共享、业务流程深度协同，统一标准、合理规划建设，最经济、最科学实现水务精细化管理。

2. 数据夯实，构建业务应用的坚实基础

水务数据是系统业务应用实现的基础。在智慧水务系统建设过程中，经常会遇到项目数据量巨大、来源复杂、数据格式多样，甚至存在错误等共性难点问题。针对该类问题，结合本项目建设经验，首先建立一个有效的、能够支撑多数据源、不同数据类型的标准，充分应用数据治理方法，保障数据的充分共享，建立一数一源体系，确保数据准确完整，统一数据共享接口，从而为上层业务应用提供坚实基础。

3. 流程再造，保障信息系统切实有效运行

城市水务管理，涉及多部门协同，责权关系复杂，流转机制不明确，从而导致事务管理协同效率不高。在本项目建设过程中，通过系统梳理水务业务场景，厘清各涉水部门的责权，进一步通过流程再造和梳理，明确每一个业务场景或事件的闭环处置流程。最后为保障项目建设的系统切实有效运行，专项编制《光明区排水管理办法》，通过政策发布方式，明确了排水管理方面的职责分工、协同流程，从而有效保障了本智慧水务系统切实有效运行，避免了系统难以落地，建成后无人或少人使用的问题。

4. 使用强化，推动水务业务管理数字化转型

在信息化系统建设过程中，建设单位往往会为了追求先进技术应用、智慧、智能分析能力，项目之初系统定位高，最后由于经费不足或数据基础、设施能力不具备条件，而不了了之。根据本项目建设系统的管理经验，严格把控规划设计方案，在系统建设过程中，需求设计阶段真正做实、做细，深入挖掘用户需求，要保障建成后的系统能够被真正用起来，通过不断使用，逐渐实现水务业务管理的数字化转型，改变用户的使用习惯，从而推动系统的不断迭代更新，从而创新出更智慧、更智能、更能解决实际问题的系统，真正实现数字化赋能，水务数字化转型。

业主单位：深圳市光明区水务局、深圳市光明区环境水务有限公司

设计单位：深圳市水务规划设计院股份有限公司

建设单位：重庆华悦生态环境工程研究院有限公司、联通数字科技有限公司

管理单位：深圳市水务科技有限公司

案例编制人员：

深圳市光明区水务局：曾亚、李懂学、幸鹏、吴成平、郭勇、甘伟康、肖宝剑

深圳市光明区环境水务有限公司：李宝伟、王丹、解斌、潘铁津、郭琴、曹玉梅

重庆华悦生态环境工程研究院有限公司：叶文华、李继强、唐铸、董国庆、师博颖、王江、李源、罗义萍

供排一体篇

「水务企业的业务管理逐步向集约化的方向发展。很多水务企业在顶层设计过程中，规划部署供排水一体化的智慧水务发展架构，其内容包括供水、排水、水环境治理、防洪排涝、客户服务等众多业务板块，初步实现多版块、全链条业务数据统一汇聚集成。城市信息模型（CIM）、建筑信息模型（BIM）、大数据资产管理、人工智能等技术，支撑水务企业建立大数据中心，实现数据共治共享，并为城市供排水基础设施协同运行管理提供良好支撑。」

第八章 | 供水排水系统综合管控

14 青岛水务集团全域数据资产管理体系及大数据中心建设项目

项目位置：山东省青岛市崂山区

服务人口数量：约500万人

竣工时间：2022年10月

14.1 项目基本情况

14.1.1 项目背景

青岛水务集团有限公司（简称青岛水务集团）是青岛市委市政府建设全域统筹水务体系的平台公司，业务板块涵盖城镇供水、排水防汛、水环境治理、污泥处置、固废处置、海水淡化、工程建设等多个领域，服务人口500余万人，服务区域覆盖市内7区及胶州市。截至2022年年底，青岛水务集团资产总额164.03亿元，年营业总收入38.95亿元。

近年青岛水务集团将“加快推进数字化转型，赋能企业高质量发展”作为战略任务之一，推动生产经营与数字化技术深度融合，按照“数据先行、夯实基础”“资源整合、管理提升”“管理创新、战略发展”三个阶段实施数字化转型工作。其中，大数据中心的建设是青岛水务集团数字化转型战略的重要举措之一，通过一系列数据技术和工具搭建企业的数据核心枢纽，对海量数据进行采集、计算、存储、加工，统一形成数据资产层，进而提供全域高效数据服务，为青岛水务集团发展提供业务模式创新与数据驱动引擎，支撑未来“大水务”一体化运营格局的发展。

14.1.2　项目总体情况

项目依据青岛水务集团智慧水务规划，面向各业务运营领域的管控要求，结合行业技术发展趋势，建设数据标准体系、搭建数据资产构建工具、设计数据治理实施路径，最终形成公司数据资产，构建数据能力，为青岛水务集团经营与业务管控提供全面、及时、准确的统一数据管理与服务，完成青岛水务集团监管指挥中心、报表中心的建立，建设水量预测、客户画像等智能应用，提升青岛水务集团决策及管控能力，支撑公司业务模式创新与升级。项目主要建设内容包括数据标准、大数据治理中心、监管指挥中心、报表中心、6个水务场景化的数据智慧应用系统。

14.2　问题与需求分析

青岛水务集团的信息化与数字化建设起步较早，在青岛水务集团侧与各二级单位实施建设了多个信息化系统，覆盖了管理管控、营销客服、水厂生产、管网运维等各个领域，取得了较好的应用成效。随着发展进步，逐渐涌现出新的需求：

1）业务形态丰富，但集团层面无法实时掌握各单位生产实际情况，缺乏实时化、数字化的管理决策支撑系统。需通过数据采集与汇聚，为青岛水务集团充分了解经营管理与生产运行状态提供抓手。

2）日常工作中针对不同部门、不同需求、不同口径下的数据统计往往存在多源或歧义问题，需制定各类数据标准，统一数据定义口径，健全数据全生命周期管理制度，提升数据管理成熟度。

3）各业务板块相对独立，各方数据离散孤立，未能实现合理的透明与共享，不利于一体化调度等先进生产管理措施的推进，在一定程度上抑制了创新活力。需在数据安全和权限有保障的前提下，实现数据的多维度协同，提供更全面、更综合的决策依据。

4）拥有庞大的“数据矿山”资源，但对数据的使用多依靠传统分析手段，即确定监控指标或进行简单的统计汇报。需借助更先进的大数据技术与工具，进一步挖掘价值，以数据支撑智能。

14.3 建设目标和设计原则

14.3.1 建设目标

通过建设大数据中心，构建青岛水务集团统一数据资产管理体系，打造数字化转型的坚实基础，实现“统一标准规范、统一数据存储、统一数据资产、统一技术系统、统一数据服务、百花齐放应用”的目标。对内为管理决策提供数字化支撑平台，服务于业务开展与综合管控的高效协同；对外对接青岛市新型智慧城市大脑，助力青岛市新型城市建设。

项目一期选取生产运行、营销客服、应急指挥等核心领域，快速实现跨域数据汇聚和打通、盘活融通数据资产、激活数据服务能力，重点关注改善数据的及时性、准确性、唯一性，迅速提高管理效率与生产效能，后续逐步支撑更多数据智能场景、业务洞察分析的落地。

14.3.2 设计原则

1. 统筹规划，中心先行

始终秉承全局一盘棋的思想，统一设计、统一标准，建设统一的大数据中心。同时结合业务发展趋势、解决突出问题、合理确定紧迫程度与建设实施顺序，优先满足急用需求，优先建设底层系统，夯实基础，分步推进信息化建设，协调处理好整体与局部、先建与后建、平台与应用的关系。

2. 集中部署，分散应用

针对青岛水务集团、下属分公司、厂站等多级架构，充分发挥大数据中心的优势，实现数据集中、应用集中、管理集中，减少重复投资，促进青岛水务集团各单位、各层级、各部门的协调配合和业务联动，强化制度衔接，构建跨单位、跨层级、跨系统、跨部门、跨业务的智慧水务一体化推进机制，同时满足不同层级使用需求。

3. 技术先进，注重实效

大数据中心的建设既要注重先进性，结合云计算、物联网、大数据中心等主流先进技术，也要注重实用性，以现状情况和实际需求为导向，选择可落地、能解决突出问题、发挥明显作用的技术。

4. 兼容整合，适度前瞻

大数据中心建设一方面应对现有的系统与数据进行有效的集成和利用，逐步消除青岛水务集团内众多遗留系统的异构性和差异性；另一方面应充分考虑将来建设的开放性及扩展性。所建设的标准、系统等应具有一定的可扩展性、技术前瞻性、柔韧性，能适应未来一段时期业务模式的不断变化及未来发展的新需求。

14.4　技术路线与总体设计方案

14.4.1　技术路线

项目构建了全域治理、分层分域、流批一体的大数据资产管理技术路线，在青岛水务集团、分公司、厂站三层组织之间搭建全面的数据流转与共享途径，实现跨层级、跨部门、跨业务的高效协同。技术路线如图14–1所示。

技术路线分为以下五个层次：

1）数据标准：参照国家、地方相关标准，借鉴行业先进经验并结合青岛水务集团实际业务场景，编写一套先进、完整的数据标准，配套建设实施、运维、管理、服务相关制度保障体系，指导大数据中心落地建设。

2）基础设施：底层基础设施建设包括机房硬件和专有云平台等，提供网络、服务器、存储、计算等多种资源。

3）数据源与接入：采用大数据平台工具汇聚供水、排水防汛、污泥处置、海水淡化、固废处置等全生产链路业务系统数据，建设物联网统一接入系统采集厂站传感器、监测仪表设备等的实时数据，实现每天亿行级批量数据与万级设备点位的实时数据采集。

4）数据治理与资产管理：包括数据存储计算、数据治理研发、数据服务等内容。采用业界先进的大数据治理平台工具建设完整的水务大数据治理中心，按照分层分域模式治理、构建水务全域数据资产管理体系以及分析性数据库、关系型数据库、API接口服务等多种形式的数据服务技术体系，为上层应用提供统一数据服务。

5）数据应用：按照不同业务与管控需求划分应用平台体系，利用统计分析、算法开发、模型构建等多种手段开发数据创新应用、支撑多样业务场景。

14.4.2　总体设计方案

青岛水务集团全域数据资产管理体系和大数据中心的总体建设方案如图14–2所示。

方案分为以下几部分：

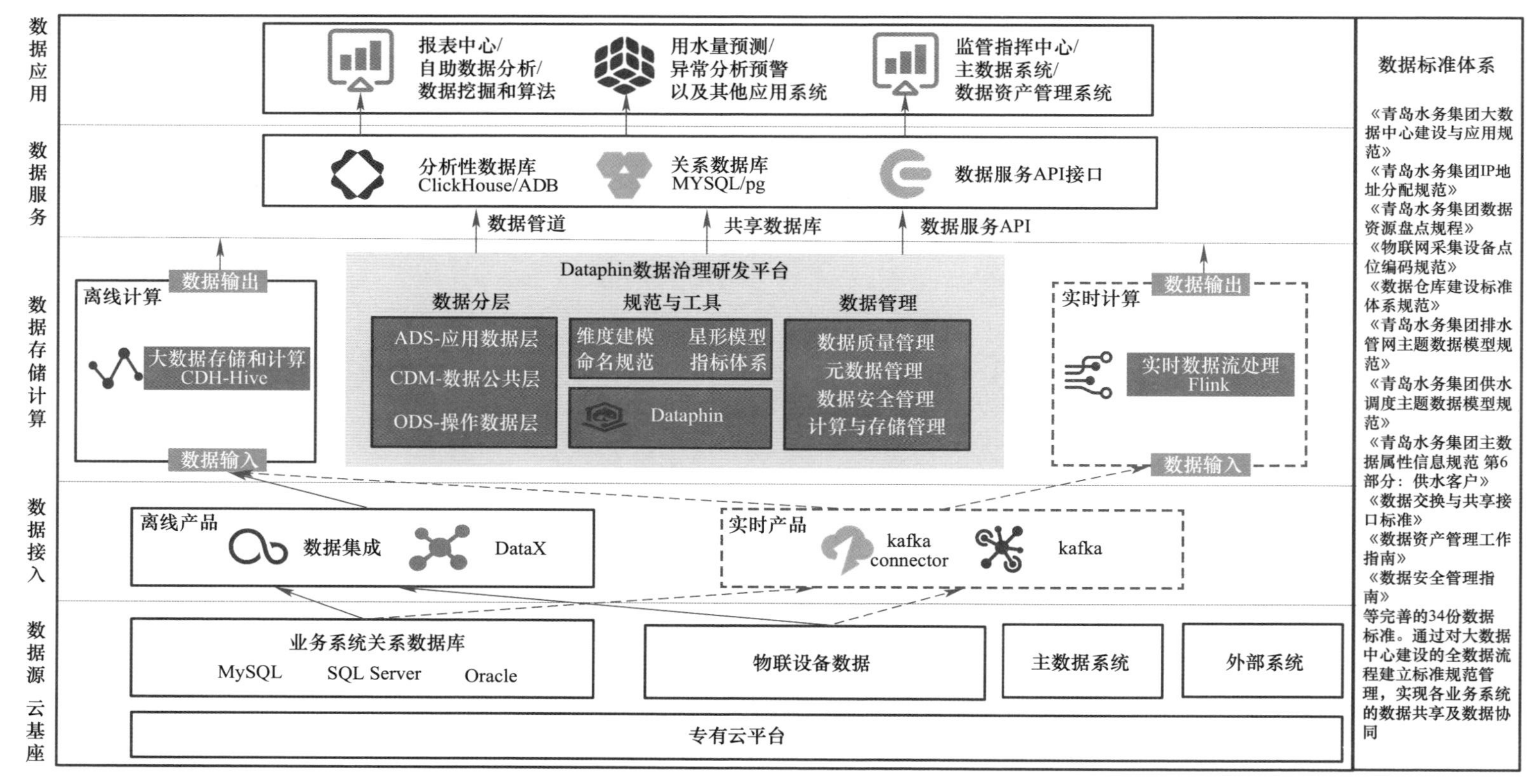

图14-1 青岛水务集团大数据中心技术路线图

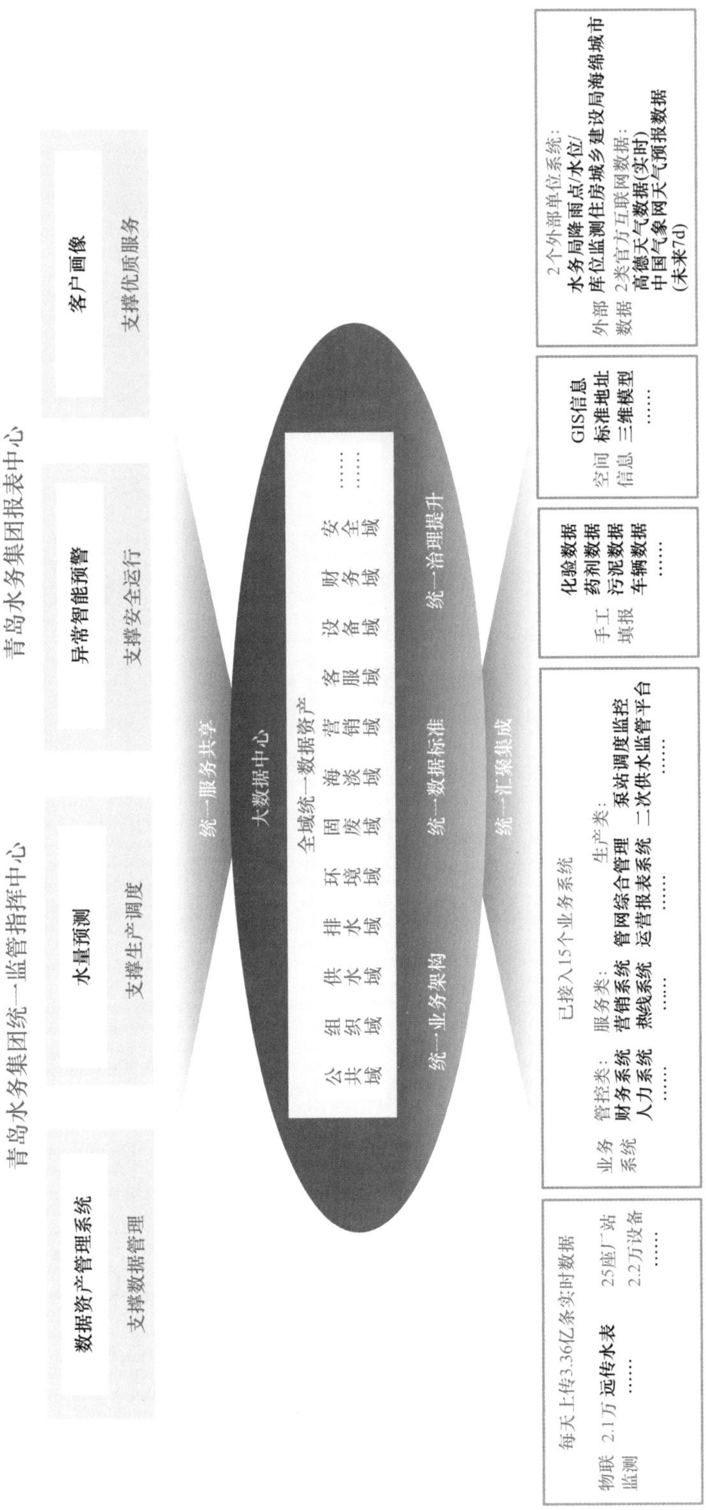

青岛水务集团统一监管指挥中心

青岛水务集团报表中心

数据资产管理系统

支撑数据管理

水量预测

支撑生产调度

异常智能预警

支撑安全运行

客户画像

支撑优质服务

统一服务共享

大数据中心

全域统一数据资产

公共域　组织域　供水域　排水域　环境域　固废域　海淡域　营销域　客服域　设备域　财务域　安全域　……

统一业务架构　统一数据标准　统一治理提升

统一汇聚集成

每天上传3.36亿条实时数据

物联监测　2.1万 远传水表　……　25座厂站　2.2万设备　……

已接入15个业务系统

业务系统　管控类：财务系统　人力系统　……　服务类：营销系统　热线系统　……　生产类：管网综合管理　运营报表系统　……　泵站调度监控　二次供水监管平台　……

手工填报　化验数据　药剂数据　污泥数据　车辆数据　……

空间信息　GIS信息　标准地址　三维模型　……

外部数据　2个外部单位系统：水务局降雨点/水位/库位监测住房城乡建设局海绵城市　2类官方互联网数据：高德天气数据(实时)　中国气象网天气预报数据(未来7d)

图14-2　青岛水务集团大数据中心总体建设方案

1）多源数据统一汇聚集成

采集物联实时数据、业务离线数据、手工填报数据、空间信息数据以及天气、海绵城市监测等共五类外部数据，统一汇聚集成，形成数据资产治理基础。

2）大数据中心统一治理共享

搭建大数据存储计算系统与大数据治理分析系统，一站式完成数据采集、数据建模、数据指标、数据质量、数据安全、数据资产管理、数据服务、资源调度等治理任务，支撑青岛水务集团对数据全域融合存储、复合计算等治理需求，并建立对数据资产的管理、维护、更新和使用的长效管理机制，实现企业各部门之间的互联互通、资源共享，最终实现全面数据资产管理，面向多个核心数据应用系统提供统一数据服务。

3）核心数据智能应用

依托治理后的优质数据基础建设数据智能应用，如：

（1）水量预测：提供集团级、水厂级、一级加压站级别的供、用水量预测分析，实现“以用促供、以用调供、以用优供”。

（2）生产异常智能预警：选取污水处理厂加药、供水管网运营等核心业务场景，通过构建药耗指数模型、电耗指数模型、管网健康度评价体系等，结合实时数据算法对各类波动、异常进行综合预警判断。

（3）客户画像：对青岛水务集团服务的181万户居民和非居民户表用户构建多维画像，建立用水大户、用水异常、不同时段用水特征用户、重点关注客户等标签体系，进一步指导营销人员、客服人员进行针对性的客户服务。

4）集团监管指挥中心

以实现青岛水务集团核心生产环节的总监管、总指挥、高效协同为目标，面向日常监管、应急指挥、开放展示这三种模式下的监控、指挥需求，搭建全业务链信息的多维展示平台，建设八大主题驾驶舱，汇聚700余项分析指标，实现业务监管、分析研判、监督考评、监测预警、应急协同等功能，实现核心业务的事前统筹规划、事中严密监控、事后分析考核，不断提升运营效率。

5）集团报表中心

遵循青岛水务业务架构和分析场景规划，科学规划数据分析体系与报表多维架构，划分了11大类分析主题，37个二级分类，覆盖全业务域和数据主题域，重点规划全链路水质分析、营销客服主题数据分析等跨域综合分析报表，实现数据一处生产、多处使用、口径统一，大幅降低报表加工繁琐工作量，支持青岛水务集团所有业务人员灵活地自助式分析数据。

14.5 项目特色

14.5.1 典型性

1. 形成水务数据资产建设典型路径

项目探索了一条水务企业数据资产建设的“十步法－实施路径”（图14-3），该路径切实可行，落地性得到验证，在行业内具有较高的参考借鉴价值。

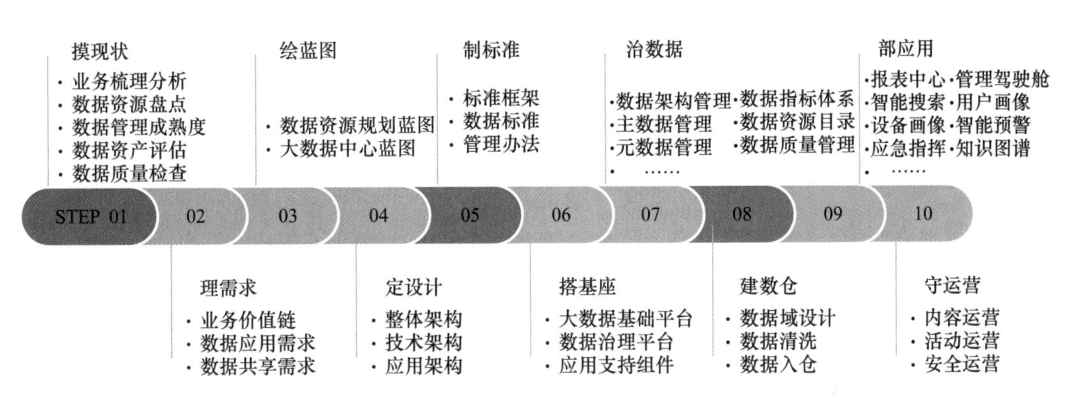

图14-3　水务企业数据资产建设“十步法－实施路径”

2. 覆盖全业务域数据资产

项目实现了青岛水务集团供水、排水防汛、污泥处置、海水淡化、固废处置等全业务链条全域数据资源的接入和治理，沉淀了可覆盖水务典型业务环节的全域数据资产、数据模型和分析指标。

3. 支撑集团多层级生产管控

面向青岛水务集团典型的多层级组织、多业务部门的架构方式，以数据为抓手实现跨板块、跨部门的业务管控下沉、信息数据上浮，有效支撑了青岛集团总部与下属分子公司各自的生产与经营管控诉求。

14.5.2 创新性

1. 创新一套企业数据标准

坚持标准引领，分多批次共制定和发布了35项标准，多项为行业首创。其中，《营销客服主题数据模型标准》于2022年8月获批立项为山东省团标；《水务数据分类编码与主数据标准》参与申报了中国城镇供水排水协会发布的水务数据资产系列团标。

2. 引入多源外部数据

积极与青岛市水务管理局、大数据发展管理局、住房和城乡建设局等单位沟通协调形成双向数据交换共享机制，一方面为青岛水务集团提供了更丰富维度的数据城市运营数据，为应急指挥、客户画像、异常识别等模型应用提供了更好的数据条件；另一方面也为青岛新型城市建设贡献水务力量。

3. 支撑青岛新城建

大数据中心正在与青岛住房和城乡建设局的CIM平台对接，期望实现双向数据交换，支撑青岛新型城市建设试点工作。

14.5.3 技术亮点

1. 先进的数据治理技术

在数据治理方面，引入先进的大数据治理方法论、平台工具与治理技术，还原解构企业数据，全面摸清数据家底，分层分域治理数据，统一标准、打通“壁垒”，融合企业内外数据，构建青岛水务集团全域数据体系，健全数据全生命周期管理制度，在数据安全和权限有保障的前提下，实现全方位立体的水务数据互通共享。

2. 创新的数据智能应用

在业务应用领域，对数理算法与机理模型进行耦合，在生产智能预警、水量预测等业务领域进行更快速、更高效的分析与预测，成功落地一批水务业务融合创新应用。利用数据标签能力进行更多维度的客户画像分析，从服务的精准性、主动性等多方面提升公众的服务满意度水平。

14.6 建设内容

14.6.1 建设智慧水务标准体系

青岛水务集团遵循“标准先行，搭建集团数字化转型总体框架”的总体原则，规划了总体数据标准建设框架（图14–4）。

青岛水务集团按照实际需求，分批次建设了共35份数据标准规范，主要涵盖：智慧水务标准总体指南、应用规范类标准、数据资源类标准、网络IP地址规划类标准、物联网采集的上行和下行传输标准、物联网数据采集标准、主题数据模型标准、数据仓库建设标准、数据业务分类标准、数据安全分级标准、数据交换与共享标准、数据资产管理标准、数据质量标准、数据服务接口规范

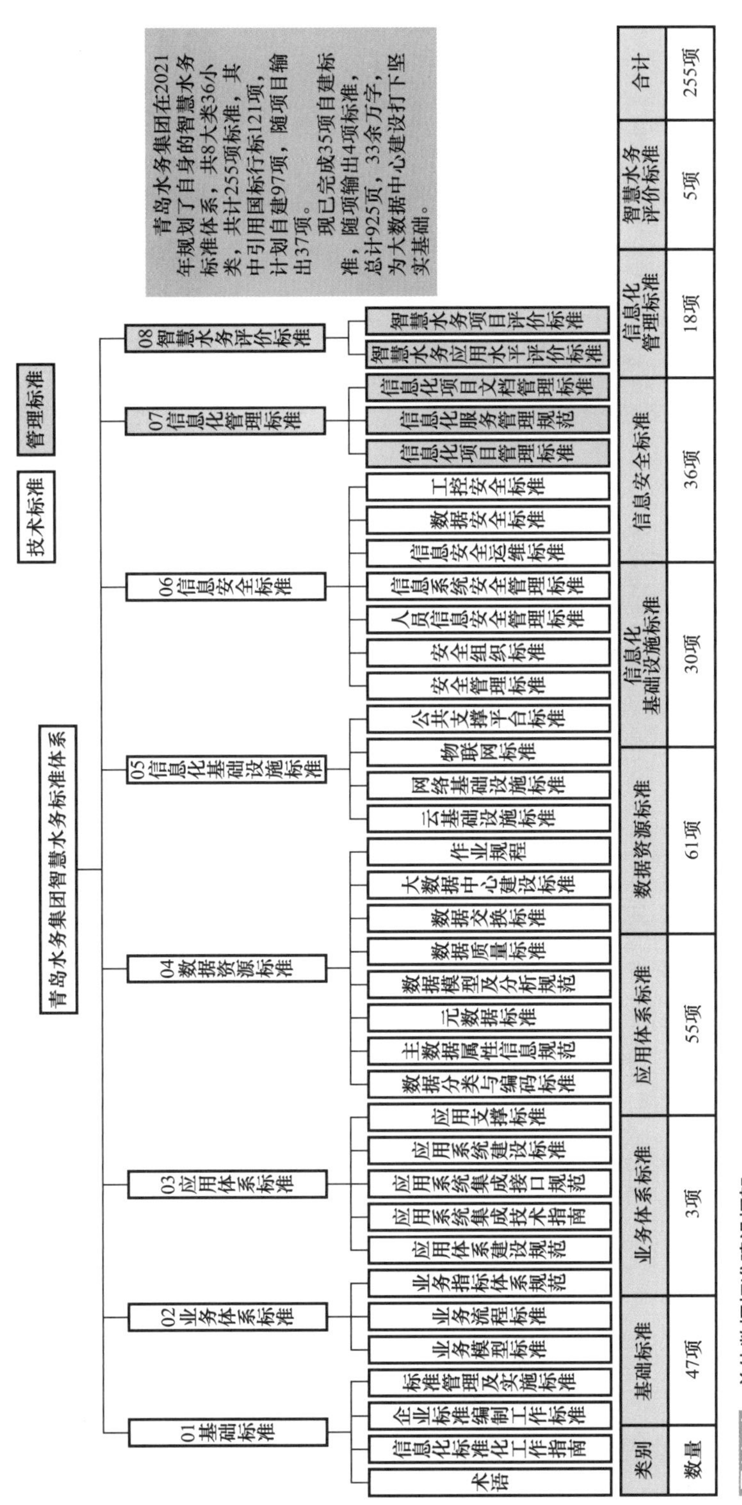

图14-4　总体数据标准建设框架

标准等。

通过系统实施过程中不断检验标准的适用性、对已有标准进行修订完善，形成了标准不断更新、优化的良性发展循环。

14.6.2　建设大数据治理中心

青岛水务集团大数据中心建设总体内容与成果如图14-5所示：

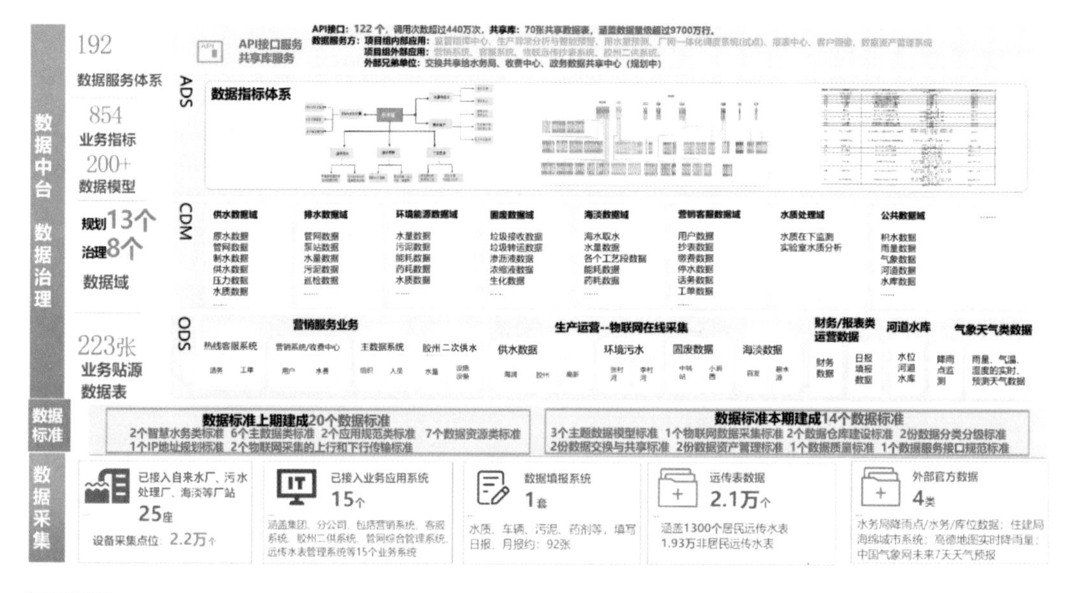

图14-5　青岛水务集团大数据中心建设成果

1）数据采集

深度盘点和探查了青岛水务集团15个业务系统与25个厂站数据，完成供水、排水、污水处理、营销客服、海水淡化、管网等主要数据的盘点，编制《青岛水务集团多源数据采集方案》，全面覆盖上述15个业务系统数据库（223张数据表）、25个厂站所（2.2万个设备）、填报数据源、水务管理局与住房和城乡建设局等外部数据源的采集工作，每天采集数据量超3.36亿条。

2）数据治理

按照“数据采集－数据清洗－模型设计－模型开发－数据指标－数据服务”全链路构建青岛水务集团《实时离线流批一体数据治理和数据研发方案》，遵循《核心业务指标体系规范》沉淀了12个业务数据域内超过200个水务数据模型、800余项数据指标。

3）数据服务

通过数据服务API和共享库的方式，完成大数据中心生产的数据指标对外共享服务的功能，实施超过120个API服务接口与70个水务共享库数据表，为青岛水务集团各业务板块提供完善、及时、准确的数据服务。

4）数据质量

设计40余类数据质量校验规则，包括了数据完整性、唯一性、规范性、一致性、及时性、数据波动情况等通用数据质量规则，以及设备编码准确性、水费异常、身份和电话异常、远传水表数据异常、供水区域编码异常、水质波动异常等带有业务场景的数据质量规则，在大数据中心落地实施。

14.6.3　建设全域数据资产管理体系

建设面向业务人员和数据管理人员的数据资产管理体系（图14-6），从用户视角，以业务逻辑分类动态展现治理成果，构建业务系统资产目录、大数据中心资产目录、数据服务资产目录等核心内容，对数据资产进行全生命周期过程管理，确保数据资产可服务于业务管理，避免大数据中心过于技术化、治理成果不便于业务人员维护使用等问题，提高未来数据使用效率。

被管理的数据资产分为两类：一是输入数据，指接入大数据中心的内外部数据源，核心指标有数据量、数据容量、表数据、指标、维度、标签等；二是

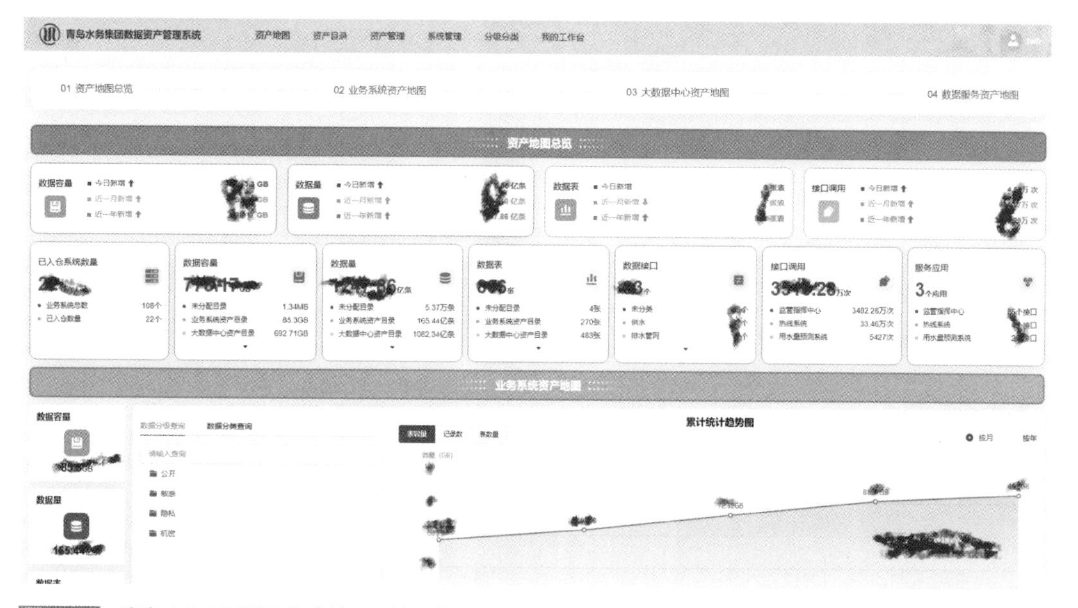

图14-6　青岛水务集团数据资产管理系统一览

输出成果，指大数据中心治理完成后用于服务上层应用系统的数据服务共享库表、数据服务API接口等成果。

14.6.4 建设场景化的数据应用系统

依托本期建设的数据资产建设数据应用，为多个水务场景提供数字化管理支撑，未来进一步实现更丰富、更多元、更高阶的智能化生产与管理。

1）智慧管控领域

通过大数据治理及分析软件，建立集团监管指挥中心、报表中心，用于辅助领导决策，满足领导与员工在日常生产经营管理中对数据的使用需求。

2）智慧服务领域

建立地址标准化、客户画像，利用数据标签能力进行更多维度的客户信息归集与分析，从响应速度、问题解决精准度、服务能力等多方面提升公众的服务满意度水平。

3）智慧运营领域

建立用水量预测、生产异常分析与预警等系统，通过数据跨域共享、实时/离线计算与分析、预警及预测算法等技术的运用，提升运营调度的决策能力，加强运营智慧程度。

14.7 应用场景和运行实例

14.7.1 集团监管指挥中心

汇聚青岛水务集团供水、排水、环境、固废、海水淡化五大业务板块重要生产运行数据，以大屏端、PC端、移动端等不同载体形式面向三种模式，开展数字化展示平台的建设（图14-7）。

1）日常监管

汇聚核心生产数据，分析关键业务指标，建设青岛水务集团生产状态总览与管控枢纽，辅助协同决策；已建成八大主题驾驶舱，汇聚700余项分析指标（调用频率1min/次），日均调用物联数据47万条（更新频率5s/次），接入常显视频100余路。

2）应急指挥

针对需青岛水务集团牵头处置、居中协同的重点场景，构建可视化处置流程，联动实时数据掌控与分析，实现总体指挥、资源调度；已完成“防汛保障

图14-7　青岛水务集团监管指挥中心一览（数据仅为示例）

专题”和“压力管道抢修专题”等应急场景的初步构建。

3）开放展示

满足领导视察、公众参观、同行交流等需求，集合三维模型技术打造对外展示窗口，体现青岛水务集团科技属性，提升企业形象。

14.7.2　集团报表中心

遵循青岛水务业务架构和业务分析场景规划，规划设计了科学合理的报表体系架构，划分了11大类分析主题，37个二级分类，覆盖全业务域和数据主题域（图14-8）。报表体系规划设计中融合了青岛水务集团精细化管理的思路和要求，引入新的管理视角和思维。

全面调研梳理分析了青岛水务集团当前的1048张报表，对其进行优化分析后，开发落地和推广303张业务分析类报表，满足青岛水务集团安全生产与服务部、企业管理部、环境分公司、固废分公司、海水淡化分公司等部门的需求。除此之外，还重点实施了四大类跨域综合分析报表，如全链路水质分析、营销客服主题数据分析等。

实现了数据一处生产多处使用的目标，统一数据口径。减少了大量工作人员数据填报和报表加工的工作量。

从数据分析层面，可以支持业务人员基于治理后的数据以及提供的报表工具自助制作报表和自助分析。

14.7.3　水量预测系统

水量预测系统提供青岛水务集团级、水厂级、一级加压站级别的供水量预测和用水量预测，实现“以用促供、以用调供、以用优供”的目标。

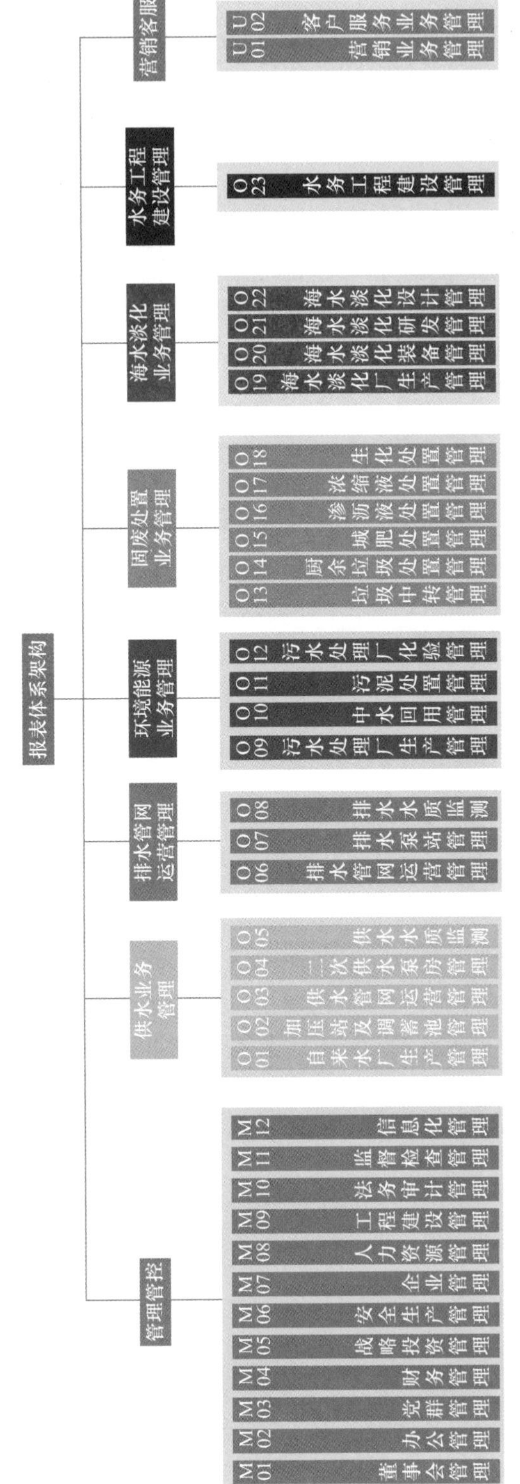

图14-8 青岛水务集团报表体系架构

1. 短期用水量预测

通过实时水量预测预估下一时刻水量变化情况，提前研判调度计划，配合调度人员需通过厂站、管网调压，控制管网运行稳定性。特别是高峰供水时期，最高时用水量预测可有效辅助生产调度安排合理的调度计划，提高供水安全保障。

2. 长期水量预测应用案例

通过180d长期水量预测，有效提供科学的水量预测结果，辅助青岛水务集团与二级单位安全生产部/企业管理部制定处理设施规划与生产计划指标，保障生产安全稳定。借助多源数据融合提供给水量预测系统，提升长期预测精度。

14.7.4　生产异常分析与智能预警系统

选择水厂电耗、药耗、水质及管网运行稳定性等核心业务场景，融合机理公式、数理算法与逻辑计算建立药耗指数模型、电耗指数模型、水质波动模型、管网健康度评价与预警模型等，根据大数据中心提供的历史与实时数据及时识别异常情况，例如超限异常、突变异常、波动异常、持续增长异常等（图14–9），且已实际部署在两个水厂内运行，助力降本增效、精细化管理和实现安全生产目标。

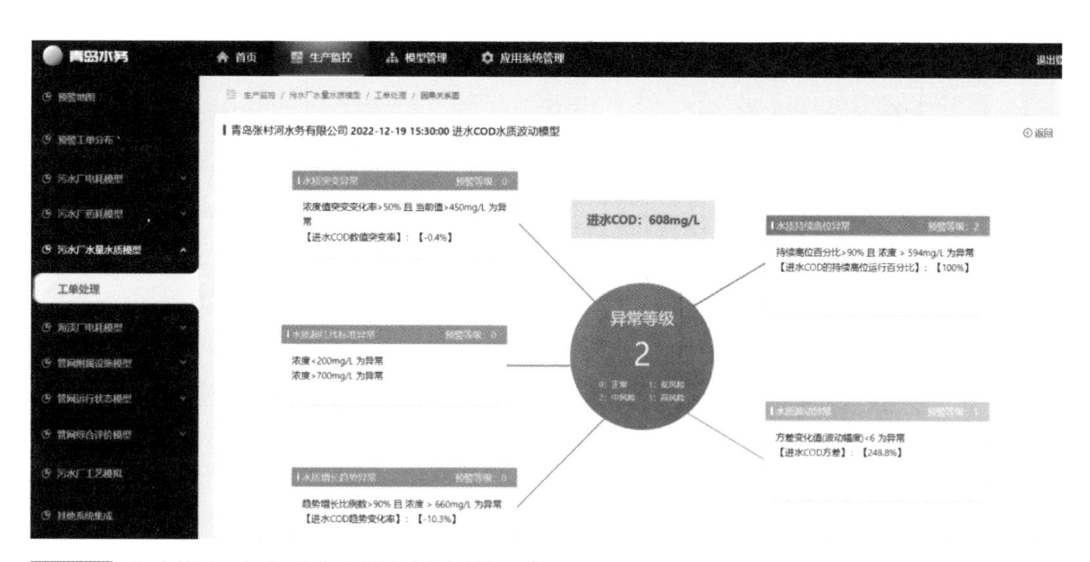

图14–9　污水处理厂水质波动异常识别（数据仅为示例）

14.7.5　客户画像

通过汇聚和治理客户档案、抄表、收费、报装、热线、管网、工单、互联网舆情、政务服务等数据，设计实施了超90个客户画像标签，开展了用水模式分析、异常用水分析、水费回收分析、客户满意度提升分析等八大重点主题分析，客户画像一览如图14-10所示。一方面支持主动服务，针对异常用水、周期性来电等行为及时提醒、主动服务。另一方面打造了客户全景功能，供营收与客服系统调用，有助于接线员及时、全面、准确掌握客户信息，提升一次来电解决率。

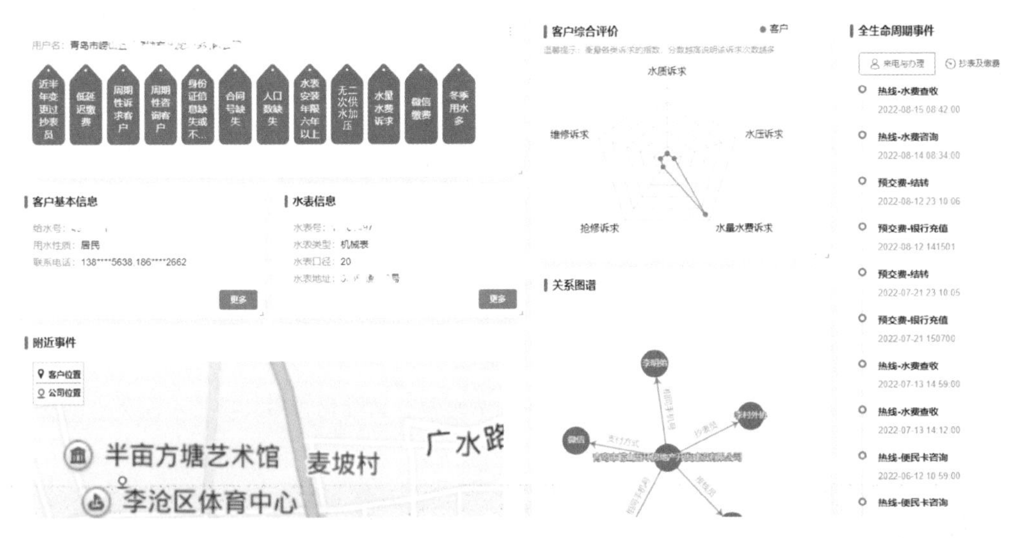

图14-10　青岛水务集团客户画像一览

14.8　建设成效

通过项目建设，推动业务数字化、生产智能化、管理协同化、服务主动化、决策科学化，实现数据驱动，用数据说话，用数据管理，用数据决策，用数据创新，实现安全生产、降本增效，推动青岛水务集团更高质量发展。

14.8.1　投资情况

本项目青岛水务集团有限公司共投资1939万元，包括项目开发所需软硬件采购及软件开发等相关服务。

14.8.2　经济效益

系统建成后，将作为基础性系统支撑青岛水务集团从多个方面降本增效，直接或间接地回馈给企业经济效益。首先，通过青岛水务集团对信息化系统的集中式规划，集中建设大数据中心，可避免各分子公司重复投资，大大减少分公司成本负担，使得系统更集约、更节省、更安全，未来系统使用率也会更高；其次，全面的数据监管使得生产管理透明化，问题发现更及时，可提升运营效率，减少事故风险损失，改变原本分散、局域性的生产监控与运营管理模式，基于更系统性、整体性的数据支撑做出合理决策；再次，大数据中心的应用明显解决了“数据壁垒”的问题，通过数据共享减少数据统计、传输、汇总分析等过程的人力、物力损失，减少了办公过程各种沟通消耗，提升效率。

14.8.3　环境效益

大数据中心支撑了青岛水务集团对生产管控侧的监管力度与实时性，工作模式从事后听报告变成事中感知与事前预警，从而大幅提升了供水排水运营安全，在排水冒溢更少、污水处理达标率更高、垃圾固废转运效率更高、应急事件处置及时率更高、影响更小等多方面提升环境效益，持续提升水安全保障能力和水生态环境质量。

14.8.4　管理效益

大数据中心的建设既在平台层面实现青岛水务集团层面、核心领域的规划指引和统建统管，又在应用层面兼顾各业务子公司的特色需求和自主灵活度，以数字化手段实现管理效能的提升。通过提升数据准确性和共享程度，提高青岛水务集团内信息透明度，从过往的局部决策变为更系统、知全貌的决策方式，对青岛水务集团的管理模式以及计划、执行、统计、纠偏、评价的管理闭环起到了强有力的支撑，实现了更高精度的企业管控。

在业务方面项目也发挥实际效益，包括：支撑青岛水务集团管控，实现跨板块、跨部门的业务管控下沉、信息上浮；支撑生产运营，有效提升了水厂、管网等的精准运营、降耗提效，通过异常识别模型加强了安全保障；支撑营销客服，通过客户画像提升了营销客服工作的精准性和主动性。

14.8.5　社会效益

项目建设与青岛市新型城市建设试点、城市生命线等工作紧密结合。作为城市供水排水及固废环保等方面的基础运营支撑方，青岛水务集团通过跨部门协同的双向数据交换，更好地提供城市服务。同时，通过数字化高新科技赋能做深、做优、做精服务运营体系，提升公共产品服务可靠性、提升公众满意度，保障优良的城市运行能力，例如开展用水模式分析、异常用水分析、重点用户群分析、水费回收分析、客户满意度提升分析、线下业务线上化、话务和工单效率提升等八大重点主题分析，实现个性化、主动服务，取得显著的社会效益。

14.9 项目经验总结

通过本项目，初步建设了青岛水务集团全域数据资产管理体系及大数据中心，支撑青岛水务集团数字化转型，相关实施经验也可供行业内参考交流。

1. 需求引领

项目立足于服务生产管控、以业务需求为导向，前期做了大量的业务架构梳理、业务场景体系分析、指标体系规划等基础工作，确保后续的数据治理工作是以终为始、以实际的业务价值为目标而开展。结合数理算法和机理模型，成功落地一批水务业务融合创新应用，使得业务分析与预测更快速、更高效。

2. 科技驱动

项目积极引入先进的大数据治理方法论、平台工具与治理技术，为传统水务领域与科技的跨域融合积累了宝贵经验，探索了一条水务企业数据资产建设的实施路径，可复制性强、可落地性好。

3. 标准支撑

项目实施过程中，为确保系统开发符合青岛水务集团智慧水务规划和信息化标准体系要求，特别是组织、人员等主数据要求，同步制定和发布了35项标准，其中多项为首创。

4. 全员参与

成立智慧水务领导小组，负责在智慧水务建设中统一思路、凝聚共识；本项目从规划、立项、实施都得到了高层领导以及青岛水务集团各部门、二级单位的支持，推动各项任务落实到位。

5. 政企协同

积极与青岛市水务管理局、大数据发展管理局、住房和城乡建设局等单位沟通协调，形成双向数据交换共享机制，既为青岛水务集团提供了更丰富维度的数据，也为青岛新型城市建设贡献水务力量。

业主单位：青岛水务集团有限公司

设计单位：青岛水务集团有限公司

建设单位：阿里云计算有限公司

管理单位：青岛水务集团有限公司

案例编制人员：

青岛水务集团有限公司：王春虎、顾瑞环、高崧茹、夏斌、刘晓阳、聂德桢、迟文浩、孙扬、白瑶、周江、徐松、徐海涛、武昆峰、朱杰、孙甲民、刘鹏程、石进成

15 全场景智能公众服务平台

项目位置：福建省福州市

服务人口数量：约300万人

竣工时间：2022年5月

15.1 项目基本情况

15.1.1 项目背景

互联网的快速发展进一步拓宽了用户与企业之间的沟通渠道。企业可以借助互联网技术，以需求为导向，构建全方位、立体化、智能化的公众服务体系，高效处理用户反馈的信息，从而形成与用户之间的协同效应，增强用户黏性、扩大服务规模、降低服务成本、提升企业的经济效益。

福州水务集团有限公司（简称福州水务集团）于2018年启动智慧水务建设，陆续建成微信公众号、网上营业厅等公众服务窗口。随着移动互联网的不断发展和用户自助服务意识的增强，用户更倾向于追求便捷、专业、智能互动和量身定制的服务内容。因此，迫切需要对现有服务及资源进行有效整合及优化，打造面向用户的统一服务平台。在2020年度总结大会上，福州水务集团把打造“全场景智能公众服务平台”列为2021年度智慧水务专项行动。

15.1.2 项目总体情况

“全场景智能公众服务平台”（以下简称“平台”）立足于福州水务集团现有

建设成果，以用户自（互）助服务为核心，围绕供水、排水、环保、温泉文旅、综合服务5大板块全场景，打造“一中心、两融合、三平台”（图15-1），从多方面推动福州水务集团“互联网+民生”服务体系的实践，形成从支撑、平台到服务的一体化“互联网+服务”规划格局。

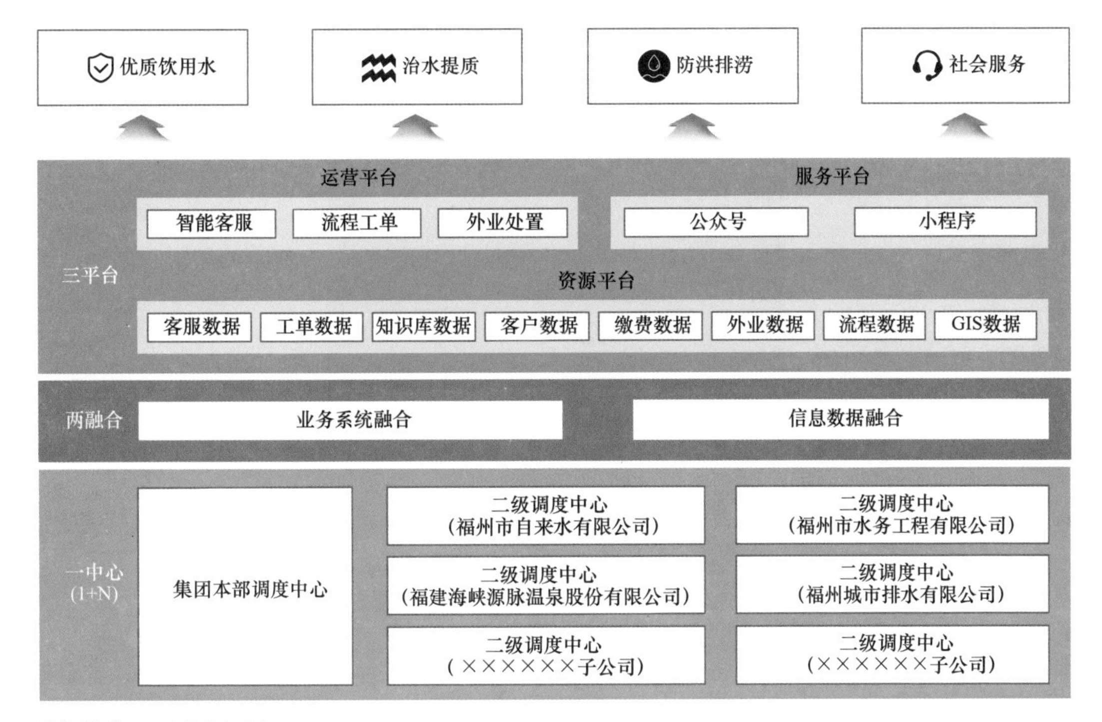

图15-1　平台总体规划

平台在传统营业厅服务的基础上，对外借助随手拍、智能客服、掌上营业厅、内河旅游、温泉井体验、消息推送等产品与功能，构建面向用户的一体化服务体系；对内以工单为抓手，推动综合工单系统建设，建立福州集团与各子公司之间的两级工单调度管理体系，从而实现面向公众服务的覆盖福州水务集团全场景的智能化升级。

平台于2021年4月正式上线，以福州供水企业为试点进行试运行，现已逐步推广到排水、温泉等其他子公司。

平台服务范围重点覆盖福州市，服务面积250km^2，服务人口300万人。

15.2 问题与需求分析

1. 热线服务不够高效

前期依托福州市自来水有限公司建设的营收、报装、热线等项目缺少统筹规划，系统封闭，数据无法共享互通，客服人员需要同时操作多个应用系统查询信息（例如登录C/S架构的营收系统查询用户缴费信息，通过IE浏览器登录报装系统查询报装信息，通过Chrome浏览器登录表务系统查询水表状态等），导致工作效率低下。为提高热线处置效率，需要各系统数据关联应用，用户数据一平台呈现，实现快速综合业务查询。

2. 诉求反馈不够方便

仅支持热线反馈供水诉求，缺少互联网侧受理窗口，无法适应互联网时代用户的使用习惯、满足用户的服务要求，导致用户倾向于通过“12345”等政务平台反馈问题，增加了福州水务集团对外服务方面的压力。为扩展用户诉求上报渠道，需要打造线上涉水反馈窗口，支撑用户随时随地提交报修、投诉、建议等供水、排水、污水处理相关诉求。

3. 网上办事不够便捷

供水报装业务需前往线下营业网点办理，未能支撑用户线上受理报装业务、实时查询办件进度，服务不够便捷高效，无法应对福州市优化营商环境考核要求。为推进业务“一趟不用跑”，除了实现水费账单在线查缴、电子发票在线开具、公示公告在线查询，还需要结合人脸识别、数字证书等技术，实现线上签订电子合同，从而打通报装业务线上办理的技术壁垒。

4. 工单调度不够灵活

缺少集团级的工单调度体系，一是跨单位/部门处置效率低，二是排水、污水处理、温泉文旅等板块缺少业务数字化流转支撑。为了对外提高服务效率，对内提升管控能力，需要制定福州水务集团客服调度中心与各子公司客服中心组成的两级调度体系，明确服务部门的职能、理顺部门的协作制度，并从接单时间、派单时间、处置时间等各方面量化评价指标，实现工单的统一调度、快速流转、实时监督。

5. 对外服务不够主动

现有服务模式主要是被动受理，尚未实现主动办、精准办的转变，面临的问题包括停水通知无法线上精准推送、业务办理缺少进度提醒、计划/临时停水等突发事件通知滞后等。为增强主动服务意识、提升服务能力，需要关联分析空间数据与用户信息，精准推送停水通知；自动分析用户用水情况，主动推送异常用水提醒；建立服务信息留存与通知机制，主动推送业务办理进度提醒短信。

6. 板块业务缺少整合

福州水务集团业务板块多，服务范围广，但各子企业信息化水平参差不齐。为方便用户享受服务，需要整合各板块的互联网应用挂载至统一平台，信息化程度较弱子企业也可依托平台庞大用户量和成熟的技术架构，实现服务的快速发布与推广。

15.3 建设目标和设计原则

15.3.1 建设目标

福州全场景智能公众服务平台的建设目标由对内和对外两方面目标组成。其中对外整合、升级福州水务集团各子公司面向互联网用户的各类服务，构建集团级的一体化服务窗口，方便用户快速、便捷地享受涉水服务；对内构建福州水务集团客服调度中心与各子公司调度中心组成的两级调度体系，并配套建设福州水务集团综合工单系统，实现工单的统一调度、快速流转和实时监督，提高整体服务效率。

15.3.2 设计原则

1）便捷性：涉水服务在线受理、一网通办。

2）高效性：用户诉求统一调度、快速流转。

3）系统性：不同服务接入设计规范统一，用户信息等业务数据根据需求全局共享。

4）经济性：各子公司的新建服务可快速挂载，实现服务的快速发布与推广，提升服务水平，节约成本。

5）可靠性：平台前端以微信公众号为主要载体，后端自建集团级的综合工单系统，配套建立管理机制，鲁棒性强，流转效率高。

15.4 技术路线与总体设计方案

15.4.1 技术路线

平台研发分为支持过程、项目管理过程和工程过程三个部分，并行开展，贯穿了项目研发的整个生命周期，同时按生命周期又划分为项目概念阶段、项目开发阶段和项目维护阶段，平台研发全生命周期管理体系如图15-2所示。

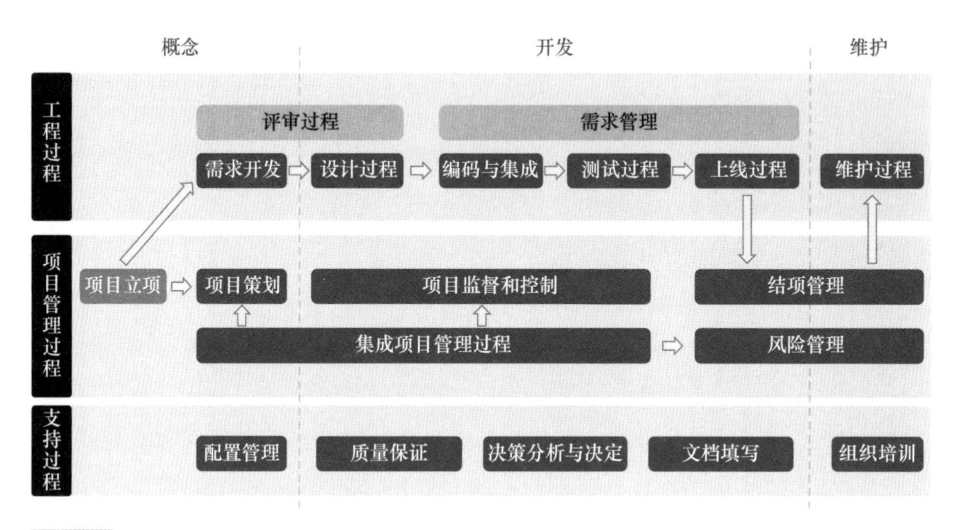

图15-2 平台研发全生命周期管理

平台总体业务框架如图15-3所示，平台分客户、集团、子公司三个层级，打造了包括客服、工单、外业闭环流程等应用功能，使用人员包括用户、福州水务集团客服人员、福州水务集团运管人员、子公司运营人员、子公司外业人员等。从研发的角度，平台可以向下分解为网上营业厅、掌上营业厅、综合工单系统等多个子项目，研发过程中以用户的需求进化为核心，采用敏捷迭代、循序渐进的方法进行软件研发，各个子项目的成果经过测试，都具备可视、可集成和可运行使用的特征。

15.4.2 总体设计方案

平台总体设计方案如图15-4所示，主要包括基础层、支撑层、业务支撑、服务应用四个层级。

1. 基础层

基础层包括基础的网络、服务器资源、文件存储资源、数据库资源等，主要依托福州水务集团私有云（自建机房，三级等保）。

2. 支撑层

支撑层包括网上/掌上营业厅系统、智能客服系统、水务通公众号系统、综合工单系统、停水通系统等。支撑层系统完成报事报修、业务受理、智能客服、

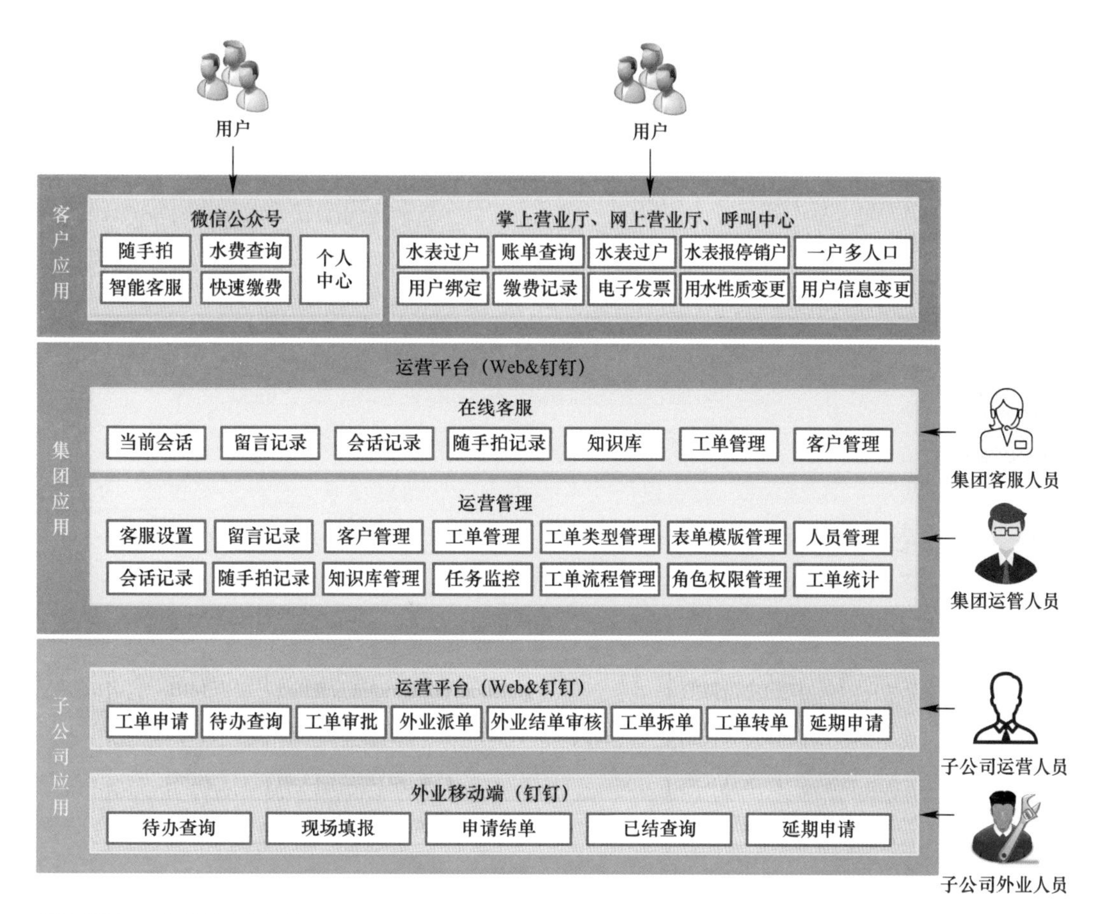

图15-3　平台总体业务架构

应用层
服务应用
公众服务
网上营业厅（Web网站）
掌上营业厅（微信小程序）
微信公众号
呼叫中心
业务支撑
报事报修
随手拍
业务受理
用水报装
缴费
发票
变更业务
预约
垃圾清运
账务管理
核验
客户服务
在线机器人
在线客服
语音客服
电子商务
源脉温泉
内河旅游
抽奖
消息推送
停水通知
账单通知
用水进度通知
诉求件通知
业务受理通知
电子商务通知
支撑层
网上营业厅系统
掌上营业厅系统
全渠道客服系统
水务通公众号系统
工单调度系统
停水通系统
基础层
网络&服务器资源
文件存储资源
数据库资源

图15-4　平台总体技术架构

工单调度、工单处置、消息推送、电子商务等服务能力的构建，同时完成与福州水务集团大数据中心、EIP系统、营收系统、巡检工单系统等外部系统的集成，深度融合到福州水务集团信息化体系内。

3. 服务层

服务层主要包括业务支撑和服务应用两部分内容。其中，业务支撑包括：

1）报事报修：功能包括随手拍等。

2）业务受理：功能包括用水报装、业务变更、缴费、预约、核验、发票开具、垃圾清运等。

3）用户服务：功能包括在线机器人、在线客服、语音客服等。

4）电子商务：功能包括门票销售、扫码体验、抽奖营销等。

5）消息推送：功能包括停水通知、用水进度通知、业务受理通知、账单通知、诉求件通知、电子商务通知等。

服务应用主要面向公众提供各项涉水线上服务。其中，“福州水务”微信公众号是平台服务的统一载体。用户可以通过微信公众号，“一趟不用跑”享受随手拍、智能客服、账单查缴、供水报装、温泉文旅购票、停水通知等功能，也可以通过呼叫中心进行相关业务咨询与办理。对不同渠道进入的用户，平台通过认证鉴权、数据交换做到统一的用户身份识别，从而进行访问控制与接入管理。平台提供统一的消息发送策略，确保流程节点主动通知、水费账单定期提醒、停水通知及时推送。

15.5 项目特色

15.5.1 典型性

作为一家集供水、排水、环保、温泉文旅、综合服务五大板块于一体的综合环境服务商，福州水务集团同国内部分大型水务集团一样，存在对外服务渠道多、用户广，部分涉及多板块的诉求件协调处置较为繁琐的问题。通过打造全场景智能公众服务平台，对外打造涉水服务的统一窗口，支撑福州市市民“一趟不用跑”便捷享受各类服务；对内形成两级调度体系，打造综合工单系统，实现工单件的快速流转，提高处置效率，从而实现对外提高服务水平、对内提升管理效率的目标，在行业内（特别是多业务板块的同行内）具有一定的典型性。

15.5.2　创新性

在技术应用创新方面，福州水务集团全场景智能公众服务平台引入智能化客服引擎，结合自然语言处理能力，实现内容的精准检索、主动推送，提高客服响应效率；通过引入智能场控、实时定位、轨迹分析等能力，提高对外业人员的监管能力，并支持对高频事件和区域进行统计分析，从而提高工单处置效率。

在组织机构创新方面，福州水务集团在行业内率先打造集团级的公众服务窗口，支撑市民群众“一趟不用跑”便捷办理供水、排水、环保、温泉文旅、综合服务五大板块的各项业务；并同步打造福州水务集团客服－各子公司客服组成的两级调度体系，配套建设综合工单系统，实现各板块不同来源、不同类型工单的统一受理、集中调度、快速流转与实时管控。

15.5.3　技术亮点

1. 集团化架构设计

平台对外以“福州水务”微信公众号为载体，重点面向互联网侧用户，提供随手拍、智能客服、账单查缴、文旅温泉购票、停水通知等公众服务，方便用户快速便捷地享受福州水务集团的服务生态。同时，用户通过微信公众号可以一键跳转至掌上营业厅，通过人脸识别、电子签名、数字证书技术，实现线上签订电子合同，方便用户掌上办理供水报装业务。微信公众号、小程序与网/掌上营业厅共同形成一体化服务能力，提升线上综合服务水平，服务范围从传统的供水扩展到全福州水务集团涉水业务板块，让用户办理涉水业务“零跑腿”。

平台对内依托于综合工单系统，秉承“统一受理、集中调度、分级处置、实时监控”的原则，制定福州水务集团客服调度中心与各子公司客服中心两级调度体系，明确服务部门的职能，建立协作制度。一方面制定规范的业务流程与标准化的服务模式，提高服务效率；另一方面围绕福州水务集团决策层关注点，从投诉举报、故障报修、服务指标、服务异常、服务各环节时限等维度构建KPI考核体系，保障服务质量。

2. 智能化客服引擎

智能化客服引擎功能模块如图15-5所示，平台通过智能化客服引擎，集成自然语言处理能力（包括智能分词引擎、语义分析、场景上下文处理、知识索引等），利用标签建模、语义解析等功能，结合水务专业词库，实现内容的精准检索、主动推送，方便用户高效、准确地获取自己所需的知识。

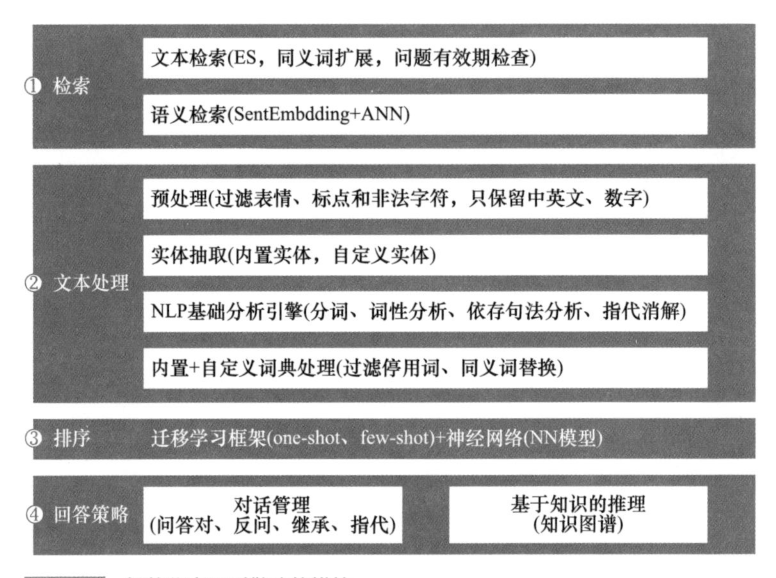

图15-5 智能化客服引擎功能模块

3. 统一工单调度

福州水务集团的工单涵盖供水、排水、环保、温泉文旅、综合服务5大板块，各板块业务由相应的子公司负责，不同子公司多样化的工单类型、类别和流程，衍生出复杂的管理体系，如图15-6所示。平台依托集团级的综合工单系统，梳理、固化不同业务板块的工单流程，结合工单自动化调度引擎，实现工单的快速稳定流转、实时在线监督。在组织架构上，福州水务集团客服调度中心与各子公司客服中心组成两级调度体系，福州水务集团客服调度中心负责整个综合工单系统的调度协调，二级客服中心负责本单位的工单系统作业处置。针对不同来源的工单，按照集中管理、分级处理、就近分配的原则进行高效处理，确保工单闭环流转。

4. 便捷化掌上营业厅

掌上营业厅结合人脸识别、电子签名、数字证书等技术，优化业务办理流程。电子合同线上签订，涉水业务在线办结，实现用户“一趟不用跑”，同时掌上营业厅还能提供对外对接接口，将涉水业务的在线办理集成到各类政务异构系统，优化营商环境。

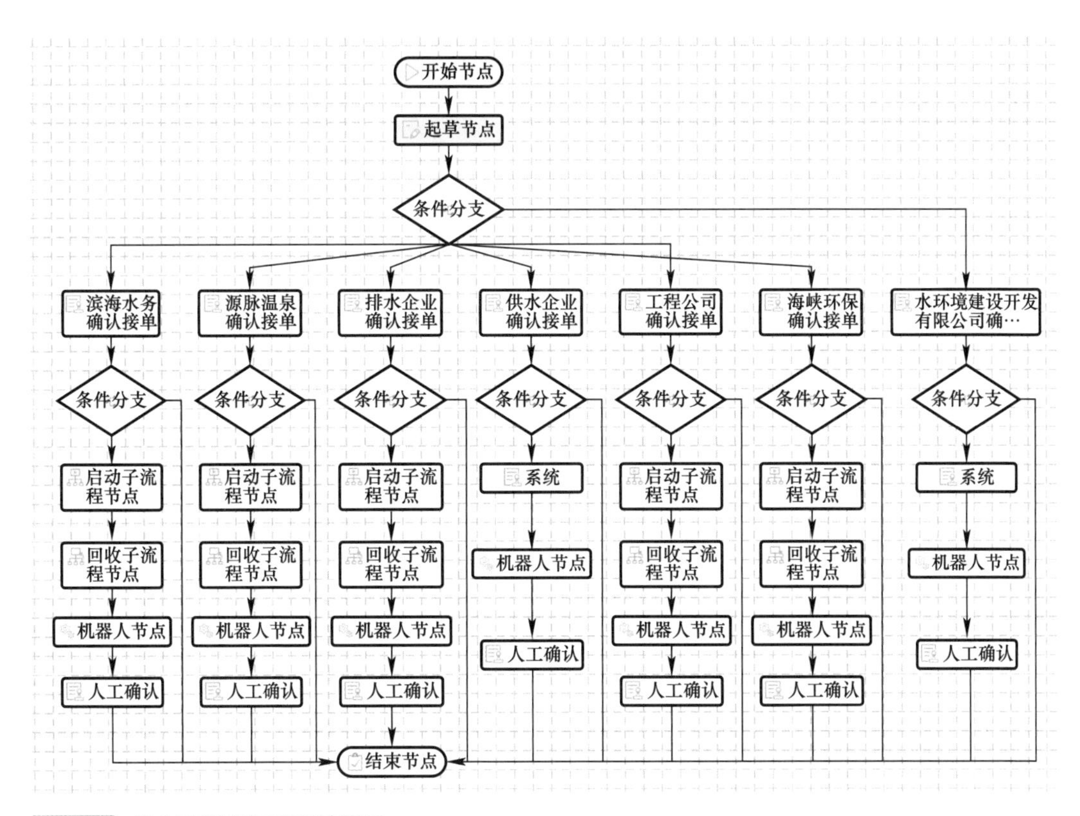

图15-6 综合工单系统工单调度流程

5. 通知精准推送

除了办件环节及时提醒、水费账单定期推送之外，平台后端的停水通系统还将依托GIS、大数据中心等，打破用户数据与空间数据的“壁垒”，实现停水通知的精准推送。

15.6 建设内容

平台建设有网上/掌上营业厅系统、智能客服系统、水务通公众号系统、综合工单系统、停水通系统等子系统。对外提供随手拍、智能客服、水费查缴、账单查询、电子发票开具、报装业务办理、电子合同签订、涉水公告查询、内河旅游购票、温泉井体验、大件垃圾清运申请、停水通知等各类消息推送等服务；对内实现工单统一受理、集中调度、实时监控，并通过智能场控、路径追踪、高频区域分析等功能，提高管理力度。

15.7 应用场景和运行实例

15.7.1 报事报修

平台通过随手拍功能，打造面向福州市的涉水反馈渠道，如图15-7所示。用户可以通过随手拍功能，能够便捷提交报修、投诉、建议等与水务相关的身边事，平台收件后将派发工单流转，快速响应用户诉求。

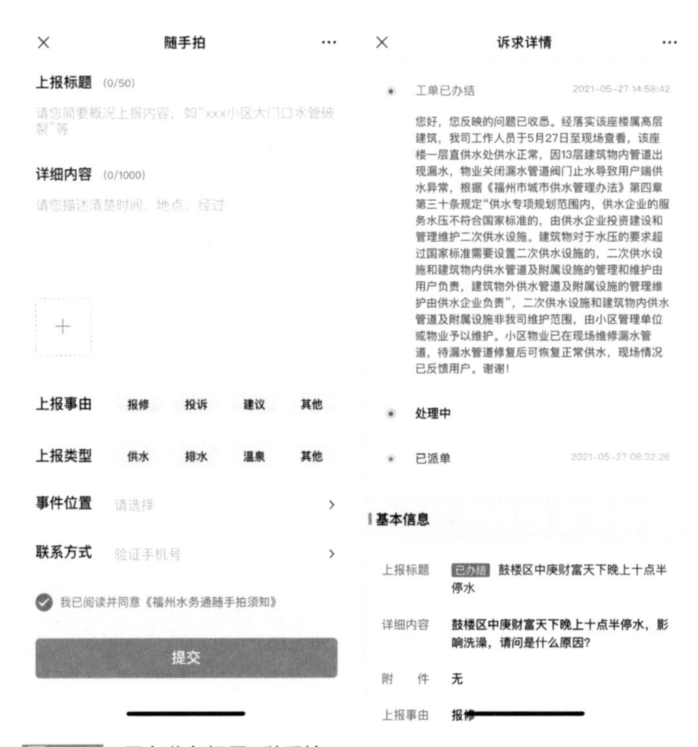

图15-7 平台业务场景-随手拍

15.7.2 智能客服

如图15-8所示，平台智能客服能够收集并整理各子公司的知识库，归纳用户常用的标准问题、相似问题、关联问题及推荐问题等多种类型问题，结合自然语言处理引擎，对用户提问的内容进行解析、匹配，并不断优化反馈结果，并通过文字、图片、语音、视频、附件等各种媒体形式实现在线客服与用户的交互，在线客服还可支持图片、视频等多媒体形式的回答，给用户提供更丰富、更便捷的使用体验。

15.7.3 业务受理

平台通过网上营业厅（网站）、掌上营业厅（微信小程序）（图15-9）、微信公众号构建用户线上业务受理的立体服务体系。其中，微信公众号聚焦用户常用操作，包括：户号绑定、账单查缴、电子发票开具等；网/掌上营业厅受理用户全业务，包括：账单查缴、电子发票开具、用水报装、信息变更、业务预约、公告查看等。

图15-8 平台业务场景-智能客服　图15-9 平台业务场景-掌上营业厅

平台还实现与“E福州”、省好差评平台、省网办事大厅等政务异构系统对接，对用户的业务受理进行全流程跟踪与进度提醒，支持用户查看受理进度，助力优化营商环境，如图15-10所示。

15.7.4 综合工单

从福州水务集团管控的角度出发，建立统一的综合工单系统，形成两级工单调度体系，固化部门职责与业务流程，对不同来源的工单进行统一管理，如图15-11所示。福州水务集团客服调度中心负责整个平台工单的调度协调，二级

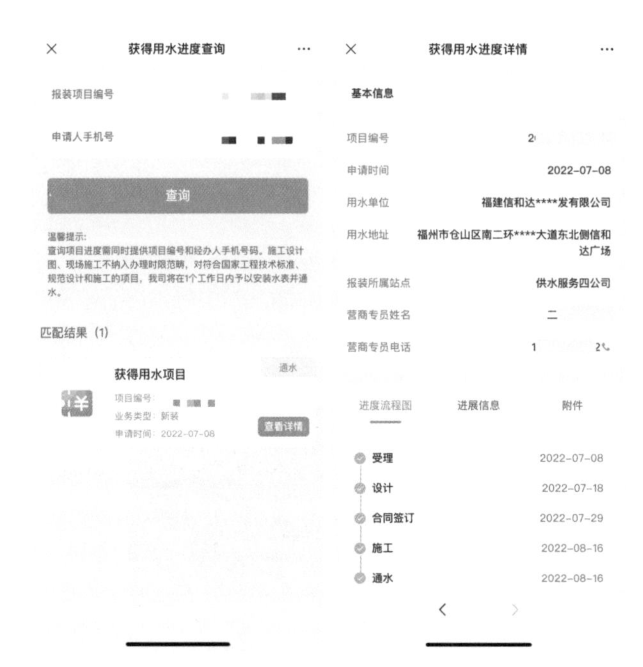

图15-10 平台业务场景-获得用水进度查询

图15-11 平台业务场景－工单两级调度

客服中心负责本公司的工单处置，实现业务协同联动处理，全流程闭环管控各单件。

工单任务派发至具体业务部门后，采用调度派单、系统派单、自主抢单三种模式相结合，配合考核激励机制，充分调动外业人员工作积极性。系统支持规划参考动线，结合预计/实际到达时间进行监管，并对高频事件和区域进行统计分析，提高工单处置效率，具体如图15-12所示。

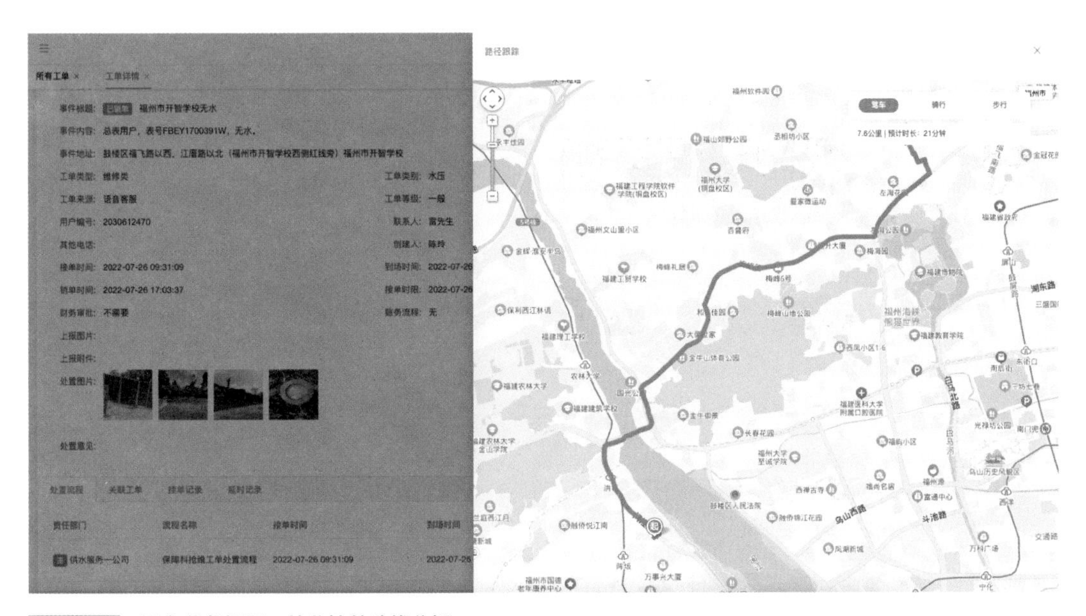

图15-12　平台业务场景－外业接单动线分析

15.7.5　温泉文旅

如图15-13所示，平台整合福州水务集团文旅、温泉线上服务，提供内河游船门票、温泉门票、温泉井体验等产品，用户可自由选择线上购票或线下扫码的方式，便捷享受相关服务。平台还提供抽奖等营销服务，配合节假日、数字峰会等场景，提升用户活跃度的同时促进业务发展。

15.7.6　停水通

如图15-14所示，平台停水通打通用户数据与空间数据，支持精确分析停水影响范围、推送精准停水通知短信/微信，既降低发送成本，也减少了无效信息对用户的干扰。

图15-13 平台业务场景-文旅、温泉

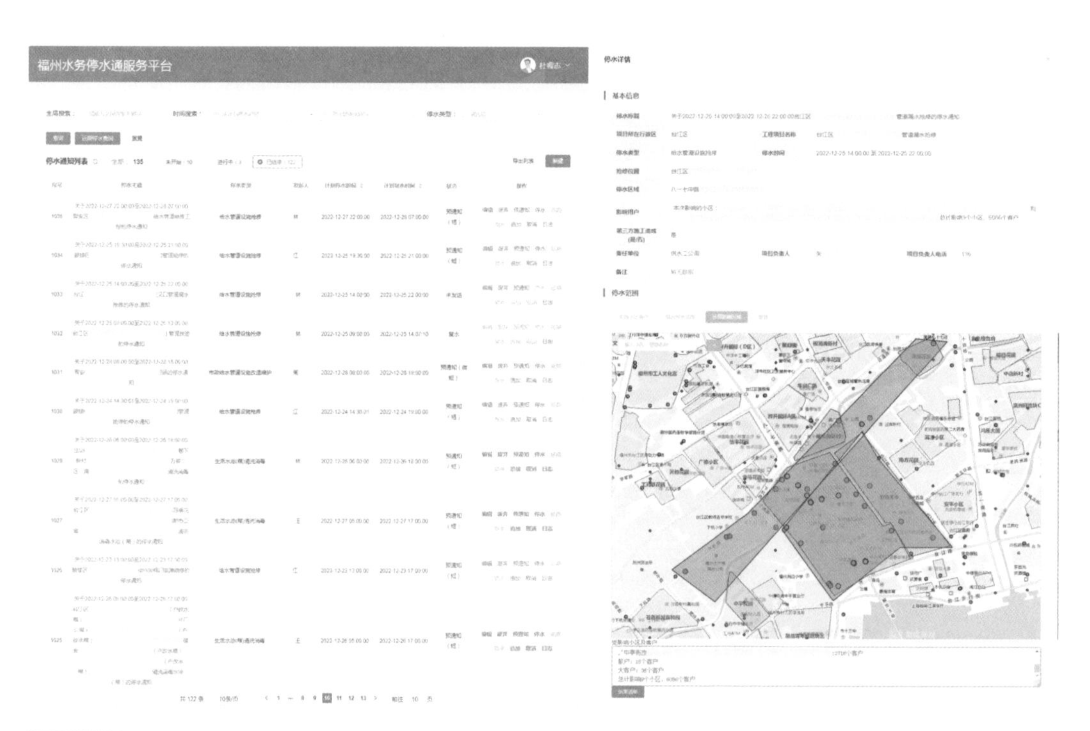

图15-14 平台业务场景-停水通

15.8 建设成效

15.8.1 投资情况

平台总投资约420万元，其中水务通公众号体系升级、随手拍、智能客服、掌上营业厅（一期）等业务模块的开发，以及其他服务的集成费用累计260万元，综合工单系统（一期）建设费用160万元。

15.8.2 经济效益

平台实现了福州水务集团各子公司互联网服务的标准化集成与快速发布，依托30万人的用户规模开展宣传，节约各子公司独立开发服务窗口与推广服务的成本，累计受理温泉井体验服务336次，累计销售内河旅游船票18776张，在第五届数字中国峰会期间，提供抽奖营销活动，新增用户转化率达20%。

15.8.3 环境效益

平台已累计受理用户随手拍工单6200件，通过用户的主动上报，帮助福州水务集团更加及时、快速地发现并解决爆管、偷排、错接混接等环境问题，也侧面提高用户的获得感与幸福感。

15.8.4 管理效益

平台支撑市民随时随地上报涉水诉求，线上“一趟不用跑”办理报装业务，“12345”投诉量同比下降21.07%，数字城管投诉量同比下降11.72%，线下营业厅接待人次与办件量均下降超过20%，降低人工成本。

平台通过打造福州水务集团客服调度中心与各子公司二级调度中心的两级调度体系，配套建设综合工单系统，实现工单的统一受理、集中调度、分级处置、实时监控，极大程度地提高工单的流转效率。同时，平台引入调度派单、系统派单、自主抢单三种模式，配套建立考核激励机制，提高外业人员工作的积极性，并通过外业监管功能，实现外业人员实时轨迹与规划动线的比对分析，保障处置效率。

15.9 项目经验总结

1. “互联网+服务”的践行

2015年“两会”期间，李克强总理在政府工作报告指出：促进工业化和信息化深度融合制定“互联网+”的行动计划。开发利用网络化、数字化、智能化等技术推动产业结构迈向中高端。

福州水务集团在国家政策的大背景下，以2019年福州提出打造“全国数字应用第一城”的目标为契机，积极转变思路，投资建设全场景智能公众服务平台，利用互联网新技术创新模式让“系统搭台业务唱戏”。平台一方面通过标准规范协议将各子公司的信息化系统连接在一起，整合了福州水务集团全业务范围的产品与服务；另一方面提供了智能客服、智慧文旅、消息推送等基础应用能力，各子公司可专注于业务的快速实现，大大降低了采购、使用、维护、运营、管理成本，真正做到节约型投资。

2. 重资产到轻资产的转型

长期以来，水务企业对外服务时更注重传统基础设施建设和维护（如营业厅），每年需要花费大量的人力和财力，互联网侧服务能力及效率却相对滞后。福州水务集团通过全场景智能公众服务平台，以用户需求为导向，构建全方位、立体化的公众服务体系，通过技术运营手段，提升服务效率，实现价值增长，降低了以往对重资产的依赖，使福州水务集团轻资产化运营的能力不断提升。

3. 与企业深化改革管理相辅相成

公众服务只有与先进的管理理念相结合，与企业的机制改革、流程再造、组织架构完善相配套，才能取得预期效果。一方面用科学管理理念指导平台建设，另一方面要用平台先进技术提升管理水平，提高管理效率，两方面相辅相成，互为依托。

公众服务平台的实施帮助福州水务集团优化提升内部业务流程，制定规范和科学化的管理机制体制，带动运营模式和公众服务能力变革，对外实现隐蔽信息公开化、分散信息集成化、冗余流程便捷化、用户服务简单化；对内形成暴露问题、解决问题、科学管理的推进式循环，进一步整合各项资源，增强应变能力，提高生产经营和管理效率。

业主单位：福州水务集团有限公司
设计单位：福州城建设计研究院有限公司
建设单位：福州城建设计研究院有限公司
管理单位：福州水务集团有限公司

案例编制人员：
福州水务集团有限公司：陈宏景、黄强、魏忠庆、段东滨、刘智峰、赖晓霖、章心怡

16 武汉水务集团一体化客户服务平台

项目位置：湖北省武汉市江汉区

服务人口数量：878万人

竣工时间：2020年7月

16.1 项目基本情况

16.1.1 项目背景

智慧水务属于国家“十三五”时期重点发展规划，是推进新型智慧城市基础设施建设行动重要环节。随着人民群众生活质量不断提高，企业用水诉求不断提升；国家对《优化营商环境条例》的推行，促进营商环境高质量发展。2018年，武汉水务集团有限公司（简称武水集团）提出了由“传统水务”向“智慧水务”迈进的奋斗目标。

16.1.2 项目概况

武水集团主要负责武汉市主城区供水和污水处理的建设和运营管理，拥有12座自来水厂，供水管网15528km，日供水能力490万m^3，服务878万市民，服务面积1811km^2。

本项目主要为武水集团建立基于供水服务的全业务链条智能综合服务体系，是武水集团在新时期智慧水务战略规划中首个落地项目。一体化客户服务平台整合了供水热线、市长热线、微信支付宝、省政务网、鄂汇办、实体营业厅以及政务中心窗口等服务渠道，实现了线上线下全渠道、全流程、全周期、全时段受理服务。

平台集成主要功能覆盖“热线服务、在线客服、工单流转、抢修维修、巡查维护、用户资料管理、服务质量监控、政务服务对接和营业厅管理”9大业务板块，实现包括热线话务、坐席工作台、在线24h智能客服、多渠道受理、工单管理、流程管理、抢修维修、巡维管理、地图展示、用户关系管理、客户服务管理、统一身份认证、移动工作客户端、故障保修和客户评价等32个应用功能和180个功能点，以及线下营业厅智能客服机器人和智能自助终端提供的综合性服务功能。同时，构建了基于大数据和人工智能的高效用户模型、智能信息分配算法、供水应急工单智能聚合算法、在线智能问答模型等创新技术支撑应用，贯穿各功能。

项目由武水集团自行筹建和运营，总投入经费约800万元。项目于2020年1月开始建设，历时180多个工作日完成。

16.2　问题与需求分析

16.2.1　主要存在的问题

1. 打破“两座孤岛”存在的障碍

水务行业存在客户服务流程不通畅、服务体系不完善、用户体验度不高、平台技术较落后、各系统业务打不通、“信息孤岛”等“老大难”问题，此类问题在传统水务行业难以解决，必须采用“云大物移智”新型数字化技术架构来解决。

2. 实现一体化闭环管理极其困难

在水行业，客户服务一体化闭环管理的信息化建设是极其困难的。目前存在用户对服务状态时效无法掌握，产生重复投诉；用户信息无法和其他系统关联，业务流程难走通；数据没有掌控，存在“数据孤岛”三个闭环问题。其原因主要是水务服务线很长，实现服务线闭环管理的难度大。此类闭环问题，传统信息化难以解决。

16.2.2　需求分析

1. 满足国家、地方、行业相关政策的落地

武汉水务集团有限公司作为湖北省水务行业最大的国有企业，肩负着重要

使命和社会责任。为了更好地服务好企业及市民用水问题，及时响应并落实国家政策及政务服务要求，需要通过建设武水集团一体化客户服务平台，从顶层设计规划到项目落地，改制度、优流程、融业务、整数据，解决企业及市民用水服务中办理流程长、跨部门协作难、系统“数据孤岛”等问题。同时，在政策方面，需要充分利用数字化信息化技术，基于武水集团一体化客户服务平台，满足与政务系统流程共享互动、关键数据全打通、业务入口统一以政务为主，企业为辅等要求。

2. 实现营商环境提升要求

随着国家、武汉市委市政府对城市营商环境提出新要求，服务行业需要进一步加强规范化管理。本项目作为企业用水的信息化服务平台，需要采用先进的全云化、微服务化、容器化等新技术架构，有效解决涉及供水服务的流程复杂繁琐，用水服务类别、渠道覆盖城区不足、服务完结时间长等多项问题，通过项目复制和推广，优化武汉市营商环境。

3. 解决水务企业服务闭环管理协作困难、成本高的问题

水行业客户服务一体化闭环管理的信息化建设是极其困难的，需要通过本项目使得涉水服务实现跨业务类别、跨平台系统、跨部门流转、跨流程监管等多维度融合。

通过武水集团客户服务一体化闭环管理的信息化建设，实现高效协同协作，优化客户服务力量在武汉市的布局，降低服务抢修成本、减少热线班次、优化人力资源、降低劳动强度，全面提升武水集团客户服务管理水平、用户满意度，降低投诉率。

16.3 建设目标和设计原则

16.3.1 建设目标

智慧水务发展将以满足新时期人民美好生活对高品质水安全保障需求为出发点，以服务于全市高质量发展为要求。武水集团围绕“群众满意的高品质的健康饮水提供者，高品位绿色环境创造者；政府满意的高效率的供水安全保障者，水资源可持续利用的践行者”的发展愿景，构建以四平台一中心为核心，管理从集团到各子公司、业务从源头到龙头再到中水排放的全方位智慧水务系统，实现水务全产业链的协同化管理，为武水集团提供全方位不间断的智能决策支撑。

通过建设客户服务平台，打破原有信息化系统架构陈旧、数据孤立分散、业务流程复杂的格局，有力地支持了武水集团业务整合和流程再造，提升了管理水平和客户服务能力，为优化营商环境工作提供了强力引擎。

16.3.2 设计原则

在本项目设计、实施的全过程中，均应遵循以下原则，确保平台的功能完备、架构科学并符合水务集团智慧水务的发展方向。

1. 适当领先，大胆创新

新建客户服务平台及相应的智慧水务数据中台，是未来业务发展的重要基础。首先，技术选型以国际一流为标准，确立平台技术上的行业领先。其次，对于立足于先进技术的落地实践进行技术创新和业务创新，运用大数据、人工智能等先进技术推动平台快速发展。

2. 充分论证，科学规划

根据武水集团信息系统现状，要通过客户服务平台的建设，推动信息化系统的运化，实现云资源的整合与优化，科学规划资源配置，保证各应用系统的顺利迁移、部署及运行，并保证一定系统性能冗余和弹性扩展能力，保证今后一段时间内武水集团智慧水务平台的顺利上线服务。

3. 安全可靠，扩展性强

高度重视平台的安全和稳定。供水服务与市民生活紧密相关，必须保证业务的稳定可靠，在平台建设中不技术冒进，选择技术成熟、市场占有率高的技术和产品。同时，在架构设计和后续开发上充分考虑扩展性，既能在武水集团业务发展时及时弹性扩容有效承载，也能保证未来新产品和新服务的顺利接入。

4. 架构创新，敏捷迭代

本次项目不仅是通过客户服务平台的建设优化客户服务流程，提高管理效率，而且需要通过本次项目将广泛应用的先进技术形成技术沉淀，将先进架构应用到业务系统中，以此解决传统架构下业务系统开发和升级的痛点，形成新业务开发敏捷、业务模块轻量化、基础架构可利旧重用等特性，降低系统开发难度和系统被破坏的风险，实现业务平台与新业务的快速集成。

16.4 技术路线与总体设计方案

16.4.1 技术路线

1. 微服务技术

目前，大部分存量的水务应用是早期在单一架构模式下开发的，可随着时间的推进，应用中加入的功能越来越多，最终会变得巨大，一个项目中很有可能有数百万行的代码，互相之间存在繁琐的Jar包，带来相应的问题如下：

1）过于复杂，不再适于敏捷开发，任何开发者都不能够完全理解，修复漏洞和实现新功能变得困难和耗时。

2）规模越大，启动时间越长，自然会拖慢开发进度，一个小功能的修改部署变得困难，必须重新部署整个应用。

3）系统中不同的模块需要不同的、特定的虚拟机环境时，由于是整体应用，只能折中选择。

4）任意模块的漏洞或者错误都会影响应用，降低系统的可靠性。

5）整体应用采用新的技术、框架或者语言，几乎是不可能的。

运用微服务框架模式，则可以解决单一架构模式带来的系统复杂性。主要包括以下优势：

1）由于每个服务都是独立并且微小的，由单独的团队负责，因此可以采用敏捷开发模式，自由地选择合适的技术，在遵守统一的API约定基础上，甚至可以重写老服务。

2）每一个微服务都是独立部署的，可以进行快速迭代部署，根据各自服务需求选择合适的虚拟机和使用最匹配服务资源要求的硬件。

3）整体应用程序被分解成可管理的模块和服务，单个的服务可以更快地开发、更简单地理解和维护。

4）一些需要进行负载均衡的服务可以部署在多台云虚拟机上，加入Nginx这样的负载均衡器在多个实例之间分发请求，不需要整个应用进行负载均衡。

2. 容器技术

针对新型互联网应用，采用容器技术，可以将操作系统镜像和应用程序加载到内存中，方便下发给租户，之后的镜像创建过程也只需要指向通用镜像，大大减少了所需内存。容器为应用程序提供了隔离的运行空间，每个容器内都包含一个独享的完整用户环境空间，容器之间共享同一个系统内核。这样当同一个库被多个容器使用时，内存的使用效率会得到提升，因此，容器技术适合多租户场景。

Docker是一个应用容器引擎，让开发者可以将应用及其依赖打包到一个可移植的镜像中，然后发布到任何流行的Linux或Windows系统上，实现虚拟化。容器之间采用沙箱机制彻底隔离。

Docker采用C/S架构，服务端接收来自客户端的请求并处理（创建、运行、分发容器）。客户端和服务端可以在同一台机器上运行，也可以通过socket或RESTful API进行通信。Docker通常在宿主机后台运行，等待接收客户端消息。Docker客户端为用户提供一系列命令，用于与Docker交互。

3. Kubernetes技术

PaaS平台基于Kubernetes建设集群管理系统。Kubernetes是主流的容器集群管理系统，技术成熟，其主要功能包括：基于容器的应用部署、维护和滚动升级、负载均衡和服务发现、跨机器和跨地区的集群调度、自动伸缩、无状态服务和有状态服务、广泛的Volume支持、插件机制保证扩展性。

Kubernetes以RESTFul形式开放接口，用户可操作的REST对象有三个：pod、service、Replication Controller。基于Kubernetes的技术路线建设可满足以下特性：

1）可扩展：模块化、插件化、可挂载、可组合。

2）自修复：自动部署、自动重启、自动复制、自动伸缩。

4. DevOps技术

面向客户服务各类应用场景和业务变化，水务企业需要缩短开发周期、提高交付频率，使服务功能快速推向市场，以应对营商环境要求。DevOps技术软件交付模式可以很好地支持这类开发需求，相应系统软件的开发更加需要敏捷的交付能力。但DevOps在企业落地需要相应的工具平台支持。

DevOps基于敏捷和精益理念，从业务和整个价值链角度出发，推动团队优化软件交付方式，实现从敏捷开发到敏捷运维和敏捷业务的转变。DevOps打破“信息孤岛”，促进开发和运维高度协同合作。在实现小批量迭代交付、增量发布、高频率部署、快速闭环反馈的同时，还能提高生产环境中软件部署和运行的可靠性、稳定性、可扩展性和安全性。

5. 容灾和备份技术

针对业务的连续性，企业需要考虑如何在发生自然或人为灾难、操作员出错或是应用出现故障的情况下，保护数据并快速进行业务恢复。为了应对这些挑战，除了本地备份，还需要一个有效的方式将数据发布到远程位置。如果没有有效的数据保护和远程发布措施，可能会导致大量的收入损失。

客户服务平台的各子系统关乎民生多个领域，一旦宕机，会对社会管理、武水集团形象等产生不良影响，也会造成可预见的财务影响。

客户服务平台下的客户关系管理服务等涉及武水集团核心业务数据，必须采用本地存储或本地数据镜像，避免宕机时数据丢失。此外，客户服务平台关键功能也需要提供冗余设计。

客户服务平台采用如下容灾技术方案：

1）Web/App服务器数据备份：通过云硬盘的定期备份机制，对云主机硬盘进行定期快照备份，存储在对象存储中。支持通过快照快速恢复云主机。

2）容器服务支持跨AZ和高可用：支持Kubernetes集群控制面高可用，集群内节点和应用支持多可用区部署，保障业务高可用。支持工作负载与可用区、节点及负载的亲和性和反亲和性调度，在高性能和高可靠之间寻找平衡。

3）提供混合云/多云能力：通过专线连接本地Kubernetes和公有云Kubernetes，统一管理和鉴权，形成容器混合云。双方采用相同的容器引擎和API，便于统一管理和调度。

4）数据库数据备份：通过数据库定期备份机制，对数据库进行定期快照，存储在对象存储中。支持快速恢复数据库。

5）数据库同步：RDS（MySQL）采用主备模式，主备实例分布在不同可用区，通过同步进行数据复制。

6）容灾演练：在完成业务连续性规划和制定灾难恢复预案后，通过演练验证恢复计划的有效性。

16.4.2 总体设计方案

1. 整体架构

本项目采用“先把脉、再设计、后实施”建设策略，在充分对标政府要求、梳理优化自身业务流程和新技术应用充分调研的基础上，开展顶层设计。武水集团提出以“整合”业务线为理念的设计思路，打造水务服务一体化闭环管理平台。顶层设计架构如图16-1所示。

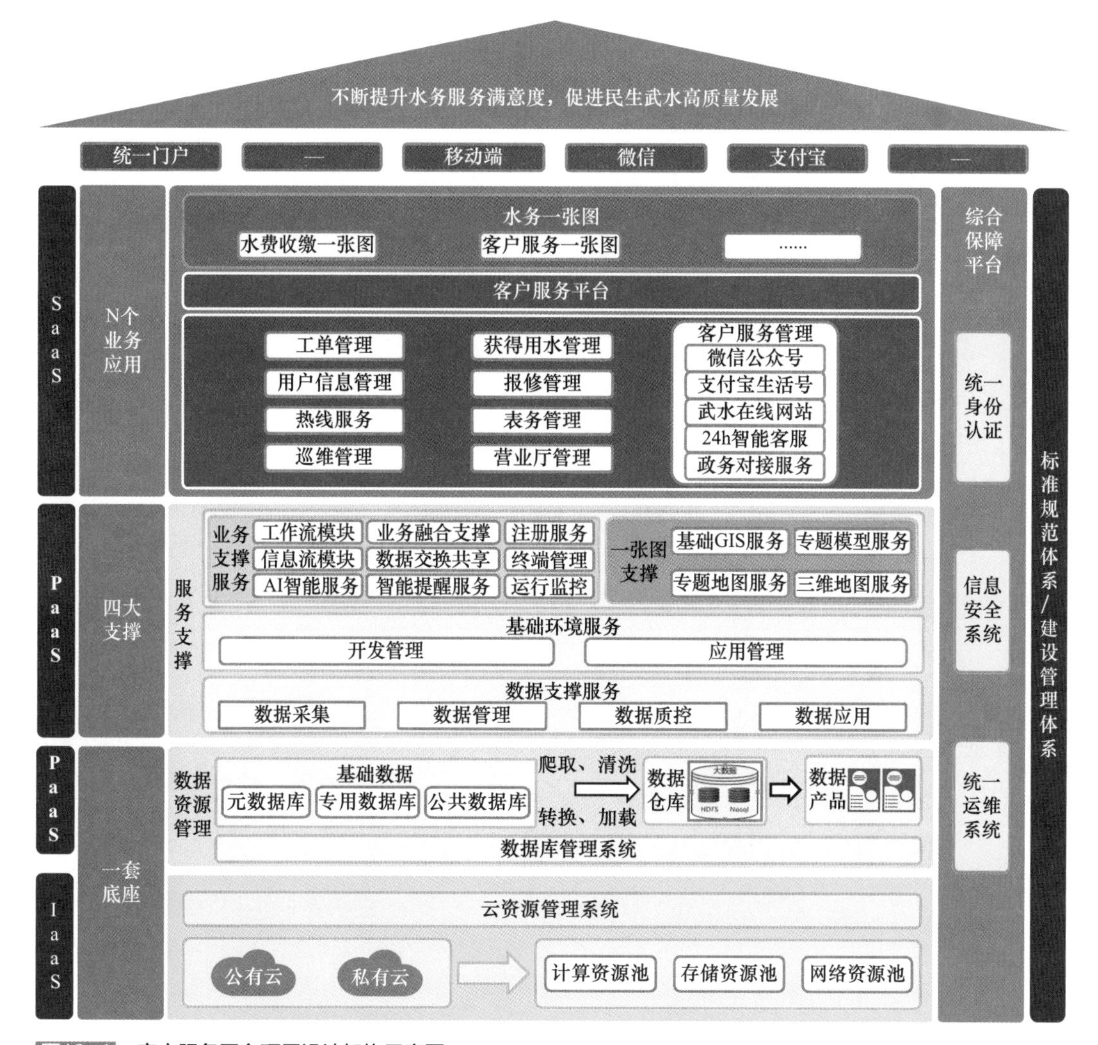

图16-1　客户服务平台顶层设计架构示意图

2. 技术架构

武水集团选择采用“全云化”的总体技术路线进行搭建（图16-2、图16-3）。即IaaS层使用“混合云”，在PaaS和SaaS层采用“云计算+微服务+容器化”框架模式，构建高度可用、高度灵活的数字底座，为客户服务应用提供强大的弹性计算、动态存储、灵活快速迭代等支撑能力，通过前后端分离、业务高类聚低耦合的各种服务模块打通全业务链路。业务数据交互流程如图16-4所示。

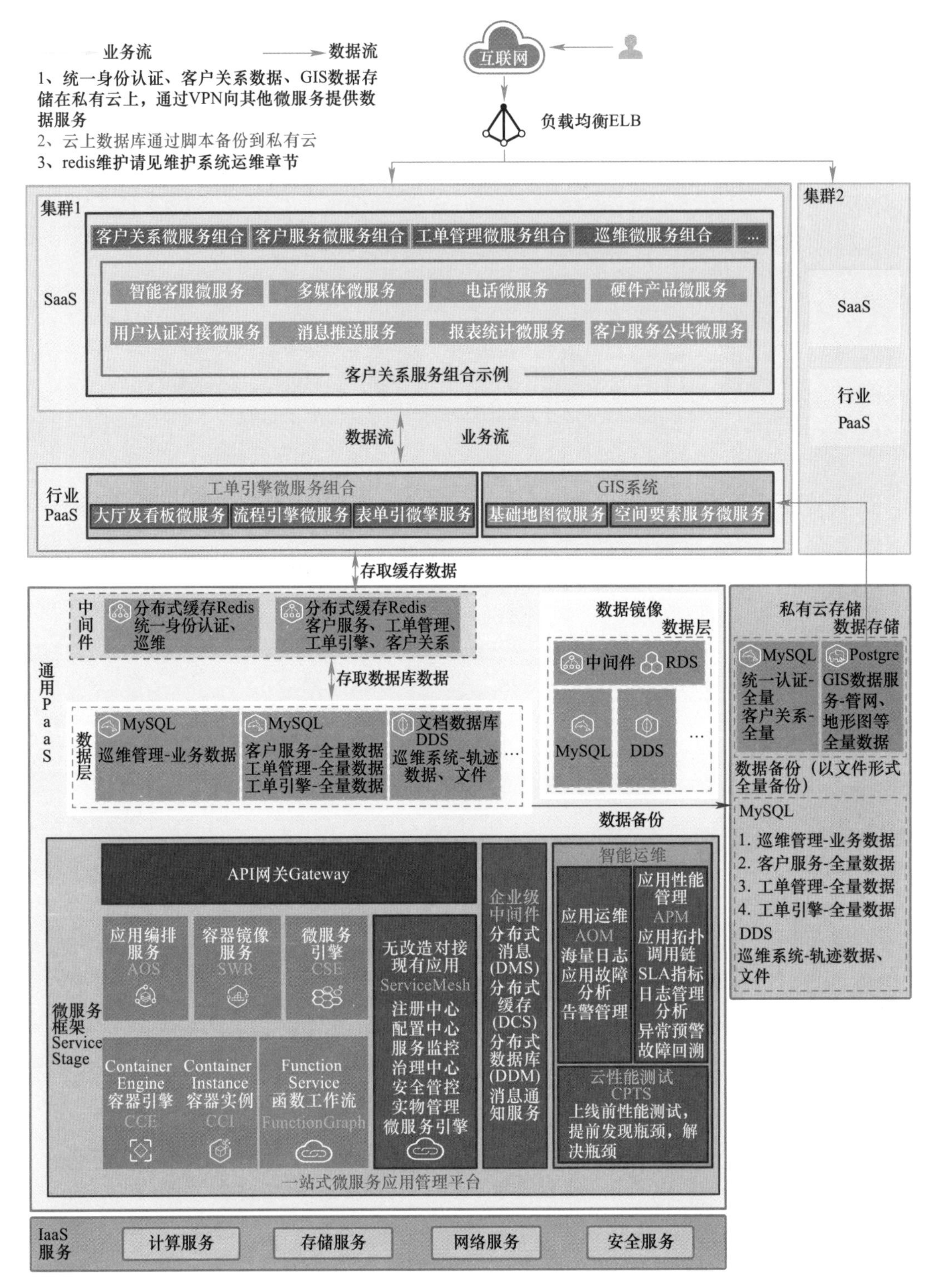

图16-2 客户服务平台“全云化+微服务”技术架构图

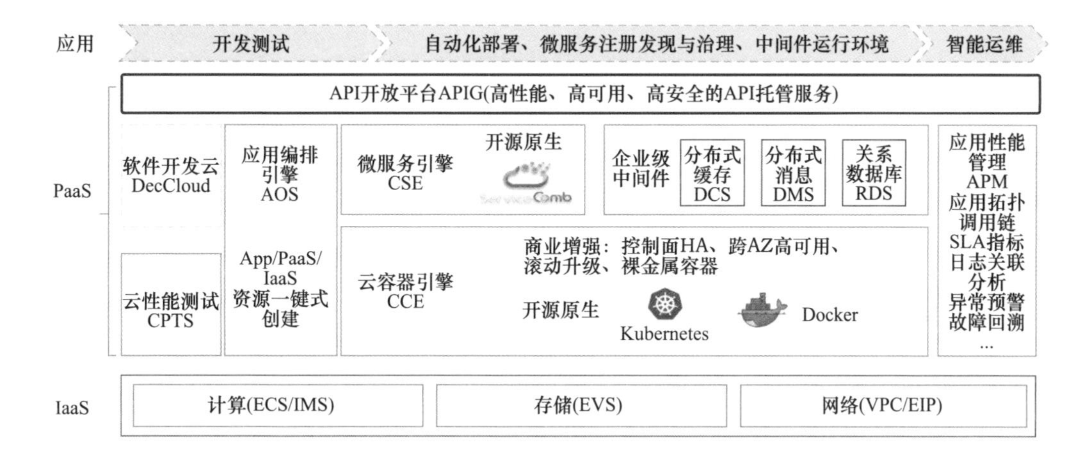

图16-3　客户服务平台容器化部署示意图

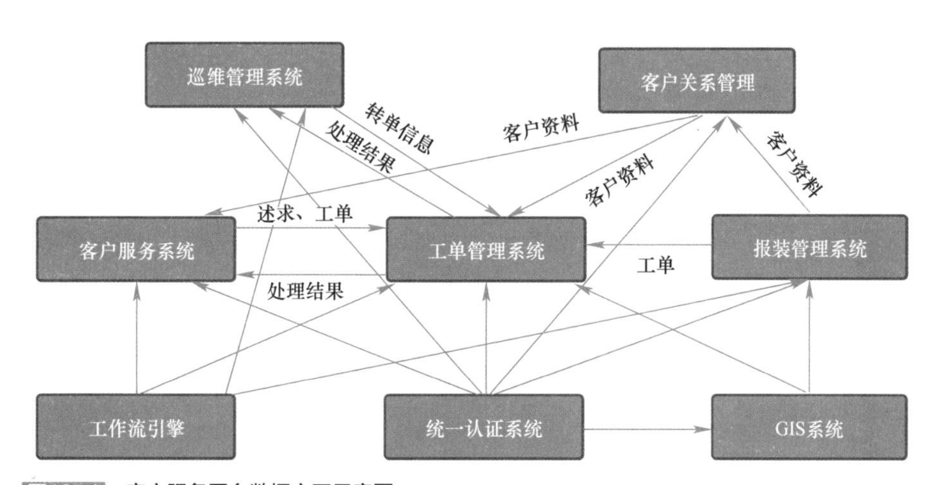

图16-4　客户服务平台数据交互示意图

武水集团以容器化技术部署微服务运行环境，进一步优化和降低运行资源，使平台系统架构运行更加流畅。容器可实现多实例负载均衡，针对业务的连续性提供高可用能力，能够适应各种复杂业务场景，如在极寒天气、内涝等情况下供水设施易出现大面积故障，故障报修、投诉等业务服务所产生大量的热线、工单，系统依然能够高负载、高并发地稳定运行。

客户服务平台采用DevOps开发方式进行迭代升级，如图11-5所示。

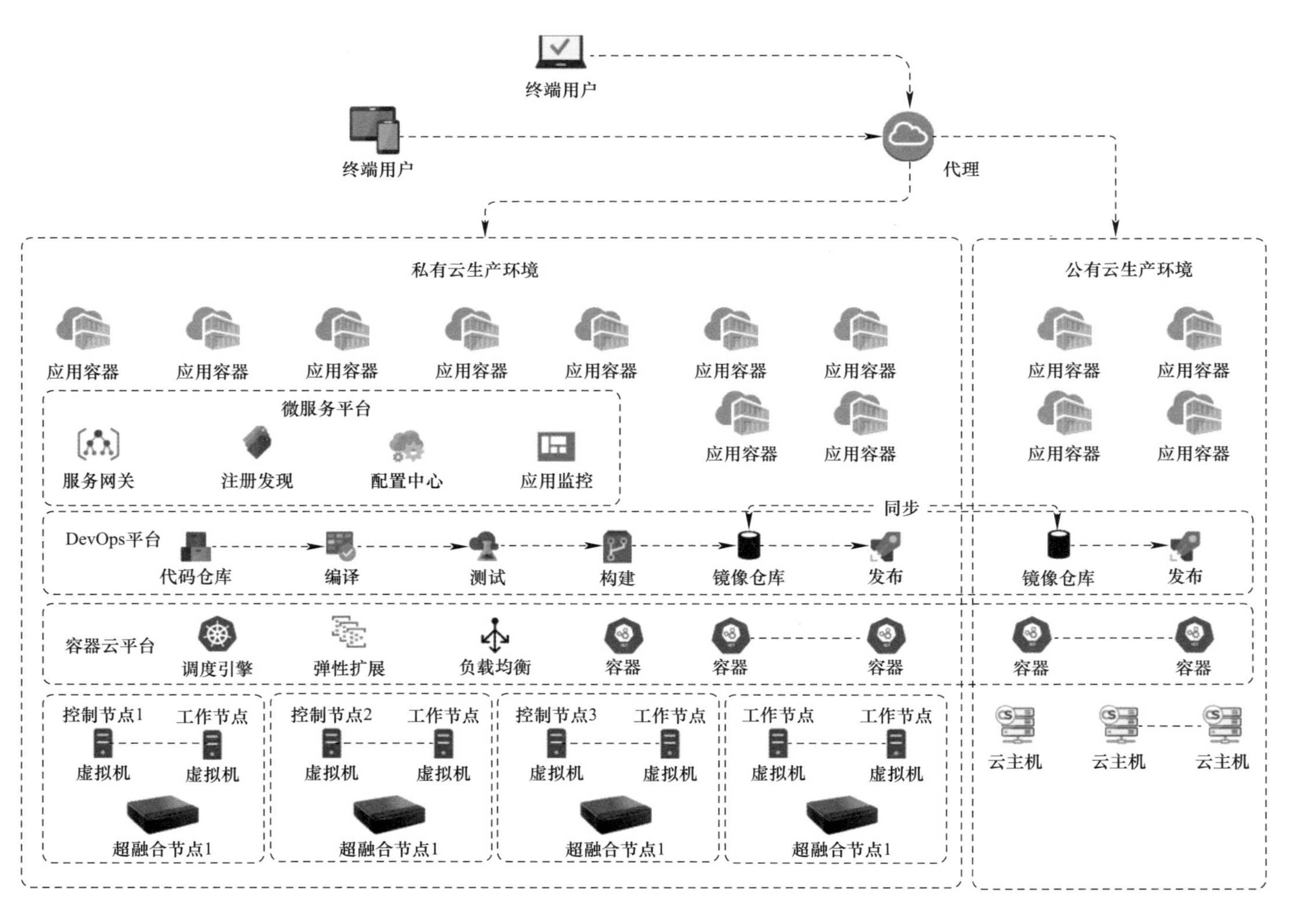

图16-5 DevOps开发部署示意图

16.5 项目特色

16.5.1 典型性

本项目的建设充分对标国家政策要求，通过借鉴水务行业及互联网企业先进的信息化技术和服务理念，以解决水务企业跨部门、跨业务、跨系统用水服务痛点为目标，运用云计算、大数据、移动互联网和人工智能等新一代信息技术，优化内部业务流程，构建服务管理、流程数据、进度监控三位一体闭环管理体系，打造出融合水务服务各业务系统的一体化平台，为武汉三镇企业及市民提供客服热线、智能客服、服务工单、报障报修、抢修维修等综合用水服务。项目通过云大物移新技术的应用，囊括了主要的信息前沿技术，具备水务行业的典型性、代表性及引领性。

16.5.2 创新性

武水集团作为服务民生的公共服务企业，始终把“不断满足人民对美好生活的向往”作为目标，通过更多先进技术的应用，让市民享受到科技带来的福利。武水集团智慧水务一体化客户服务平台的建设工作，以“数据、算法、硬件”为核心技术，重点提升感知识别、知识计算、认知推理、运动执行、人机交互等关键能力，形成开放兼容、稳定成熟的技术体系，创新水务企业的管理模式。在调度指挥、客户服务、集团管控、综合保障等领域，开展人工智能应用，实现“获得用水”响应更快捷、办理更方便、服务更优质，进而推动人工智能在公共服务中的深度应用和融合发展。

16.5.3 技术亮点

1. 全国水行业首例全云化客服平台，弹性计算“四两拨千斤”

本平台是全国首个全云化水务智慧水务客户服务平台，“云计算+微服务”如同“发动机”，源源不断通过弹性计算提供强大的服务基础设施支撑。因为当出现极寒天气、内涝情况时，水务行业供水设施易大面积故障，客服系统面临巨大的压力。本项目通过“云计算+微服务+容器化”等新技术，赋予了武水集团现有网络、计算、存储等资源的集中整合、按需分配和动态调配的能力，有效解决上述场景下高并发、高负载的压力，具有行业推广价值。

2. 微服务化+容器化，适应快速迭代交付，轻松应对业务变化，多租户复用高可用

“全云化+微服务化+容器化”系统架构的客户服务平台建设是由多个子系统和多种技术共同实现的大型系统，推动了武水集团信息化建设从独立分散向大平台整合、大服务融合跃升，不仅实现了水务服务精细化、信息化、智能化的良好效果，而且DevOps的开发方式，使系统具有高度复用、统一支撑和业务快速开发的能力，灵活按业务设计聚合各类微服务，摆脱了传统单体系统“局部”强依赖于“整体”的关系，大大降低开发成本。全业务微服务化能更快适应多维度，适应社会需求，轻松应对业务线发生的种种变化，并具有极强的可靠性、高效性、易扩展性、可复用性。在武汉市营商环境建设中，武水集团凭借微服务化的客户服务平台率先落地实现各级政府对“获得用水”服务的营商环境要求，已经将本项目复用推广到武汉市其他供水主体，为武汉市营商环境取得高质量成绩（全国排名第6）得分提供重要的支撑。

3. 人工智能赋能多端应用，服务覆盖线上线下全渠道，缩短响应时间，提升生产效率

客户服务平台，充分运用人工智能技术赋能线上服务端、员工应用端、营业厅智能终端等多端应用，实现业务智能化，贯穿各业务链条，服务覆盖线上、线下全渠道。在总体上提高服务质量，实现精细化管理。让大量简单的重复性工作由智能系统代替完成，降低一线员工工作强度。

在线服务端人工智能充分利用各类数据（用户、社会采集、工单运行）对工单进行优化合并和智能排单，提高工单流转效率；24h智能客服学习特定脚本，建立知识库，接入多种客户服务功能，并将在线会话转换率提高5%～10%；办理人员PC端，可以窗口形式智能“弹出”智能数据服务关联信息，轻松掌握工单相关全局信息；抢修维修战队移动端，可智能分析应急抢修分布数据，像“滴滴打车”一样实时引导战队选择“抢单”或“派单”进行任务调度，优化抢修力量分布，缩短服务响应和应急处置时间，提升生产效率；营业厅硬件自主终端，运用人工智能人脸识别算法，结合电子证照，提升营业厅水务便民服务“智慧化”服务水平。

16.6 建设内容

16.6.1 客户服务平台架构

客户服务平台的整体框架分为智慧水务云应用、业务支撑平台、云基础设施三个层面。其中，智慧水务云应用支撑客户服务业务，云基础设施支持云应用，同时云基础设施按需为云应用提供资源。平台各层次分别提供上层数字化建设的服务支撑、信息支撑和设施支撑，项目采取自顶向下规划、自下而上建设的推进模式。

客户服务平台整体架构从客户服务业务出发进行全面解耦（即分离开来处理）、业务数据与业务逻辑解耦、平台和应用解耦（应用主要关注业务逻辑和算法、其他交给业务支撑平台）、技术架构纵向解耦、产品各模块间横向解耦以及产品与公共特性解耦（指监控、日志等），构建可拆可合的开放式架构体系。

16.6.2　一朵云

拥抱新时代“新基建”，武水集团智慧水务通过结合“华为云”与“深信服”云服务，打造安全高效的混合云技术，以其安全、稳定、高效、易扩展、易管理的全面服务能力，为武汉居民便捷用水、安全用水、健康用水等筑下坚实基石。通过混合云技术与5G、AI、大数据技术的深度连接，打造强大的信息化服务引擎，助推武汉市公共事业加速完成数字化转型。

16.6.3　云原生平台

武水集团智慧水务云原生平台的整体规划设计能够加速业务的迭代交付，满足企业快速变化的业务需求。可在已有IT基础架构之上实现100%原生标准的「容器」集群，「DevOps」开发运维模式，「微服务」化的业务应用架构，实现标准化应用交付与流程化运维管控以及安全可靠的自动化运维，实现面向现代化应用的速度、规模和可靠性，管理日新月异的现代化企业应用和软件定义的数据中心。

16.6.4　应用子系统

通过上述基础平台建设，结合供水服务业务流程，以微服务的方式构建包括统一身份认证系统、客户关系系统、客户服务系统、工单管理系统、工单引擎系统、巡维管理系统、GIS系统等多个应用子系统，实现模块化搭建、管理和应用，有效提升客户服务效率、工单执行效果、巡检巡维质量等成效。

16.6.5　一张图

一张图应用是武水集团信息化发展的高级阶段，是智慧水务各领域应用的集合，通过充分运用信息技术手段，更好地感测、分析、整合武水集团核心系统的各项关键信息，从而对包括公司管理与运营、社会服务与民生、产业发展与品质提升在内的各种需求作出智能的响应。通过一张图应用建设拓宽水务信息开放和共享的渠道，使社会公众更为便利、直观地获取水务服务信息；提升水行政执法和行业监管的规范化、精细化水平，使涉水企业等主体更为及时、精准地获取水事行为指引和监管意见要求。通过更加充分地利企便民，进一步优化营商环境。

一张图应用实时调度动态监控，能够更好地洞悉、观察生产过程中的动态信息，更加科学合理配置企业资源，实现资产的精细化管理，辅助经营决策。一张图应用是水商品的生产过程、商品销售的集成系统，通过对水商品生产的全过程控制，实现水量保障充足、水质检测指标合格，满足供水压力标准，确保水生产过程的安全、经济、高效，向市民提供更优的服务，履行社会责任，持续提升武水集团对民生的服务水平。

16.7 应用场景和运行实例

16.7.1 多端多渠道服务咨询与受理

武水集团搭建网站、电话、微信支付宝、实体营业厅、政务中心服务窗口（图16–6）、鄂汇办App等多维服务平台（图16–7），实现线上线下全渠道、全时

图16–6 省政务网端业务办理

段受理业务。以工作人员端任务派发、维修人员端任务处理为例，其工单管理如图16-8和图16-9所示。

移动端

微信公众号

支付宝公众号

鄂汇办

图16-7　多端服务咨询与业务办理

图16-8　工作人员端任务派发

16.7.2　客户服务业务联办

通过客户服务平台的筹建升级了众多客户服务小程序中的业务交互与联动机制，用户完成前序业务的提交后，小程序自动提示可办理的关联业务，根据

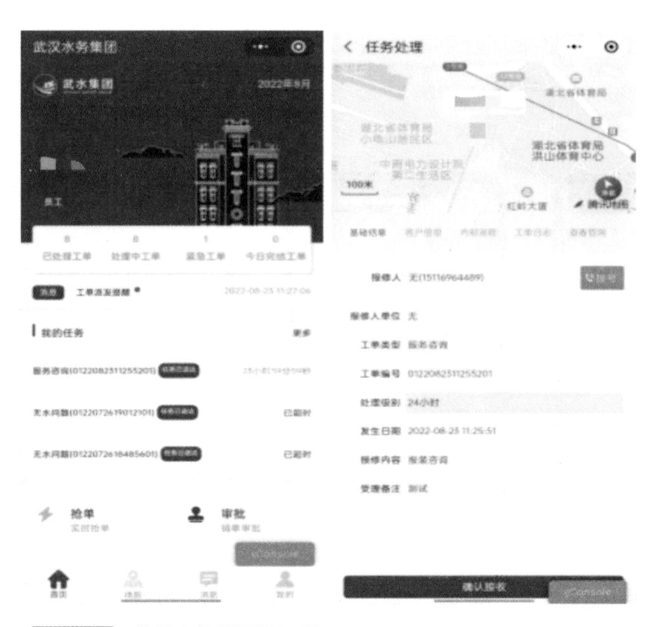

图16-9　维修人员端任务处理

用户需求，可为用户自动链接进入关联业务办理页并自动填写业务中的户号、手机号等共通信息，为用户提升业务流转效率并节省操作负担，实现“业务联办”，如图16-10所示。

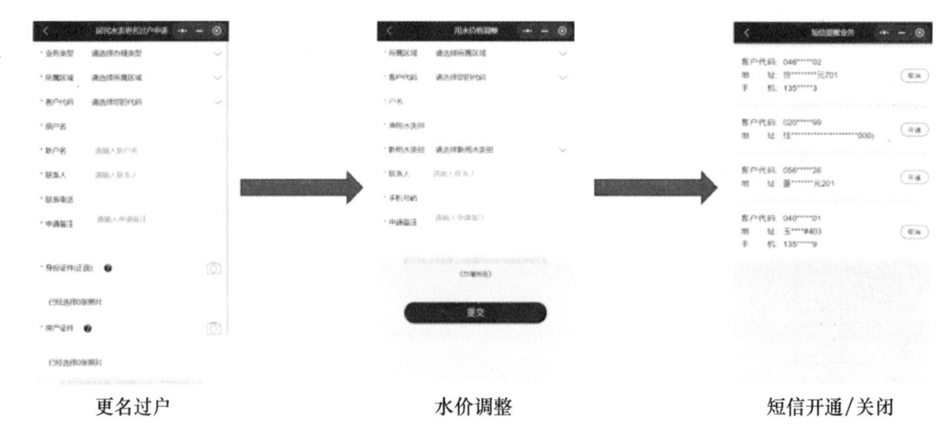

图16-10　移动端业务办理联动示意图用户重复诉求工单智能合并

通过客户服务平台对工单进行一体化管理，将来自互联网、自建、热线、政务网等多渠道工单全部纳入平台统一受理、整合和管理，并通过智能算法，实现智能工单合并（图16-11），大量减少重复工单的出现。在工单服务过程中体现工单热力分布情况，对各个社区范围的工单概况进行多图层展示与工作执行过程回溯（图6–12）。

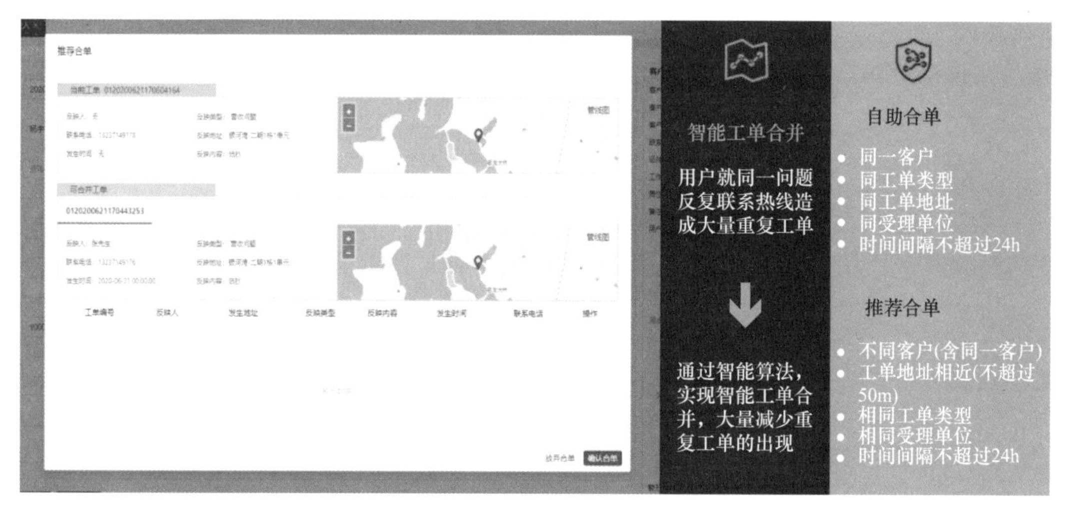

图16–11　智能工单合并

图16–12　维修人员轨迹

16.7.3　基于大数据和模型应用的客户数字档案管理

依托数字化技术和自研模型算法，通过建立全平台统一客户信息档案（图16–13），汇集客户数据，构建客户服务用户画像，为话务人员主动展示客户资料，主动标签提示问题预警，提高服务效率。

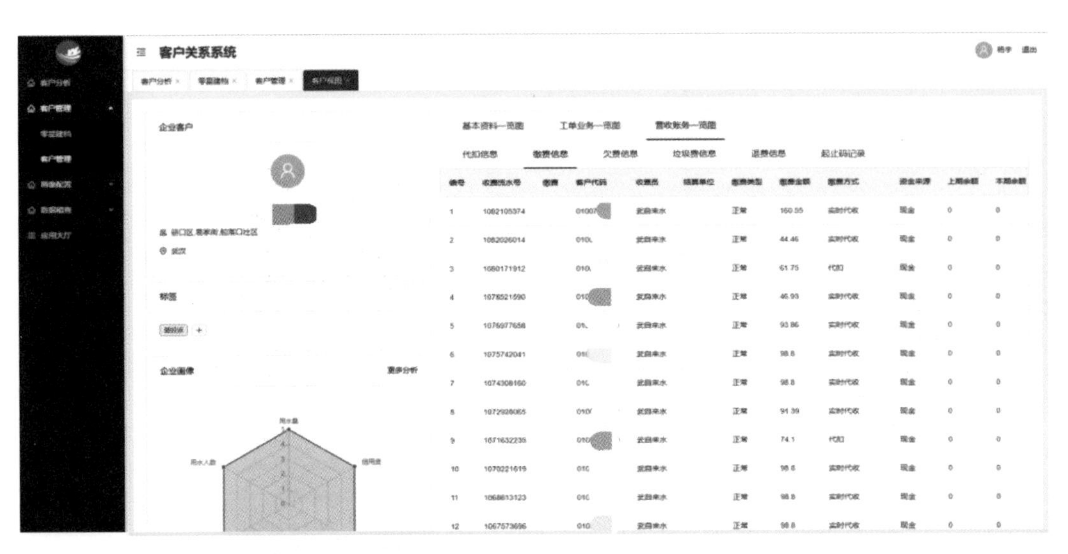

图16-13 客户数字档案

16.7.4 24h服务不打烊

利用客户服务平台部署的24h在线智能客服（图16-14），解答70%以上常规客户咨询问题。在平台中建立统一客户信息档案，汇集各类型属性的客户数据，加入客户特征甄别和行为标识，形成完善的客户资料库，并在平台全局分发应用，支撑服务过程中利用标签提示及相关问题预警，将客户服务与工单服务联动，实现自动短信回告和任务提醒（图16-15），各项服务指标、服务内容使用平台丰富易读的图表看板（图16-16），全面直观地了解和分析客户服务工作状态。

16.7.5 客户服务一张图

智慧化全面指导全流程水务业务客户服务，客户服务平台的一站式应用充分提升了用户服务体验和服务开展效能。提供完善的数据辅助决策与分析预判能力，客户服务与供水调度的关键数据、动态信息交集汇总，可视化地图一目了然，各类指令有效高效率指派，全面提升智慧化综合服务能力，实例效果如图16-17所示。

16.7.6 运用人工智能实现接待分流

将人工智能引入水务服务，实现营业厅接待分流。整合多年行业语料库，真正了解客户提出的高频问题，以便回答准确，最大限度地节省客服人力。在

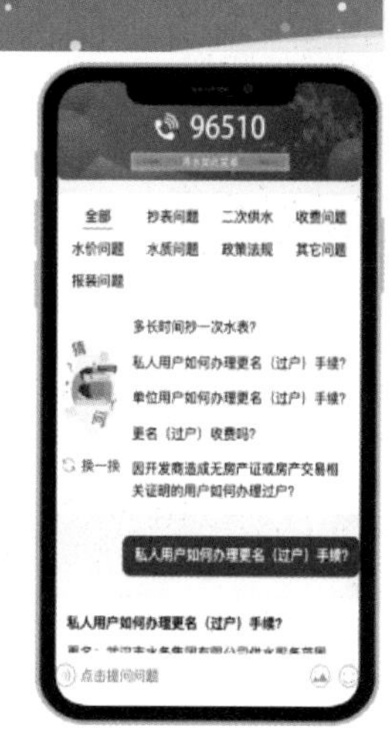

图16-14　“武水在线”多端24h智能客服入口

图16-15　短信回告与任务提醒

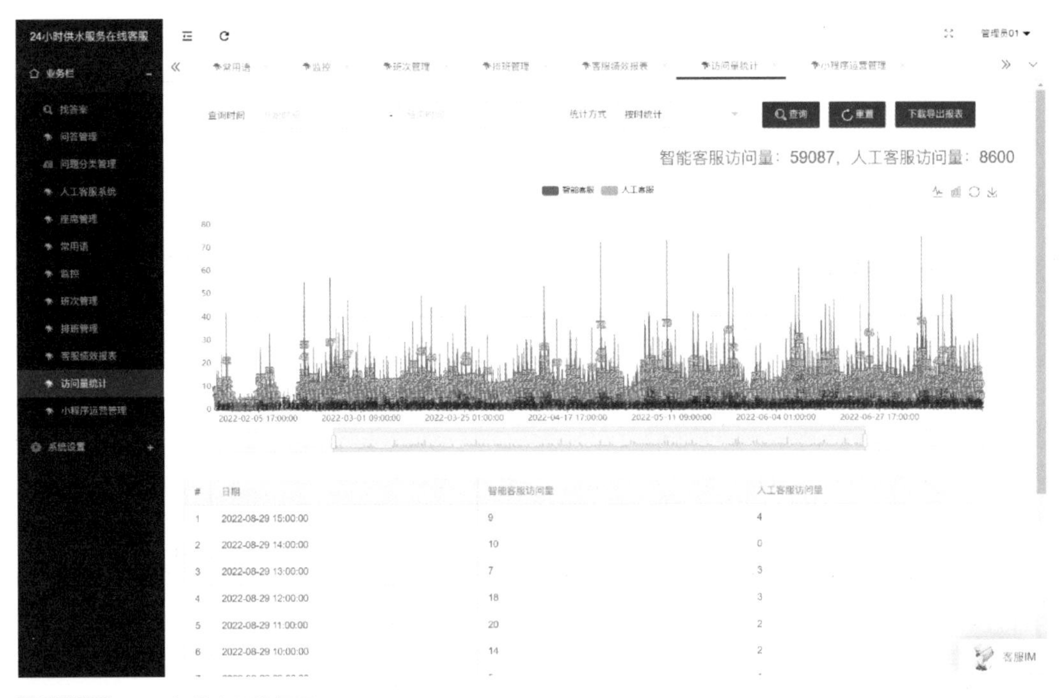

图16-16 24h智能客服访问量

图16-17 客户服务一张图

繁忙高峰时间，机器人可分担服务人员压力，提高碎片时间利用率。另外，用户可通过机器人办理简单业务，如查询类业务。智能客服机器人如图16-18所示。

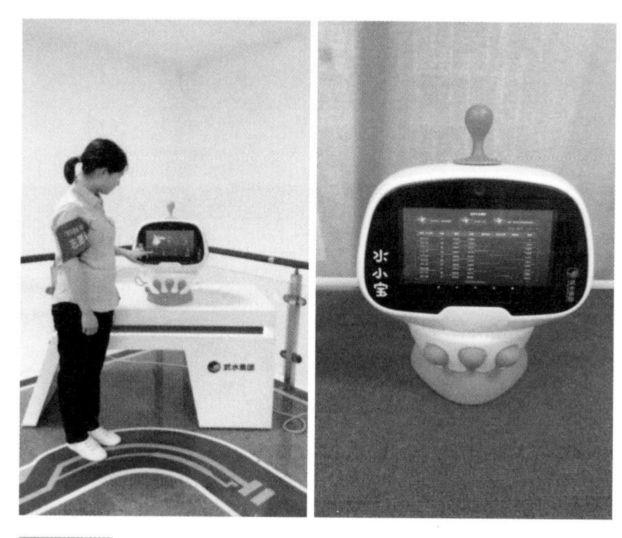

图16-18　智能客服机器人

16.7.7　客户服务平台在营商环境中的具体实例

1. 工改获得用水（报装）平台（图16-19）

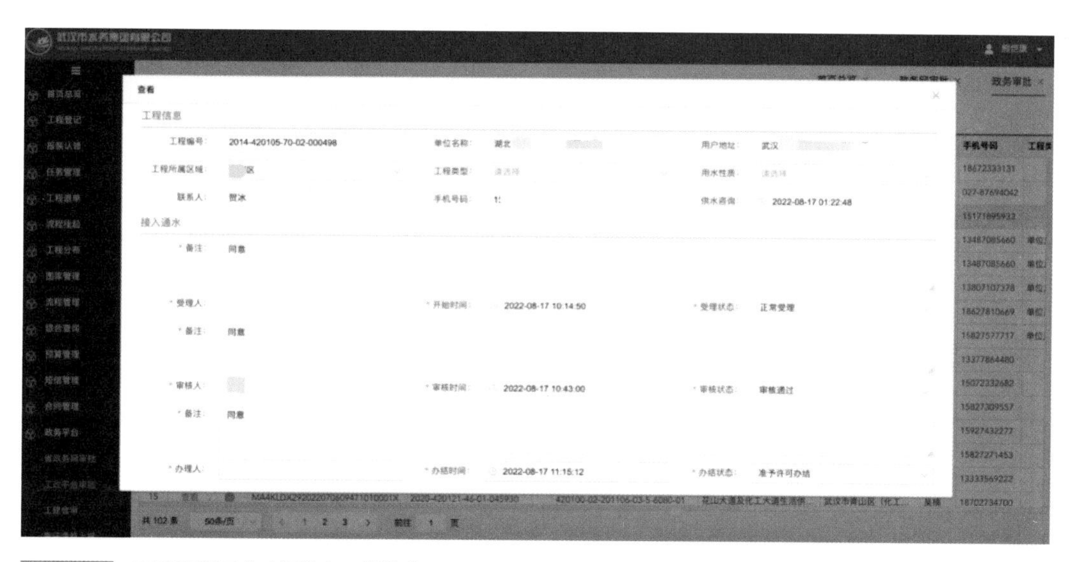

图16-19　工改获得用水（报装）工单信息

2. 省政务平台报装受理（图16-20）

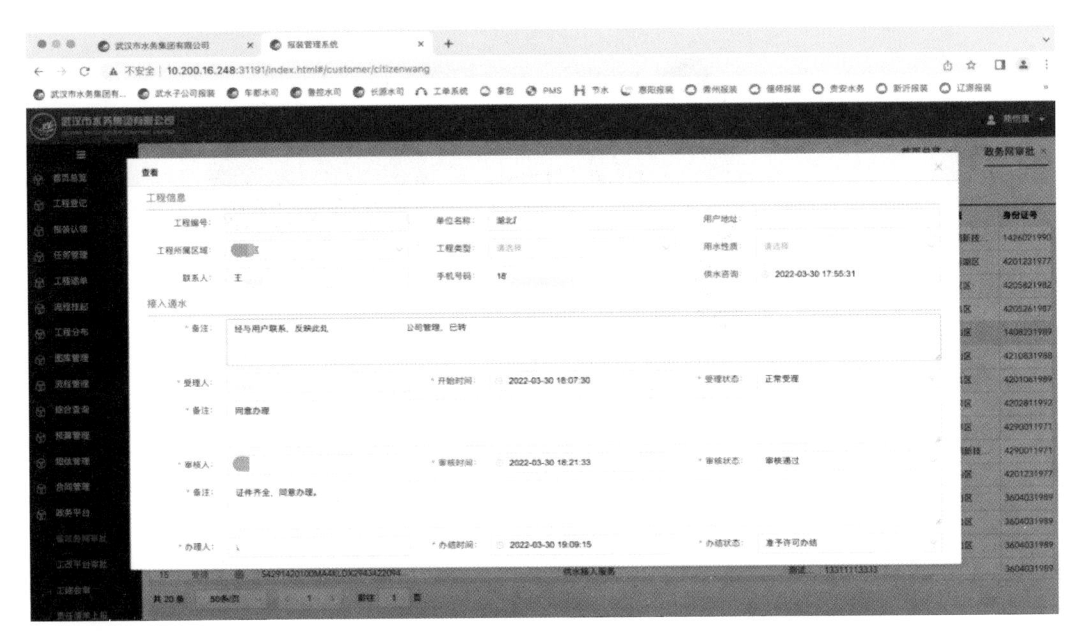

图16-20 省政务平台报装工单受理信息

3. 武水在线官网报装受理（图16-21，图16-22，图16-23）

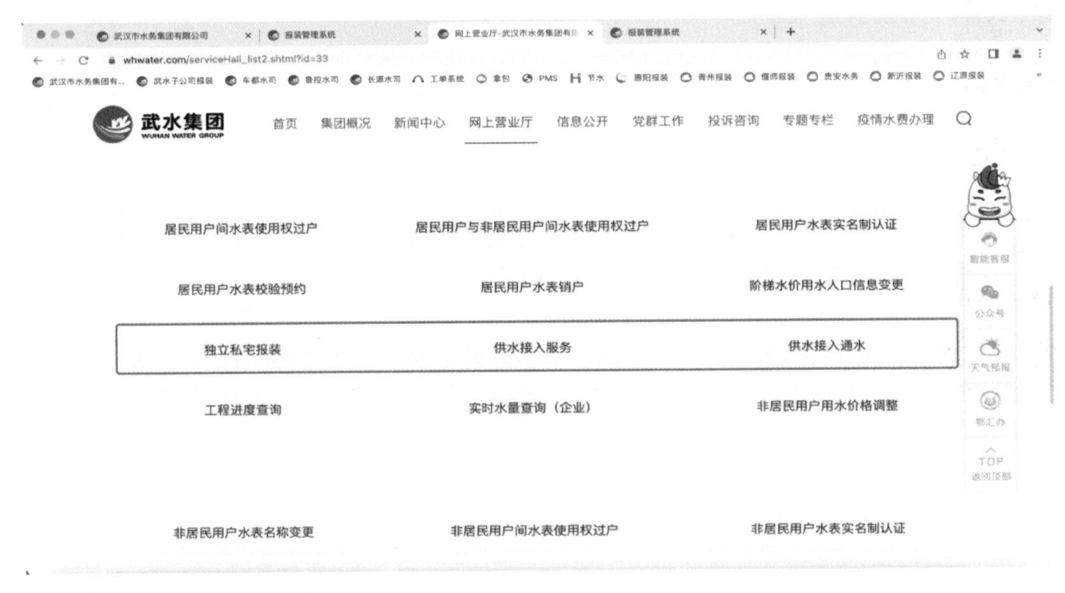

图16-21 武水在线官网报装入口

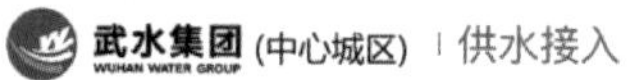

图16-22　武水在线官网报装工程类型选择

图16-23　武水在线官网报装信息填报

4. 电子证照调用（图16-24，图16-25）

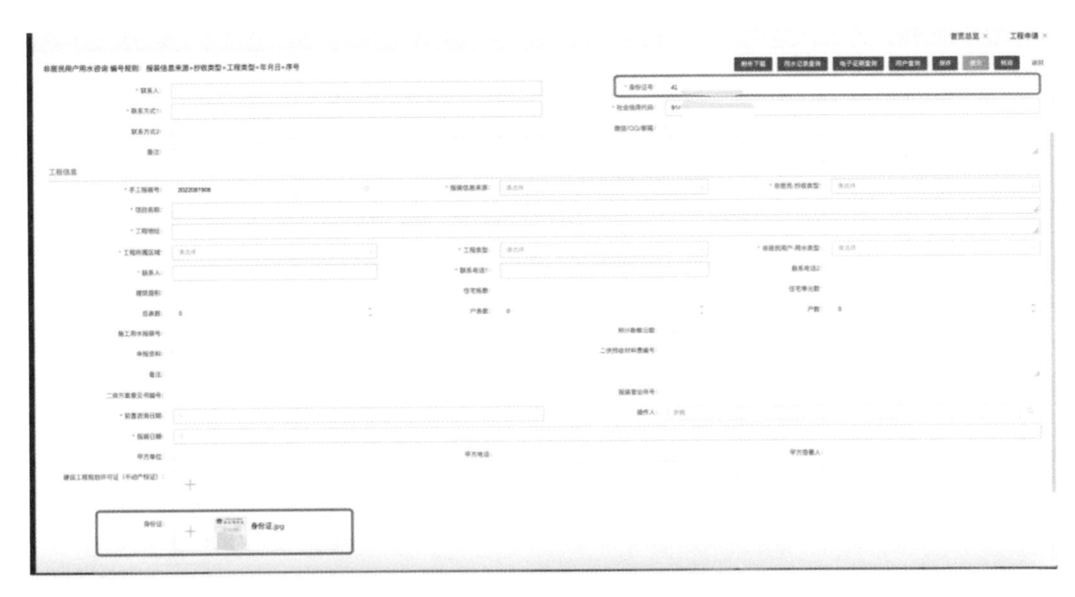

图16-24 身份证号输入后自动调用

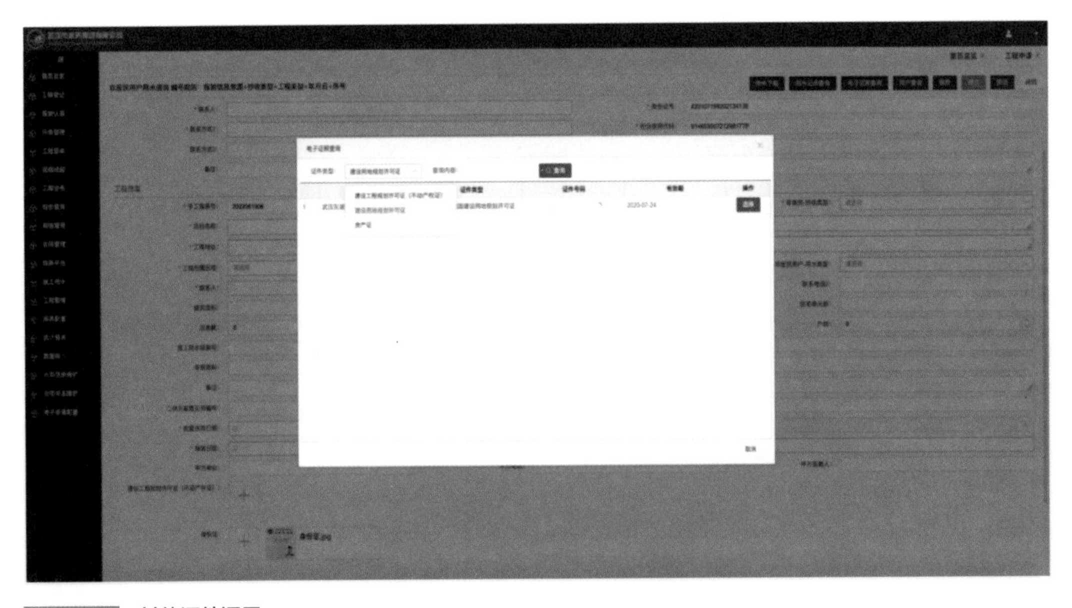

图16-25 其他证件调用

5. 官网进度查询（图16-26，图16-27）

图16-26　官网进度查询

图16-27　基本情况

6. 智能自助服务终端（图16-28，图16-29，图16-30）

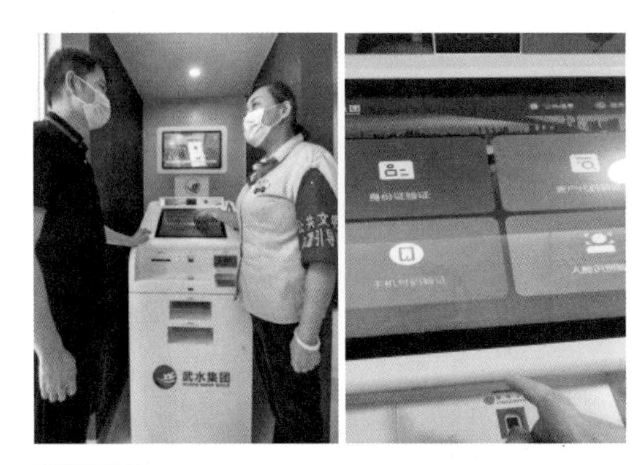

图16-28 智能自助服务终端1

图16-29 智能自助服务终端2

图16-30 智能自助服务终端3

16.8　建设成效

16.8.1　投资情况

武水集团一体化客户服务平台自2018年启动以来，先后经过需求调研、顶层设计、应用分析、系统设计、开发实施、业务测试等阶段，有近百名业务及技术人员参与项目建设，本项目由武水集团自行筹建和运营，总投入经费约800万元。

16.8.2　经济效益

通过本项目建设，通过大数据实现武汉市各片区战队优化调度，极大提升服务响应时间，优化客服人力资源，有效提升服务效率，助力集团客服抢修运维降本增效。同时，积极探索创新发展理念，依托客户服务平台打造远程维护、运营外包等产业服务链，构建共建、共生、共赢平台服务新生态，实现绿色可持续发展。另外，本项目在湖北省营商环境中效果表现优异，武汉市供水主体都采用了本项目实现营商环境对接，具有极大的可复制性及可推广性，社会效益成效显著。

16.8.3　环境效益

本项目运行使得涉及供水服务的业务流程从112个缩减到21个，涉水业务客户投诉率在现有基础上下降10%，相应的客户咨询响应能力提升400%，用水故障处理效率提高33%。同时，助力武水集团在2019年武汉“获得用水”营商环境进入全国前十、中西部第一；在2020年入选国家发展和改革委员会《中国营商环境报告2020》，作为“获得用水”标杆城市最佳实践案例在全国示范推广；在2022年由国家发展和改革委员会编写并发布的《中国营商环境报告2021》中，武汉市“获得用水”指标被评为优异。

现在武汉市民在碰到突发停水、报修、报漏等用水故障时，多渠道智能化的24h客户服务手段可使得用户诉求很快得到响应和解决，办事效果显著，有效提升人民群众幸福感、获得感。

16.8.4　管理效益

武水集团一体化客户服务平台是全国首个全云化水务智慧客户服务平台。武水集团以“整合”业务线为理念的设计思路，采用“全云化”的总体技术路线搭建了客户服务平台，实现了客户服务的一体化、信息化、智能化，做到了管理精细化，更好地实现了服务供水，节能增效，提高了企业的供水运营管理效益。项目建成后，该平台将具备统一身份认证、客户关系管理、客户综合服务、工单管理、工单引擎、巡维管理、GIS应用等一系列系统功能服务，有效提高了武水集团客户服务管理水平，实现企业数字化转型效益提升与价值创造。

16.9 项目经验总结

16.9.1 内生需求驱动传统业务再造与革新

随着用户需求不断地变化和技术的快速发展，武水集团发展面临着各种机遇和挑战，包括提高企业管理效率、降低运营成本以及提升服务品质等内生需求，所以必须不断创新管理模式，以适应日益复杂的运营和管理需求。因此，智慧水务的建设一定是以新技术为支撑，对传统业务的再造和革新。同时，新技术的引入引领企业促进变革，相辅相成。

16.9.2 借助他山之石跨行业引入先进模式

本项目建设前，武水集团对其他行业的企业进行走访调研、归纳总结，同时借鉴电力、互联网等高科技行业成功模式，通过引入先进的“互联网+”客服模式，对涉水服务进行整合、优化、创新，极大促进了企业管理水平提高，实现客户服务品质提升。

16.9.3 新技术引入成效与国家政策导向相契合

《“十三五”国家战略性新兴产业发展规划》明确提出，推进“互联网+”行动，促进新一代信息技术与经济社会各领域融合发展。本项目建设运用云计算、大数据、人工智能、移动互联网等新兴技术，实现新一代技术和业务深度融合，打造全国水行业首例全云化、全业务微服务化、全容器化实例运行的客户服务平台，能跨部门、跨流程、跨系统受理涉水业务，有效提升客户服务效率和提高市民幸福感、获得感。

16.9.4 以客户角度打造一体化客户服务平台

随着营商环境不断更新，市民的美好的向往越来越多，推动武水集团水务服务业务不断创新。本项目结合水务行业痛点，充分考虑企业及市民的需求，同时对标国家营商环境政策，通过采用新型技术架构，打造一体化客户服务平台，可以不断适应市民诉求。除了快速响应能力保障，还能前瞻性地对可能产生的民生用水服务诉求问题进行预判，主动提供精准服务，提高市民的用水服务满意度，从而可达到减少用户投诉，提升用户体验的社会效益。

16.9.5 使用过程主动打磨，敏捷迭代增益改造效果

智慧水务的系统建成后，人为因素会带来系统推行阻力，往往需要很长的磨合期，这是行业的通病，也是变革期的阵痛。针对上述问题，需制定磨合期相关过渡预案，并利用微服务DevOps敏捷开发的技术优势，在生产使用中通过近一年快速迭代主动打磨升级，最终形成多方满意的成果。

16.9.6 聚焦共性问题，建设成果和经验可以复用

智慧水务顶层设计既要关注水务企业自身问题，也要聚焦水务行业共性问题。这是因为，研究解决共性问题是在基础研究或者基础科学之上的集成创新和自主创新，其对行业技术进步和行业技术创新意义重大。目前，水务行业信息化建设机制还未健全，在技术发展上仍处于从引进、模仿、消化到自主创新的发展阶段，因此，智慧水务建设成果和经验越具备复用的价值，那么越来越多水务企业就会参与到智慧水务建设中来。

业主单位：武汉市水务集团有限公司
设计单位：武汉市水务集团有限公司
建设单位：武汉博讯科技有限公司
管理单位：湖北冠达通信科技网络咨询有限公司
案例编制人员：
武汉市水务集团有限公司：李向东、石力、华扬、朱晓鹏、陈敬良、李奔

17 沈阳市智慧水务一体化综合管控平台

项目位置：辽宁省沈阳市和平区

服务人口数量：784万人

竣工时间：在建项目

17.1 项目基本情况

17.1.1 项目背景

沈阳水务集团有限公司（简称沈阳水务集团）成立于2008年5月29日，是集供水排污于一体的市属国有企业。截至目前，沈阳水务集团所辖供水面积744.6km^2，日供水能力314万m^3，供水管网8852km，在装水表360余万块，服务供水人口784万人；同时管理排水泵站60座，承担城区57条主要干道排水和防汛工作；在污水业务方面，下辖5座污水处理厂，日均处理能力为20万m^3。

随着国家新一轮东北老工业基地振兴的实施和辽宁省提出的打造“沈阳经济区”的宏观经济背景，沈阳市将迎来新的发展机遇。特别是智慧城市建设成为助推企业数字化转型、智慧水务建设的强有力的“推手”。沈阳水务集团开展了“沈阳市智慧水务一体化综合管控平台”建设，全力打造信息化、精准化、智慧化的沈阳市供水综合管理系统，为城市经济发展、人民生活稳定奠定良好的基础。

17.1.2　项目简介

沈阳市智慧水务一体化综合管控平台建设作为智慧城市建设的重要组成部分之一，是带动水务现代化，提升水务行业社会管理和公共服务能力，保障水务可持续发展的必然选择，是体现城市管理水平，促进水务行业技术进步和管理转型，实现运营与服务精细化、智慧化的重要支撑和保障。

“沈阳市智慧水务一体化综合管控平台建设”以“顶层设计、业务驱动、统一标准、资源共享、智能应用”为原则，以GIS、IoT、云计算、AI等新兴技术为依托，构建1底座、1中心、1平台的信息化支撑体系。利用大数据、云计算、物联网、一张图、数字模型、虚拟化等新型信息化技术，实现资源整合利用和数据深度挖掘，打造新时代环境下“一图掌控全局、一网全面感知、一屏享你所需、一库一源共享”的水务大脑（图17–1）。

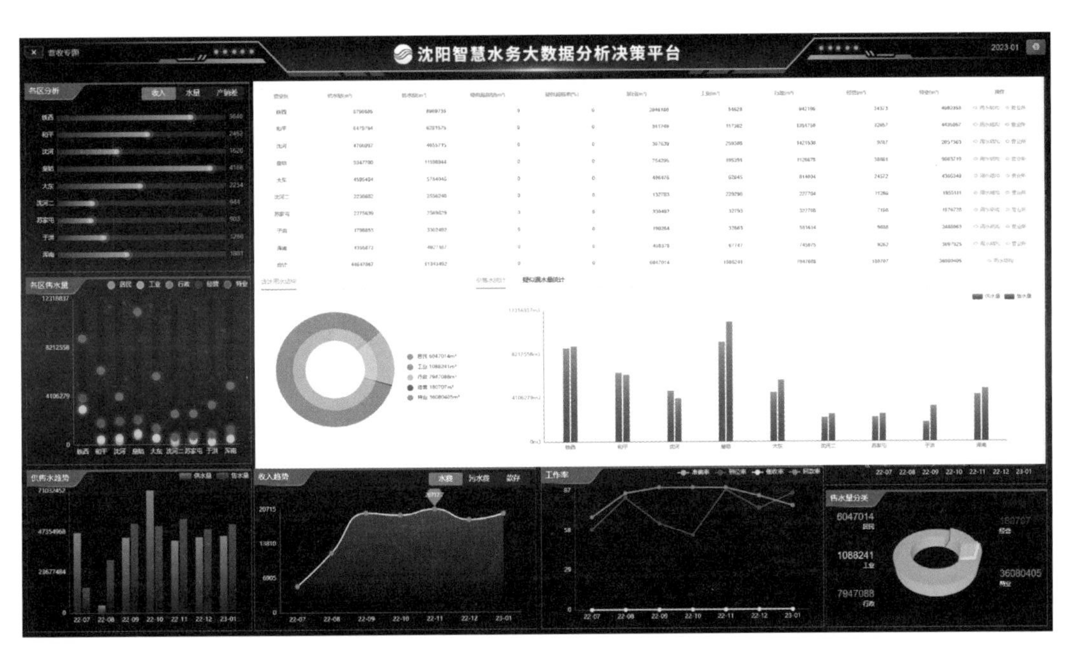

图17–1　智慧水务大数据分析决策平台

17.2　问题与需求分析

17.2.1　现状及问题

沈阳水务集团信息化起步较早，前期的信息系统以单一业务为向导，由各单位和部门按需自行建设，先后建立了沈阳水务集团ERP内控管理系统、营销系统、客户服务系统、市街管网压力点实时采集系统、水厂生产信息自动化监管统计系统、二次加压泵站采集分析系统、远传集抄平台等十六个系统。这些系统分别从管理、服务、生产等方面为沈阳水务集团日常经营和生产提供了支撑。但是由于信息化建设时间跨度较大，业务需求不断变更，缺少统一管理，数据综合利用率较低，系统之间存在信息“数据孤岛”问题，没有形成一个整体，无法实现资源的有效整合和利用，不能有效支撑现代化企业的生产、运营和管理。

17.2.2 需求分析

1. 供水管理需求

运用新一代信息技术，优化升级生产过程控制应用体系，实现制水生产全过程智能化监测、管控。通过安装智能远程监控终端建设，完成构建生产过程控制应用体系的基础，结合供水生产各环节复杂程度，合理选取监测点，安装智能远程监控终端，对城市供水取水、消毒、沉淀、过滤等一系列生产加工过程进行实时数据采集与监控，实现智能化管理。

建立并完善供水系统运行监测布控点，实时采集流量、压力、水质等关键运行数据，实现对供水系统从源头到最终用户整个过程的监测及预警。

2. 优化供水运行与调度需求

目前主要以经验调度为主，为实现科学调度的目标，深度整合供水生产过程数据、供水管网数据、供水压力、流量、水质、警报等各种动态信息及历史信息，通过业务建模，构建供水实时调度模型，实现供水实时情景模拟、决策建议生成等功能，当突发事件发生时，及时在不同取水地、不同区域、不同楼宇之间进行科学高效的供水调度。

3. 控制漏损降低产销差需求

为贯彻落实国家“水十条”的要求，实现2025年年末供水管网漏损率控制在9%以内，需进一步完善DMA在线流量监控，通过对夜间最小流量的监控，辅助管网压力监测，漏水声波监视，为漏损控制工作提供相应依据。

4. 防汛排涝及排污管理需求

建立完整的城市内涝监测体系，完成包括内涝点、水情、雨情和关键管网节点的监测网络，实现与沈阳市其他相关城市管理部门应用系统的互联互通，并构建城市内涝风险分析和预警模型。

5. 节能降耗需求

在水厂、泵站、污水处理厂等生产环节利用智能感知设备，通过新一代信息技术覆盖基础自动化、过程监控及管理，实现生产数据的实时采集、数据存储、加工及分析，让生产效率最大化和节能方面最优化。

6. 服务管理提升管理效率需求

建设沈阳水务集团集中管控的协同办公平台（ERP系统），在人力资源、资金财务、物资设备、工程项目、营销服务等方面实现集约化管理。利用先进的移动应用技术，实现移动办公、远程调度、移动会签、无纸化办公。在服务和管理层面为下属企业提供管理和支撑保障。

17.3　建设目标和设计原则

17.3.1　建设目标

利用大数据、云计算、物联网、一张图、数字模型、虚拟化等新型信息化技术，按照“业务主导、数据驱动、顶层设计、统一标准”的原则实现资源整合利用及数据的深度挖掘，打造新时代环境下“一图掌控全局、一网全面感知、一屏享你所需、一库一源共享”的水务大脑。

1. 纵向管控决策支持

建立统一共享的信息平台，沈阳水务集团总部能实时监控下属单位的设备资产、生产运行、营收财务、客户服务等关键信息，有效利用大数据技术平台为管理层提供全面、及时、准确的决策信息支持。

2. 横向协同高效运营

整合内部上下游信息资源与业务流程，事务性工作自动化，财务业务一体化，促进部门横向协同，提高资产运营效率，促进生产协同优化，大幅提高工作效率。

3. 智能互联敏捷安全

推动生产、运行、营收、客服、管理等业务领域的自动化、数字化、网络化、信息化和集成化，为今后打造智能生产、智慧水务奠定坚实基础；推进IT基础设施建设与提升，采用全新的架构设计理念，建成组件化、集中化、服务化、协同化的统一云平台，提供高质量、可重用的平台服务，营造安全、高效、敏捷的创新IT信息化环境。

4. 模板迭代快速推广

快速响应需求、提升客户体验、增强客户黏性、深化服务维度，借助“互联网+”的思维，依托规模优势创新服务模式，构建公司的运营新生态。同时，通过导入标准化的流程模板及IT系统支撑方案，加速对原有和新建供水系统的整合、快速迭代、输出标准化管理。

17.3.2 设计原则

1. 服务需求，应用主导

智慧水务建设与发展必须紧密结合沈阳水务集团水务运营工作的业务需求，从业务管理的实际需求出发，积极营造信息化保障环境，促进沈阳水务集团运营管理的健康发展。

2. 统筹兼顾，持续建设

统一规划建设平台，兼顾当前急需与未来扩展，设计上要有很强的开放性和扩展性，实现有步骤地持续性建设。

3. 整合资源，协同共享

智慧供水的建设与发展必须充分利用已有的网络基础、业务系统和信息资源，加强资源整合，发挥投资效益，避免“信息孤岛”，使有限的信息资源发挥最大效益，实现“一源多用”，开展相关业务系统之间的环境资源共享与协同工作。

4. 充分借鉴，集成创新

项目建设充分借鉴省内外城市智慧水务的建设经验，采用先进成熟的技术标准和方法，并根据本地实际，因地制宜建设一个技术先进、具有本地特色的“智慧水务”。

17.4 技术路线与总体设计方案

17.4.1 技术路线

智慧水务信息化建设将沈阳水务集团的所有IT系统视作一个整体，从系统论的高度着眼，采用系统集成和系统优化的方法进行规划，以完成各种应用功能需求，达到整体性的解决效果。系统设计严格遵循企业系统规划法（Business System Planning，BSP），如图17-2所示。

以改造设计为主线：在已有业务及信息化建设的基础上，通过对各业务内容和技术线路的梳理，形成较为完整的功能系统。运用先进的通信技术、软件

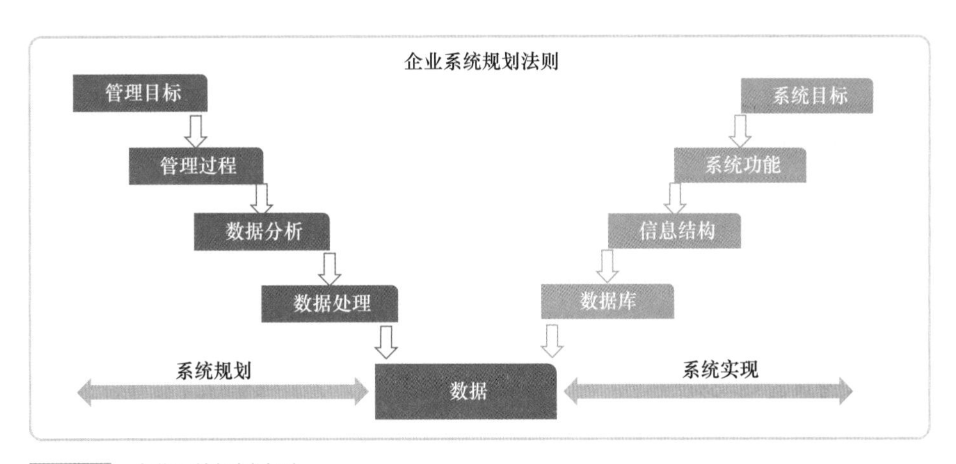

图17-2 企业系统规划法则

技术改造现有系统设计，并为沈阳水务集团智慧水务的信息化建设提供长期有效的发展规划。

以高度集成、互联互通为目的：统筹已有业务信息化系统和规划待建新业务信息系统，将新、老系统进行综合集成，将业务系统功能进行整合，以实现信息资源的共享和系统间协同工作的设计目标。

17.4.2 总体设计方案

沈阳水务集团的信息化建设坚持以国家政策为指引，以沈阳市供水实际业务需求为核心，通过对国内先进供水企业的考察学习和归纳总结，以GIS、物联网、云计算、大数据分析、虚拟化、移动互联、AI等新兴技术为支撑，设计了“一条主线、两个集成、三个层次、四个支撑体系、五个应用体系”的总体架构，具体如图17–3所示。

1）一条主线

以支撑整个沈阳水务集团的完整业务价值链和有效的集团管控为主线，打造沈阳水务集团、各下属企业统一架构的一体化信息平台。

2）两个集成

业务流程集成：通过集成一体化的核心体系，打通沈阳水务集团与下属企业、部门和管理层级之间的“经脉”，实现业务流程的有效集成与衔接。

信息集成：通过建设业务综合决策分析和生产调度指挥平台等系统，从生产经营层一直到管理决策层的信息能够得到充分的集中、集成、共享和分析利用。

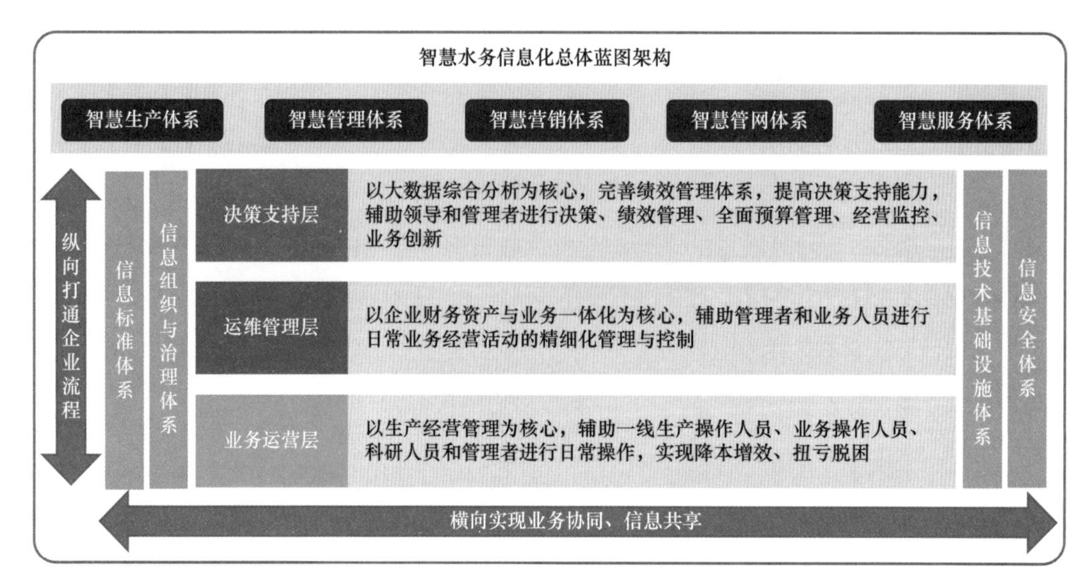

图17-3 智慧水务信息化总体蓝图架构

3）三个层次

未来沈阳水务集团的整体信息化架构依据企业管理架构，分为决策支持层、运营管理层和业务运营层三个层次来构建。

4）四个支撑

未来沈阳水务集团应建立有效的信息化组织与治理体系、统一适度的信息化标准体系、健壮稳定富有弹性的信息技术基础设施体系、强大的有效避免风险的信息安全体系。

5）五个应用

打造智慧生产、智慧管网、智慧营销、智慧服务、智慧管理5大应用体系。

17.5 项目特色

17.5.1 典型性

1. 解决了缺乏顶层设计、统一标准的问题

根据沈阳水务集团信息化建设现状以及企业数字化转型目标，以“业务牵引、数据驱动、顶层设计、统一标准”为原则，设计了符合本身特点的“智慧水务”总体框架。

2. 解决了管网底数不清，业务应用支撑能力差的问题

通过管网普查工作及应用系统建设等工作，实现了管网设施设备的摸底排查以及全生命周期管理，保证了数据的准确性以及完整性，并为其他业务应用系统提供数据及应用支撑。

3. 解决了“信息烟囱、数据孤岛”的问题

通过建设数据中台，构建了统一的信息底座，实现了对沈阳水务集团信息化系统数据的统一汇聚、治理、存储及共享，连通了“数据孤岛”、打破了“信息壁垒”，为部门之间的信息流转、各专题数据的综合利用和大数据分析提供了强大的支撑。

4. 解决了多专题和宏观数据综合分析应用的问题

根据生产、管网、营收、服务、管理等业务需求，搭建统一的大数据综合分析应用平台，实现了对专题数据、宏观数据的多维度、多粒度、多尺度等挖掘分析以及综合应用，为沈阳水务集团监督和决策等工作提供数据和应用支撑。

5. 解决了基础资源分散、信息安全性弱的问题

搭建统一的数据中心，通过计算虚拟化以及云管理，实现资源的动态扩展以及弹性分配。同时，数据中心根据等保2.0三级标准进行建设，保证了信息网络安全。

17.5.2　创新性

以“顶层设计、业务驱动、统一标准、资源共享、智能应用”为原则，以GIS、IoT、云计算、AI等新兴技术为依托，构建1底座、1中心、1平台的信息化支撑体系。

1）1底座（空间地理信息底座）

实现管网、城市底图等多源异构空间信息的汇聚、管理及共享，打造供水要素多维（2D和3D）“一张图”。

2）1中心（统一的数据中心）

夯实水务信息化基础，依据等保2.0三级标准信息安全，构建统一的数据中台及业务中台，建立数据治理体系、KPI指标体系、数据共享应用体系。

3）1平台（统一的智能分析平台）

实现业务与应用的深度融合，涵盖生产、管网、营销、服务以及管理等业

务板块，使数据“能说话、会表达”，科学辅助管理及决策。

17.5.3 技术亮点

1. 数据中心虚拟化

虚拟化是云计算的基础。在虚拟化数据中心，通过虚拟化技术将物理服务器进行虚拟化，具体为CPU虚拟化、内存虚拟化、设备I/O虚拟化等，实现在单一物理服务器上运行多个虚拟服务器（虚拟机），把应用程序对底层系统和硬件的依赖抽离出来，从而解除应用与操作系统和硬件的耦合关系，使得物理设备的差异性与兼容性对上层应用来说是透明的，不同的虚拟机之间相互隔离、互不影响，可以运行不同的操作系统，并提供不同的应用服务。

2. 私有云部署

云平台部署可以通过Manager节点自动发现功能发现其管辖下的物理设备资源（包括机框、服务器、刀片、存储设备、交换机）以及组网关系；提供虚拟资源与物理资源管理功能（统一拓扑、统一告警、统一监控、容量管理、用量计费、性能报表、关联分析，生命周期），对外提供统一的管理入口。可以满足沈阳水务集团单独使用的个性需求，有针对性地提供数据和服务。

3. 多源异构空间信息融合及共享

采取“海量空间数据一体化管理”技术将不同尺度、不同类型的基础空间数据实行一体化存储、管理和调度。通过建立GIS海量地图库管理，将数据分为两类，基础地理数据以分幅专题层的方式通过通用GIS海量地图库管理；专题地理数据以整体专题层的方式通过通用GIS工作区管理。两类数据通过空间位置叠置在一起形成完整一体，并建立统一的服务平台，实现空间数据共享。

4. 数据中台

通过数据中台的建设，帮助沈阳水务集团解决信息化建设中存在的“信息烟囱”“数据孤岛”等问题。通过对海量、多源、多样的数据进行采集、处理、存储、计算，统一标准和口径，将数据以标准形式存储，形成大数据资产层，实现业务数据化、数据资产化、资产服务化，以满足各项业务对数据分析和应用的需求。

5. 业务中台

业务中台建设，采用微服务架构，围绕着具体业务进行构建，并且能够被独立地部署到生产环境、类生产环境等，其强调的是“业务需要彻底地组件化及服务化”，从而保证每个服务运行在其独立的进程中，服务与服务间采用轻量级的通信机制互相沟通，以保障系统高可用性，有效应对高频海量业务访问场景。

6. 技术中台

以不同技术领域的技术组件为支撑，构建水务技术中台。本次项目建设技术中台的关键技术领域的组件包含：API网关、前端开发框架、微服务开发框架、微服务治理组件、地理信息引擎、空间信息共享组件、分布式数据库以及分布式架构下诸如复制、同步等数据处理相关的关键技术组件等。

7. 信息安全保障

按照《信息安全技术　网络等级保护安全设计技术要求》GB/T 25070—2019达到等保2.0三级标准。

17.6 建设内容

本次项目建设通过供水时大数据中心的建立实现软件资源、硬件资源、数据资源的全面、有效的整合；通过数据服务平台建立实现数据信息的融合、共享，打破“信息壁垒”；通过管网地理信息系统以及各业务应用系统的建立实现供水管网的全生命周期管理；通过智慧水务综合管理平台建设实现大数据时代下对数据的智能分析与应用，使业务工作及管理工作更加科学、有效、准确，在辅助部门之间协同工作的同时，提高工作效率。

1. 以改造设计为主线

在已有业务及信息化建设的基础上，通过对各业务内容和技术线路的梳理，形成较为完整的功能系统。运用先进的通信技术、软件技术改造现有系统设计，为沈阳水务集团智慧水务的信息化建设提供长期有效的发展规划。重新设计智慧水务架构体系，基于沈阳水务集团“智慧水务+水务大数据服务”发展战略，构建以物联网技术为应用基础，涵盖水务运营、管控、服务于一体的水务数据平台，其服务专题如图17–4所示。通过物联网设备和智慧水务一体化平台的深度融合应用，更好地引领和满足市场需求，提高用户黏性。推动数字化转型和智慧水务平台的普及应用，探索新的商业和盈利模式，实现安全供水与服务转型升级，确立基于数字化的降本增效、安全生产新方向。

2. 以高度集成、互联互通为目的

统筹已建成和规划待建的各业务信息化系统，搭建业务工单及信息系统，以二次泵站管理为先行试点，通过区域漏损、泵站维修等功能的有效应用，提

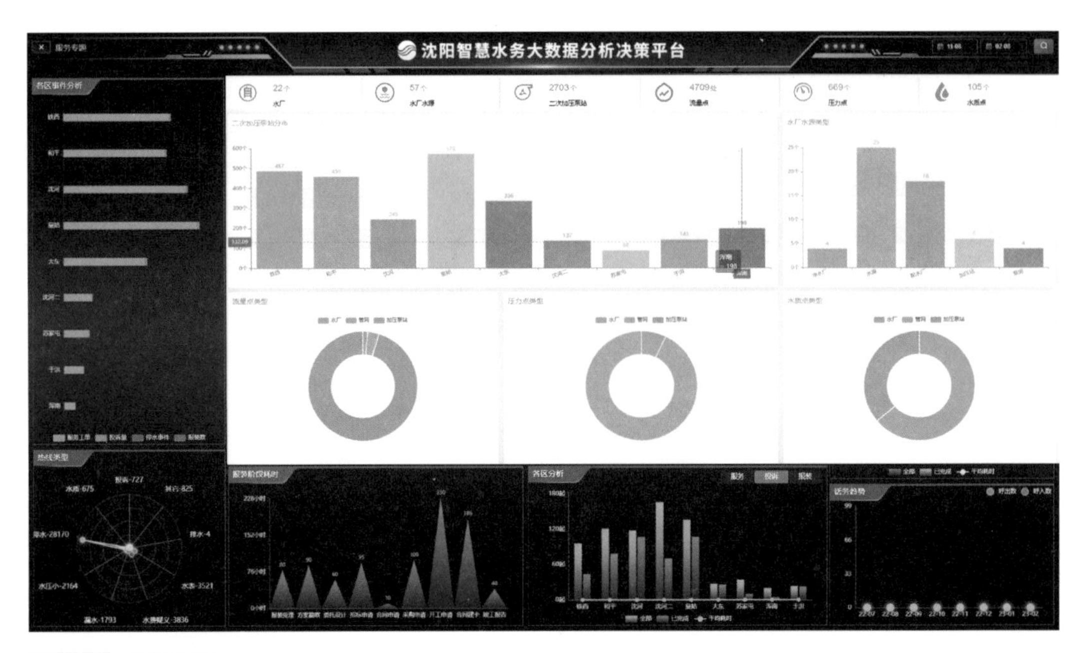

图17-4 服务专题

高二次泵站运行及维护效率，并逐步实现跨系统、跨业务部门、跨平台的数据关联。智慧水务的建设目的就是要将新、老系统进行综合集成，将业务系统功能进行整合，以实现信息资源的共享和系统间协同工作的目标。

3. 深化技术及数据应用，构建营收监督体系

依托大数据、人工智能、物联网等技术，消除“信息孤岛”，将原有信息系统进行数据整合，形成各系统间穿透闭环，切实打通全流程数据资源和业务应用，释放大数据监督力，全方位织密沈阳水务集团治理监督网格，实现监督治理的高效精准运转。监督系统界面如图17-5所示。

17.7 应用场景和运行实例

1. 摸清家底，“厂站网”资产数字化，打造空间信息底座

实现了“厂站网”资产的全生命周期管理（图17-6）。通过空间信息服务为其他相关业务部门提供统一的地图服务、专题数据服务及位置服务等开放性服务，实现数据共享。通过水务资产空间底座的打造，建立供水要素“一张图”的资产监管与应用体系（图17-6），为管网资产管理、设施设备养护维修、漏损监控、应急调度及营收服务的业务管理工作提供数据及应用支撑。

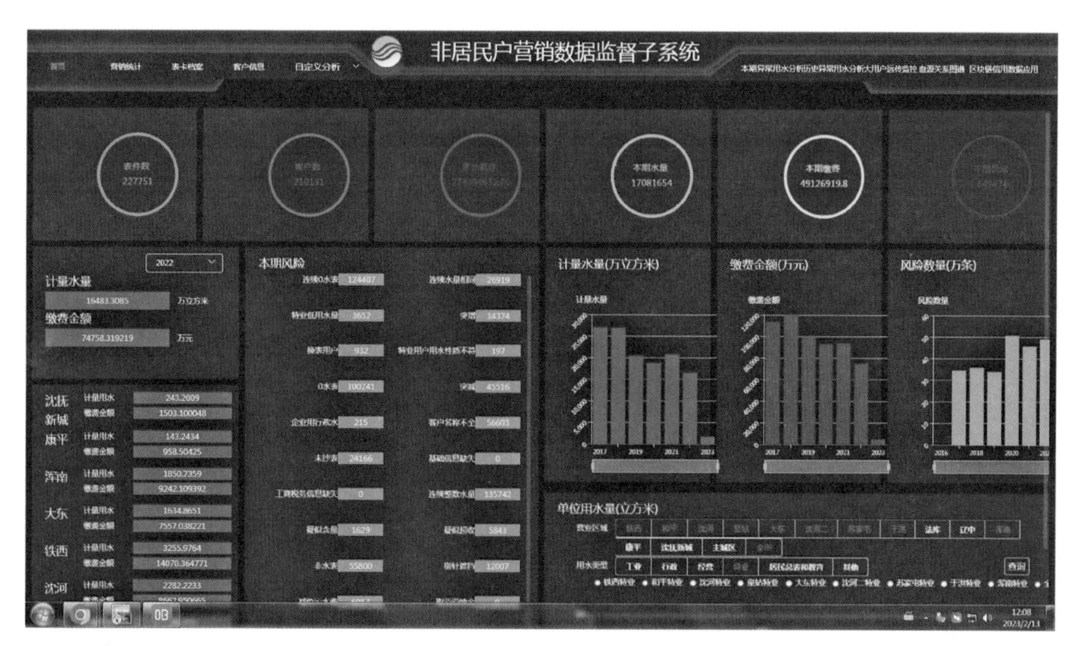

图17-5 监督系统

图17-6 “厂站网”管网专题

2. 科学辅助管网业务管理工作，保证管网稳定运行

建立智慧管网体系，实现管网资产的全生命周期管理以及综合应用，从而优化业务流程、提高工作效率、提升管理水平，为管网工程建设、巡检养维以及运行调度等业务工作提供支撑。实现管网的科学规划设计、合理施工改造、精细巡检养维以及快速响应及处置，保障管网运行稳定运行及供水输送能力。

3. 城市供水系统的“数字孪生”，实现优化运行、科学调度

打造供水“厂站网”的“数字孪生”信息平台（图17-7），实时掌握各类生产运行（水厂、二次供水生产运行情况：水质、流量、压力、视频、运行工况等；管网运行状态：水质、流量、压力，大用户用水量、居民用水量等）自动化运行监测数据，并能随时调阅各类资产基础信息，通过业务建模，构建供水实时调度模型。借助大数据分析技术、多维度可视化技术进行数据的挖掘分析，为城市供水的运行优化、科学调度等工作提供科学依据。

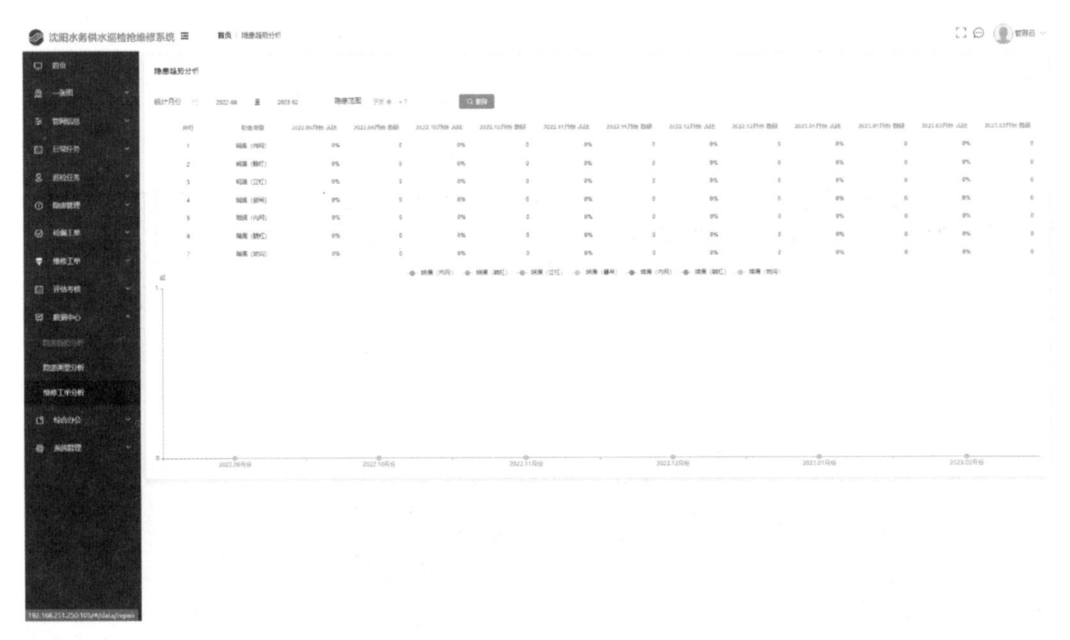

图17-7 供水巡检抢维修系统

4. 全面感知、智能告警，提高日常运行监管能力及突发应急响应能力

根据供水安全保障及供水管理需求，建立城市供水“全过程感知智慧预警系统”（图17-8）。通过整合关键运行数据，结合KPI指标，构建和运行预警告警数据分析模型。数据分析模型借助GIS空间服务实现预警/告警信息的快速定位，借助

大数据分析技术实现预警/告警事件分析，借助移动互联技术，实现全天候、全场景跟踪监管，如图17-9所示为动态感知应急管理平台泵站停水汇总。最终，实现隐患提前发现、突发事件处置全程跟踪、事后科学评估等功能，提高城市供水运行日常监管能力、风险隐患预警能力、突发事件响应速度，保障城市供水安全。

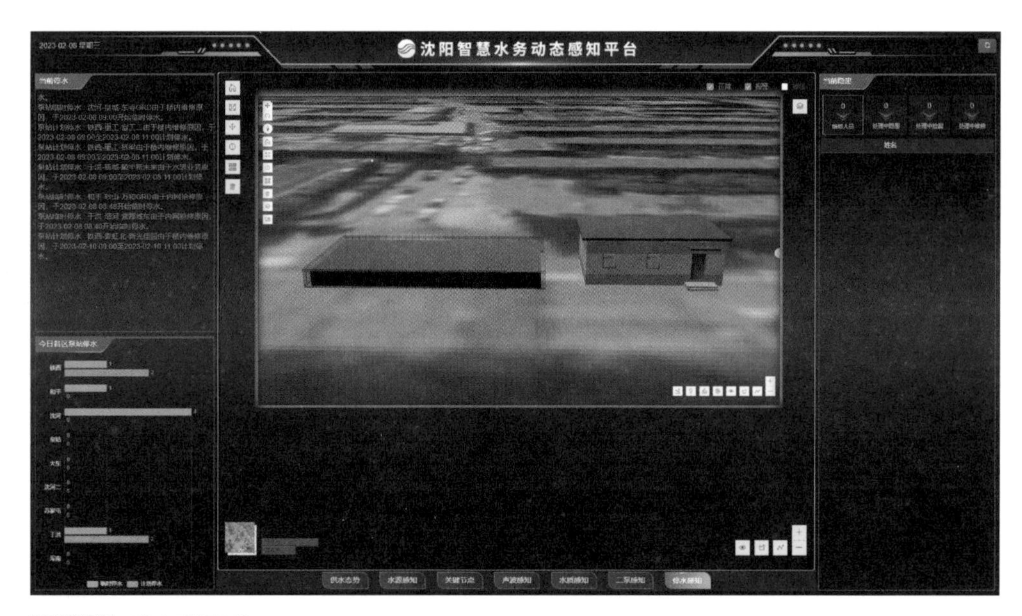

图17-8 动态感知平台

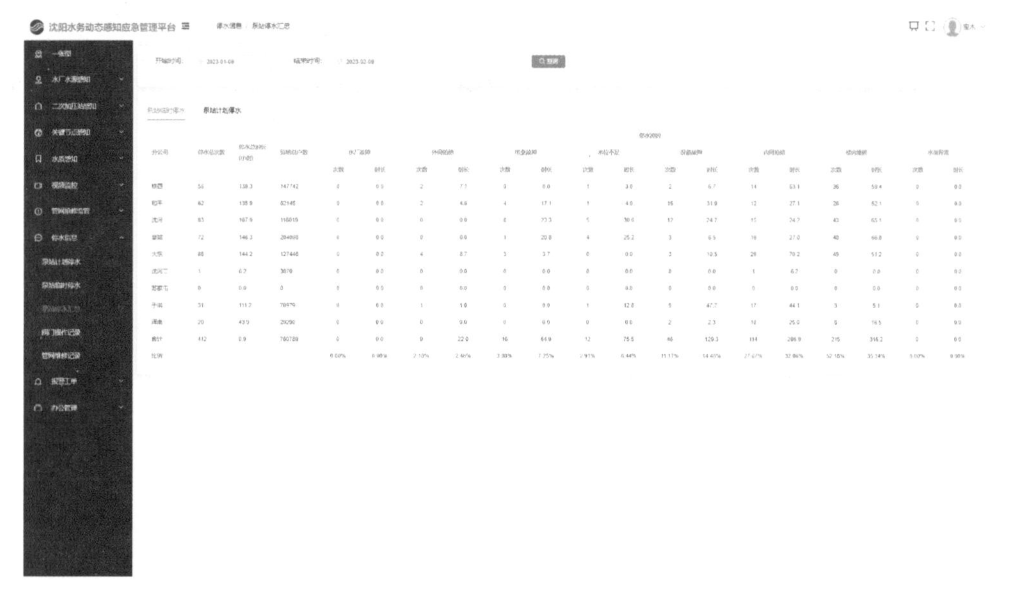

图17-9 动态感知应急管理平台泵站停水汇总

5. 科学辅助城市供水运行服务管理，实现“惠民”“惠企”，打造良好的人居环境和营商环境

整合用户服务管理工作中涉及的用户数据（用户信息、地址门牌、用水类型等）、运行数据（流量、水质等）及业务数据（报装、收费、诉求等），构建统一的运营服务管理平台（图17-10），实现对用水用量、用户变化、报装工作完成情况、用户服务满意度等全程跟踪监督以及多维度挖掘分析，科学辅助服务工作的业务优化，提高工作效率、提升服务质量，辅助打造高质量的城市人居环境及城市营商环境。

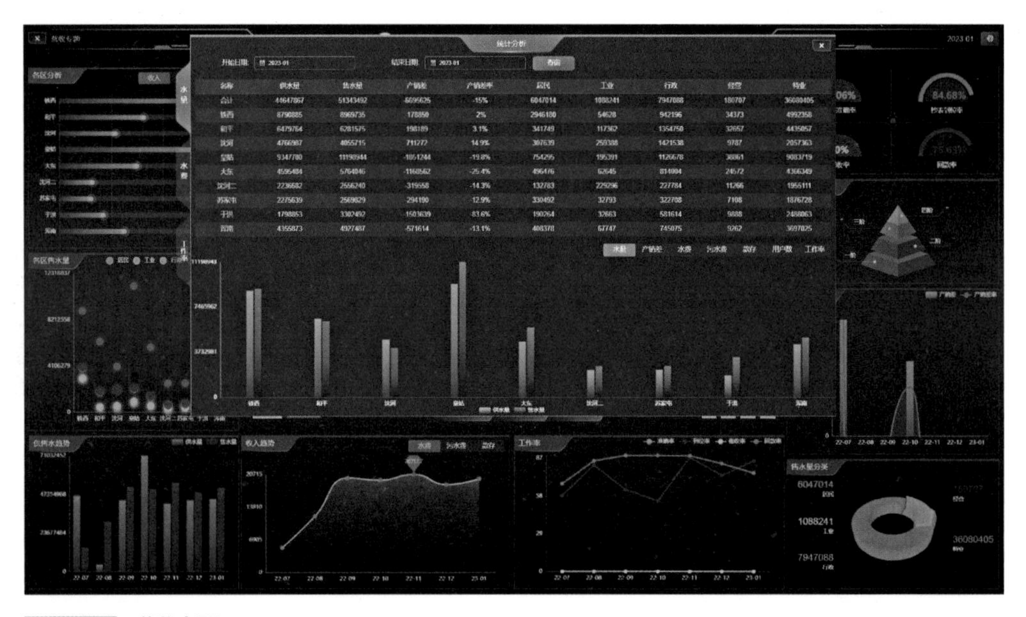

图17-10 营收专题

6. 多维度数据精准分析，降压增效

二次加压泵站计量分析平台如图17-11所示，对全部二次加压泵站加装远传水表，用于采集供水流量数据。结合营收数据，把每一个二次加压泵站的供水区域作为一个小的DMA分区，利用二次加压泵站出口流量数据、夜间最小流量等综合数据，使范围、责任和指标清晰可视。

7. 推进技术手段与业务融合，延伸监督触角

如图17-12所示，通过AI智能识别及异常用水模型的建立，用大数据技术对全部营业查收数据进行分析，有效识别海量查抄问题。通过绘制“血缘”关系图谱，及时发现问题节点，为重大风险责任人盘查提供数据支撑。

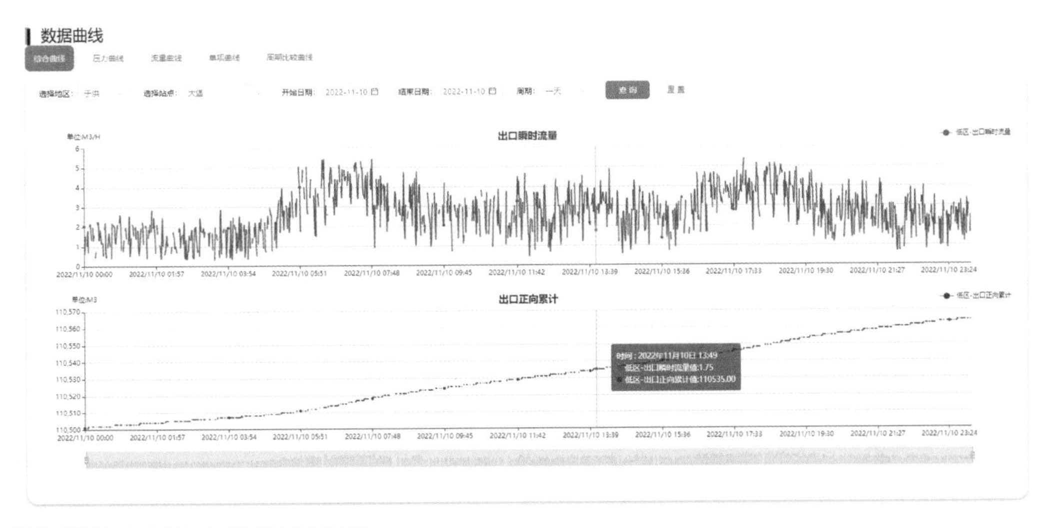

图17-11 二次加压泵站计量分析平台

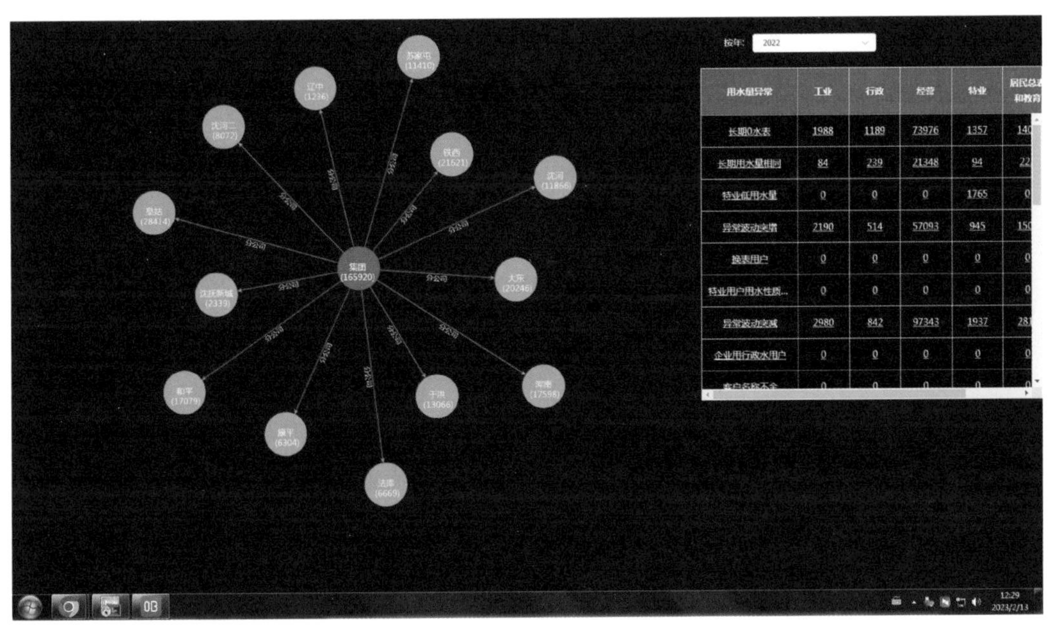

图17-12 营业监督系统“血缘”关系图谱

17.8 建设成效

17.8.1 投资情况

沈阳市智慧水务一体化综合管控平台先后共投入经费5014万元。目前，系统仍在不断完善中。

17.8.2 经济效益

一是实现了城市供水系统运行状态的全面感知和智能预警，辅助沈阳水务集团优化管网运行、开展科学应急调度、实现风险隐患及时定位，用科技保障供水安全的同时，实现减员增效。项目累计消化冗员1300余人，年减少人工成本支出1亿元。二是提高营收工作监管能力，提升营销服务质量。同时，借助大数据跟踪分析，查处窃水事件300余件，追缴水费800余万元。

17.8.3 环境效益

1）保障供水安全，实现节能降耗。对水厂、泵站、管网关键节点等运行监测数据（重点关注流量、压力、水质等核心指标）进行全面整合，通过平台提供多维数据可视化、大数据分析、智能预警等功能，实现节能降耗。

2）智慧化精细化管理，有效降低漏损率。从2019年的14.72%降至2021年的9.91%，下降4.81%，将漏损率连续两年控制在10%的国家考核标准线以内。2022年，沈阳水务集团利用本系统进行漏损情况精准排查。针对漏失率排名靠前的309座泵站，开展了为期100d的小区内网测漏、修漏、抢修、撤换专项行动，专项行动后二次泵站供水量每日减少89732m^3。

17.8.4 管理效益

实现了各个业务系统之间的信息统一流转，为部门之间的协同工作提供了良好的支撑，优化了业务流程，提高了办事效率。一是实现自动分析、数字碰撞，通过“算力”代替“人力”及时发现潜在的基层公权力运行问题，从“人在看”到“云在算”，用科技的力量提高对风险的感知、预测和防范能力，实现监督管理与数据平台有机结合，堵塞管理漏洞和廉政风险隐患，实现高效监督，助推企业治理工作的不断提升。二是在办事审批方面，优化了审批流程，缩短审批时间，办事周期由之前的以月为单位缩短为以日或时为单位。三是优化组织架构，消除人员冗余。通过平台提供的能力，助力沈阳水务集团在业务流程优化、组织结构精简等方面工作的开展。四是提高营收工作监管能力，提升营销服务质量，提高居民满意度，提升沈阳水务集团形象，打造优质的城市营商环境。

17.9　项目经验总结

1. 统筹规划、顶层设计

智慧水务的建设具有系统性、整体性、复杂性、持续性的特点。因此，供水企业要以国家政策为指引，以城市发展需求为导向，根据自身业务特点和未来发展，从宏观的角度出发，以长期发展的眼光进行统筹规划和顶层设计，合理制定战略目标，实现建设内容全面覆盖，建设工作可持续推进，阶段性目标可按时完成，使智慧水务建设能够长期、稳定、健康地发展推进。

2. 摸清家底、制定目标

智慧水务的信息化建设起步较早，各部门根据自己的业务工作需求，已先后完成了满足本部门需求的信息化建设工作，多年来积累了一定的硬件资源、网络资源及数据资源。要完成对自身信息化基础的全面摸底，掌握现有的软硬件资源、数据资产以及应用系统底数，并结合业务应用需求制定总体建设目标以及各个阶段性建设目标。

3. 资源整合、夯实基础

在智慧水务的建设过程中，在统一的架构基础上，需要对现有的数据资源、软硬件环境、网络资源进行梳理整合和统筹规划，避免有效资源的浪费，并实现资源的统一运维管理及综合共享应用。

4. 数智共生、融合应用

以“业务牵引、数据驱动”为原则，依托数据共享交换机制，丰富水务数据来源，强化数据在各个业务板块的融合互通。借助数据挖掘、联合分析的智能手段，提升数据能效，拓展横向到边的数据综合利用，满足纵向到底的数据贯穿应用，促进智慧水务体系下各类数据的共建、共享、共生，实现业务与应用的深度融合。

5. 完善体系、保障执行

要建立完善的保障体制，保证工作的顺利完成，并可持续地长效发展。同时，为保障智慧化建设能够成功达成建设目标，保障总体思路有效执行和落地，需要建立相应的保障体系及保障机制，共同推进智慧化建设。

业主单位：沈阳水务集团有限公司

设计单位：沈阳市给排水勘察设计研究院有限公司

建设单位：阿里云计算有限公司、辽宁华盾安全技术有限责任公司

管理单位：沈阳水务集团有限公司

案例编制人员：

沈阳水务集团有限公司：刘继扬、陈学志、高国伟、李楠、朱焱、刘爽、丁武

18 “智水琴川” 高质量发展运营平台

项目位置：江苏省常熟市

服务人口数量：180万人

竣工时间：2021年2月

18.1 项目基本情况

18.1.1 项目背景

常熟市把城镇污水治理作为城乡一体化统筹发展的重要内容，确定了“统一管理、统一规划、统一建设、统一运行”的工作思路。2010年4月住房和城乡建设部批准设立“常熟县域污水治理综合示范区”。目前，全市供水主干管线超过4000km，污水主干管线超过1300km，市政污水处理厂9座，随着建设量的增加，远程监控点逐年增多，亟需整合资源，统一集成平台。本项目的成功实施解决了行业主管部门缺乏有效手段以实现真实、准确地掌握设施运行情况的问题，满足了企业建立综合应用和分析平台的需求。

18.1.2 项目情况

常熟市“智水琴川”高质量运管平台由江苏中法水务股份有限公司建设运营，投入预算资金约3000万元。项目范围覆盖常熟市全域，土地面积约1276km^2，服务人口超过180万人。项目涵盖供水、排水两个方面，从监管、运营、数据分析等多个角度完善业务需求，同时对智慧供水平台进行整合和数据共享，降本增效，节约资金投入，形成供水、排水一体化管理模式。整个平台分为水务监管、综合集成、供水运营、污水运营、视频监控五大模块，项目实现了“源厂网河湖”一体化监管，一张图展示，全方位综合体现城乡供水、排水、雨水生产运营成效；建立全域污水GIS，实现可视化展示和智能分析，应用；满足近2万套分散式设施的实时监控、过程运维和费效管理需求；集中监管管辖内污水处理厂、污水提升泵站、城乡污水处理独立设施及排水户等数据，实现业务运维集中化管理和数据共享；建立标准化运营管理体系，全流程管理包括排水户排水许可、用户投诉、管网巡检、管网养护、管网维修、排污监管、管网缺陷管理等业务；构建污水水力模型，实现在线模拟分析，结合大数据分析，从系统角度对整个管网运行情况进行评估；精确构建厂区BIM模型，同时叠加实景三维影像、正射影像、全景影像实现设施数据可视化。

18.2 问题与需求分析

常熟市作为江苏省城乡一体化发展综合配套试点县市，在水务运营管理方面如何应用智能化、信息化手段，落实长效监管和科学运行机制，持续发挥设施设备和治水工程的效益，使得全市水更畅更清、常畅常清，已经成了一个亟待解决的问题。

本次项目的实施着重解决监管层和运营层两方面的难点。

1）在管理方面，因涉水设施设备数量众多、分布范围广泛，导致养护监管难度较大；数据仍无法支撑寻找问题的根源；尚未形成全市层面集约式一体化的综合管控格局和长效化管理机制。

2）在运维方面，存在现有基础资料不全和底数不清的历史欠账的问题；缺少闭环的流程体系；权责不清，用户投诉时不同部门缺乏沟通；部分系统建设形成“数据孤岛”，难以分析利用；缺乏预警预报机制，仅仅依靠企业自身运营经验调度指挥；企业长期运营积累的大量且复杂的数据没有充分发挥价值；缺少企业与监管部门的对接渠道，无法满足数据日益增加的时效性要求。

18.3 建设目标和设计原则

18.3.1 建设目标

依据常熟市水务局管理需要，结合常熟市城乡污水设施数量庞大、监管困难的实际情况，为满足苏州市对常熟市城乡污水行业监管要求，常熟市“智水琴川”高质量信息平台同时集成包括常熟市城市排水防涝综合管理平台、常熟市给水排水综合管理平台、供水GIS综合展示系统、办公自动化（OA）等已建系统的导航页，便于统一对城乡污水处理设施进行管理，实现城乡污水处理设施远程管理和精细化管理目标。

完善智慧污水业务管理模块，建立排水户、污水管网、排污企业的管理系统，实现对污水业务链条中重点对象的运维管理；利用大数据技术、GIS技术，对业务数据进行综合分析应用；将污水管网GIS数据、业务管理数据进行集成与提炼，形成重点数据指标，展示智慧污水管理的工作内容，以更加精细、动态、智能的方式为污水的管理、服务、决策工作提供支撑，提升供水排水企业的运营管理能力和核心竞争优势。

同时，针对现有的供水管网管理需求，优化和新增管网GIS系统（B/S）功能，提升管网GIS系统（B/S）功能操作的友好性、功能细节的完整性；新增手机端App系统，满足移动办公场景的使用需求；升级管网数据编辑系统（C/S），实现更丰富的管网设计与编辑功能，提升管网数据处理的效率。通过以上建设内容，实现供水管网数据更加精细化、多维化的管理。

18.3.2　设计原则

系统设计遵循“整体规划、分步实施”的原则，在进行项目建设时，首先确定应用功能，然后根据功能需求进行软件系统的建设。为保证项目建设的顺利完成，避免重复或过度投入，在系统设计过程中应严格遵循以下几项原则：

1）坚持技术先进性：采用先进科技手段，对现有设施进行信息化、自动化处理与分析，提高设施利用率和运行效率。

2）坚持应用实用性：立足于当前城市建设、城市管理的需要，充分发挥信息技术的作用；通过信息整合和分析利用，为供水排水一体化运营提供有力支持。为满足业务需要以及今后工作需要，在项目运行过程中可通过逐步完善与优化来提高系统稳定性和运行效率。

3）坚持数据开放性：利用信息技术，建立开放的架构体系，以适应社会经济和科学技术的发展。建立开放式的服务与应用功能，提高系统的开放性和可扩展性。

4）坚持安全可靠性：全面提升政务云环境下的云主机、云存储、应用和数据的安全，切实提高信息安全保护能力和水平，为其信息资产安全和业务持续稳定运行提供有力的保障。项目整体按照等级保护三级的基本要求进行规划和设计。

18.4 技术路线与总体设计方案

18.4.1 技术路线

本项目平台建设将采用面向服务的层次体系架构（简称SOA架构）进行建设。系统各业务功能以“服务”形式提供给不同的业务应用，各功能之间是相互独立的，以一种“松耦合”的协议机制来组合，基于标准信息服务建立平台，提供应用搭建和业务协同机制，支持用户对应用模块进行定义，并灵活配置、扩展系统，实现数据与功能共享，以适应不断变化的需求。平台总体框架图如图18-1所示。

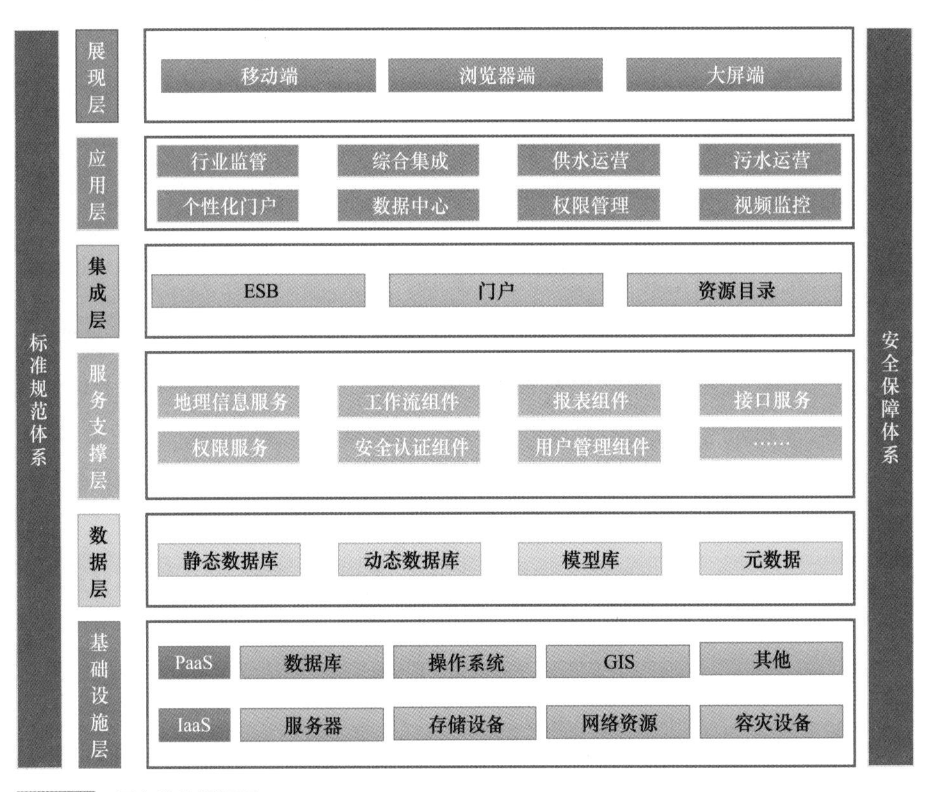

图18-1 平台总体框架图

18.4.2 总体设计方案

系统在整体架构上，将分为物联感知层、基础设施层、数据资源层、信息服务支撑层（集成层）、业务功能层（应用层）、业务展现层等多个层次构建。此外，为保障系统建设的规范性、安全性、合理性，还针对本项目建设了标准规范体系、信息安全体系及管理制度。根据目前运管现状，各层次体系详细描述如下：

1. 物联感知层

物联感知层充分运用物联网技术，整合各环节领域布设物联传感设备，采集污水处理设备生产运行实时状态信息，获取设备运转的第一手信息。本平台的设备运行状态等信息，直接来源于运维单位的监控系统，确保数据的及时性、真实性、有效性。

2. 基础设施层

在本平台中，采用“云+本地”方式进行建设，由云服务提供基础设施层功能，将监管平台部署在本地电信云上，运维业务功能布设于私有机房，整套网络采用专线连接，保证稳定可靠。网络框架图如图18–2所示。

3. 数据资源层

数据资源层包括各类信息化资源，如基础设备数据、运维数据、监控数据、水质数据等，还包括与其他平台对接共享获得的地图数据、基础地形、位置坐标等空间数据信息。

4. 信息服务支撑层（集成层）

信息服务支撑层实现对各类信息资源的集成、管理、分发和运维，保障各类数据资源的充分汇总、应用权限的有序管理、信息资源的高效分发以及资源服务的平稳运行。

5. 业务功能层（应用层）

各类业务系统和业务功能在此层面实现，并针对不同用户需求提供切实的业务操作和功能应用。

6. 业务展现层

在本项目建设中，提供Web端以满足日常业务应用，提供移动智能终端满足飞行检查、外业运维等业务应用。

7. 标准规范体系

标准规范体系是项目有序建设的基础，在遵循国家和行业相关标准规范基础上，建成设备设施数据分类编码标准、元数据标准、数据建库与组织标准、系统使用规范、项目管理规范等，有效指导系统平台的顺利建设，保障系统平台的长效运行。

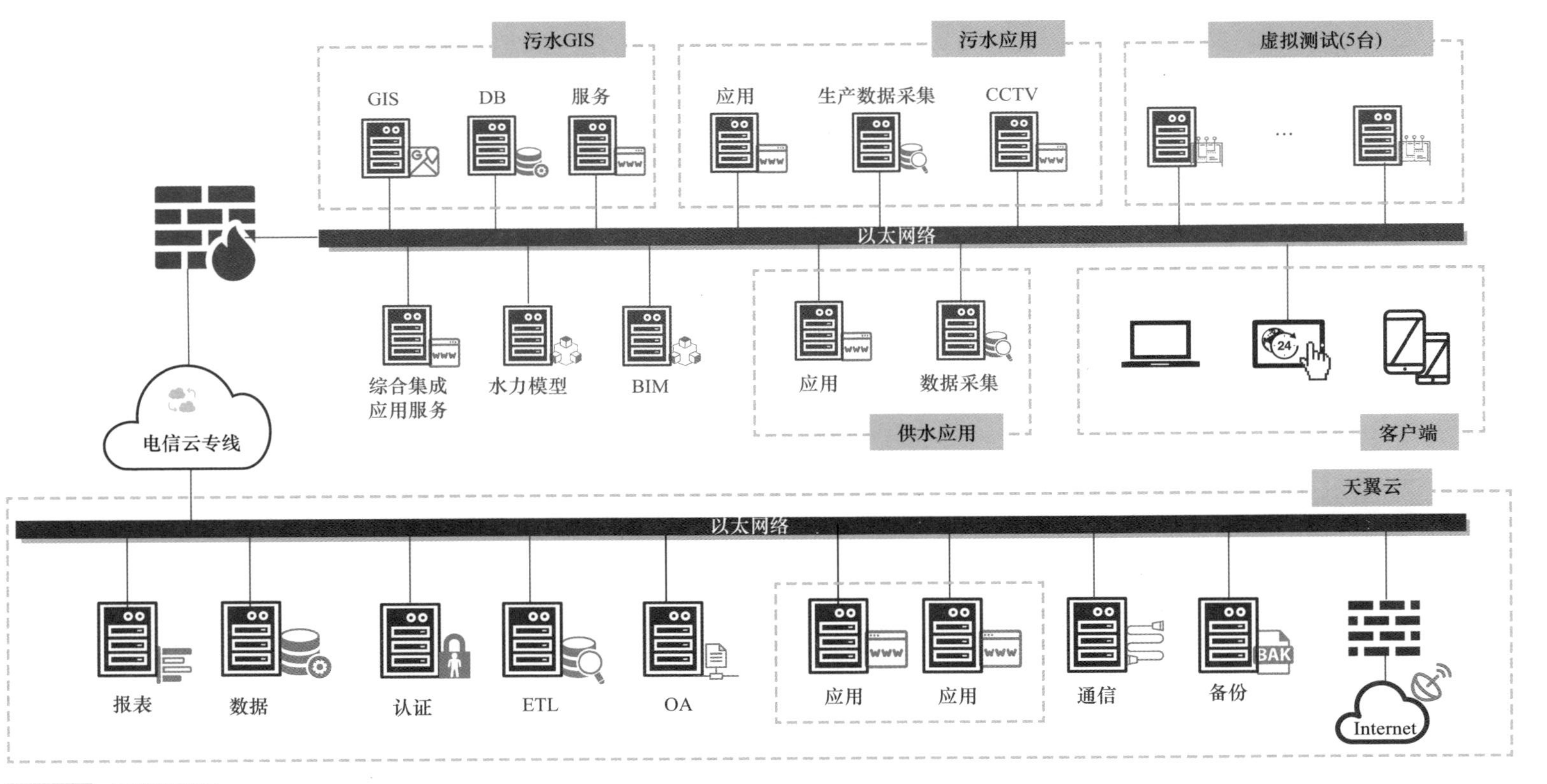
污水GIS
GIS
DB
服务
污水应用
应用
生产数据采集
CCTV
虚拟测试(5台)
…
以太网络
综合集成
应用服务
水力模型
BIM
应用
数据采集
供水应用
24
客户端
电信云专线
天翼云
以太网络
报表
数据
认证
ETL
OA
应用
应用
通信
BAK
备份
Internet

图18-2 网络架构图

8. 信息安全体系及管理制度

以国家和行业标准规范为基础，结合监管规范、运行机制，制定一套标准规范体系和安全保障体系，主要包括数据处理规范、接口规范、数据系统使用规范、服务器管理规范等，保证系统平台安全稳定地运行。最终形成业务架构，如图18-3所示。

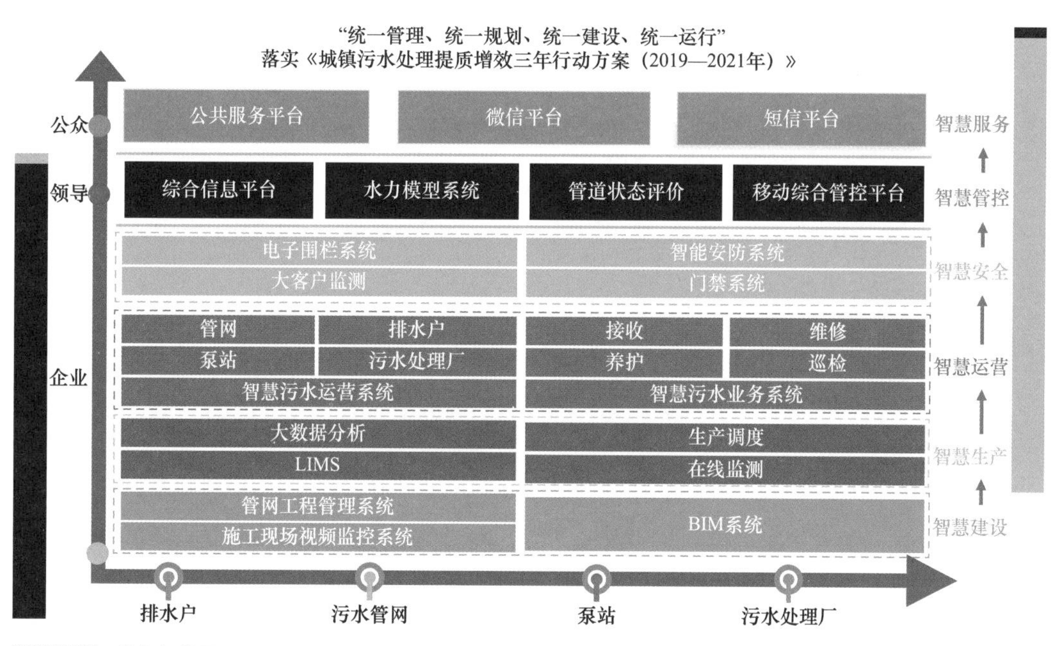

图18-3　业务架构图

18.5　项目特色

18.5.1　典型性

2015年4月，国务院发布“水十条”，要求全力保障水生态环境安全，加快发展环保服务业。常熟市积极响应国家政策，结合常熟市特点，在基础设施建设的同时，也注重信息化建设，本次“智水琴川”高质量发展运营平台的建设除了自身的系统建设之外，注重外部资源的接入，将供水排水一体化监管、一体化运维的思路贯穿于整个系统建设当中。因此，本项目对于需要建设或者正在建设智慧水务的中小城市来说具有一定的典型性和示范性。

18.5.2 创新性

监管一直是政府管理部门与企业运营者之间的焦点，在管理过程中，政府监管企业的目的在于引导其规范运作，对运营主体的运营情况进行及时检查并提出管理要求，以实现高质量发展。“智水琴川”高质量发展运营平台着眼于一体化管理，除了供水排水系统的融合，还针对监管与运营进行一体化设计，创新性打造“透明化”的监管平台，使得政府管理部门能够及时了解运营主体的各项指标情况，从传统的定期汇报制转变为动态监管制进而提高监督管理水平。对于企业运营者来说，明确了监管内容，疏通了沟通渠道，能够有的放矢，更好地配合城市发展战略规划。

18.5.3 技术亮点

本次项目技术亮点主要在于四个方面：

1）完善管网完整性评价系统。管网是保障污水处理整套系统稳定运行的关键。一般而言，我们会定期对管网进行体检，无论是QV还是CCTV最终都获取了大量的管网现状信息，这里面既有严重的三级、四级缺陷问题，也有需要持续关注的一级、二级缺陷问题。严重的缺陷问题，短期内就会得以修复，轻微的缺陷却容易被忽视；又因为以往的检测报告纸质资料繁杂、视频文档冗长、历史缺陷难寻等原因，制约着对管网缺陷的动态管理。这次，我们结合国家规范利用系统功能将所有管网缺陷问题进行管理，形成了探查成果GIS化、检测视频标签化、缺陷管理常态化的工作模式，通过分析历史检测结果，再结合当前实际情况完善养护维修计划，提供升级改造依据。

2）构建污水在线水力模型，从上水到下水，评估区域运营成效。采用“数据+模型”的技术手段从多个维度对管网现状问题及其成因进行解析，辅助日常管理运维与调度，逐步实现由信息化到智慧化发展。同时将模型软件二次开发，实现模型从PC端向B/S端转变，通过清晰明了的界面及简单方便的操作使公司各部门员工都可使用模型。

3）搭建三维数字底座，尝试多种展现形式，通过BIM、GIS、CIM等前沿技术共同助力“数字孪生”城市的建设。利用多种设备以大范围、高精度、高清晰的方式全面感知复杂场景，通过高效的数据采集设备及专业的数据处理流程结合实际项目需求通过多种展示途径使得数据成果能够直观反映地物的外观、位置、高度等属性。利用CAD图纸，精确构建出厂区的BIM模型，同时叠加无人机拍摄的厂区实景三维影像，以及管线GIS数据。

4）完善监管机制，打通厂网站“数据壁垒”，实现一张图全方位综合展示城乡污水生产运营的情况。监管层可以全局或按照区域划分数据权限，运营层在被监管范围内无条件共享数据，保障监管层掌握一手数据，提高企业与政府沟通积极性，及时反馈运营难点，认真落实政策文件。同时，以系统化的形式搭建报表平台，能够有效解决监管层与运营层之间日常报表整理的重复劳动，一次性解决日报、月报、年报中的汇总统计和评估工作，大量节省人工成本。

18.6　建设内容

本项目除软件系统建设以外，对部分缺失管网进行普查，对重点区域进行管道完整性评价作业，同时建设部分测点，具体建设内容见表18-1。

平台建设内容　表18-1

序号	项目	内容	工作量
1	管网普查	测绘和普查	232.42km
		QV	2094座
		压力管井室清理	248座
		CCTV、声呐	25.59km
		疏通	75.27km
		取样检测评价	500处
		数据筛查和入库	232.42km
2	测点建设	污水流量计（新建）	23座
		污水流量计（改造）	31座
		污水COD浓度（新建）	9座
		污水NH_3-N浓度（新建）	9座
		污水管道水位计（新建）	31座
		河道液位计（新建）	3座
3	系统开发	制定数据统一标准规范	1套
		“智水琴川”高质量运营主系统	1套
		城乡污水监管模块	1套
		农村分散式污水管理模块	1套
		智慧污水业务管理模块	1套

续表

序号	项目	内容	工作量
3	系统开发	智慧污水运营模块	1套
		智慧污水水力模型模块	1套
		数据分析模块	1套
		BIM运营管理模块	1套

18.7 应用场景和运行实例

本项目应用场景可分为监管层和运营层两个方面。

18.7.1 监管层应用场景

在监管层，上级主管部门能够随时掌握常熟市3家自来水厂、2座增压泵站、数百个流量计量站、压力监测点，5000多个智能消火栓以及9家净水厂、400余座各类泵站、13000多个农村分散式设施的实时数据。同时，这些设施的基础资料、启停和运维信息也同步共享。

在日常工作中，频繁需要各类统计数据和汇总报表。在拥有完善的物联网平台、数据分析平台和报表平台后，这些工作仅需要处理一次，平台可提供类似Excel表格方式的报表设计平台，根据用户需要生成各类报表、趋势曲线、实用图表，并自动打印或按需自定义打印。用户可以根据业务要求进行报表设计，输入各种查询条件，查询满足条件的报表结果，并且支持报表以Excel、PDF等方式进行导出。监管层应用示例页面如图18-4～图18-6所示。

18.7.2 运营层应用场景

在运营层，整套系统打造运维与分析两个维度。

运维方面，管线的数据维护、实时监测是系统底层数据，通过融合苏伊士环境集团在水务运营方面的经验，构建了系统的GIS应用。另外通过B/S与M/S的结合，形成了计划性和临时性两种不同的任务模式，以任务包的方式管理日常巡检养护。同时，以“问题事件”为核心，以排水户、管网、泵站、污水处理厂为对象，实现“发现问题”“流转问题”“解决问题”的闭环。无论是GIS等数据错误问题还是井盖破损等实体问题都能以“问题事件”的形式在这套系统中流转，由专业的人员解决。

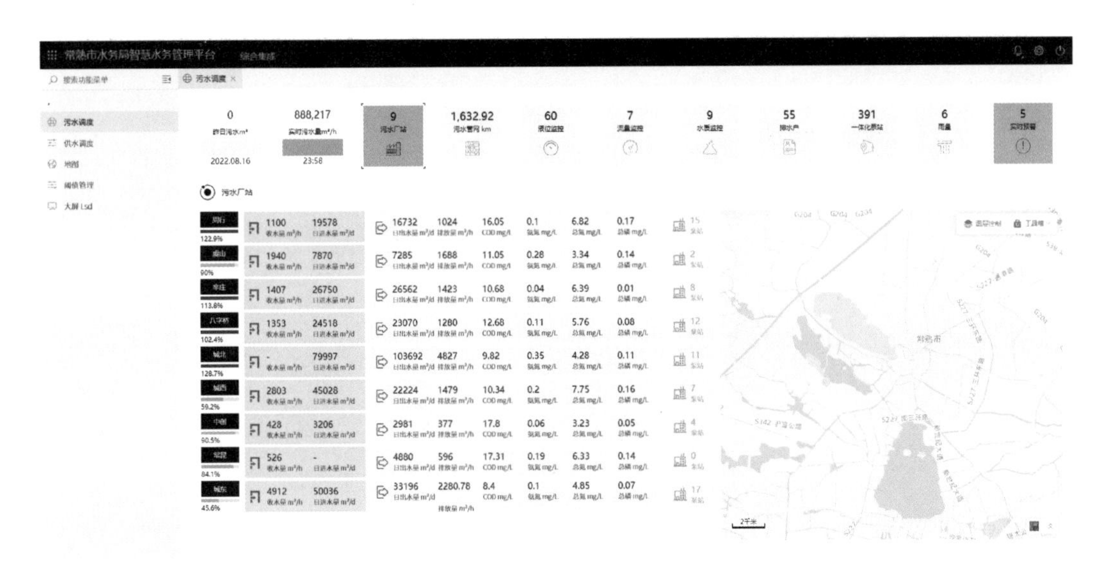

图18-4　综合集成页面

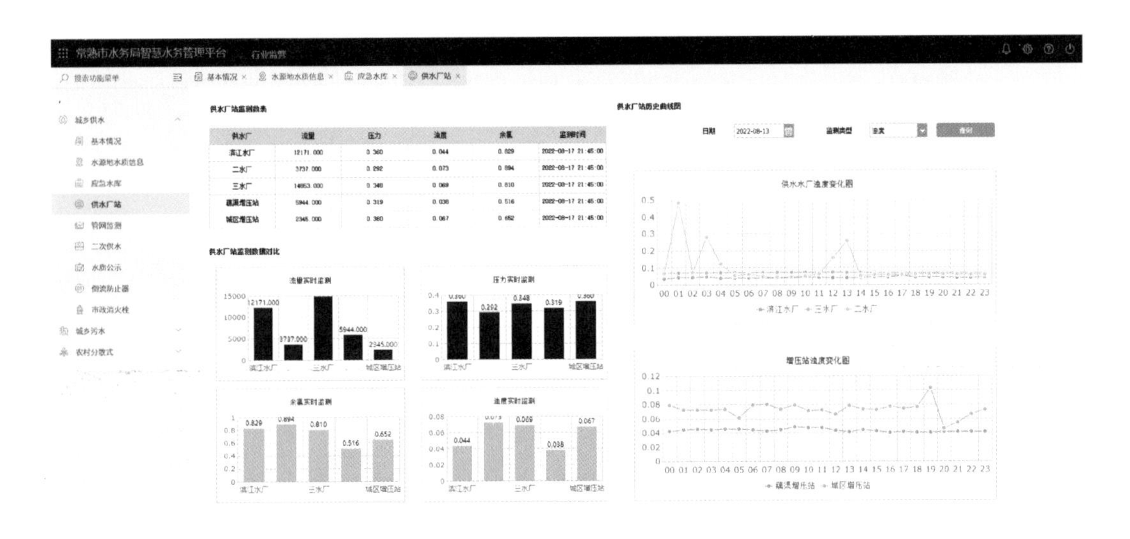

图18-5　行业监管页面

分析方面，建立了污水在线水力模型和供水排水数据分析模块。众所周知，因需要完善的管网及其他信息，污水水力模型的构建比供水水力模型复杂。此次项目中，我们不仅拥有较为完善的排水数据，还对接了供水信息系统，将供水排水数据进行结合。在区域内增加了多处液位测点来监测实际高度。利用井底高程、管线埋深、地面高程和液位信息，通过水力学计算，模拟了当前管网的液位状态，清晰且直观地展现为一幅管网纵剖面图。当然，模拟结果与实际可

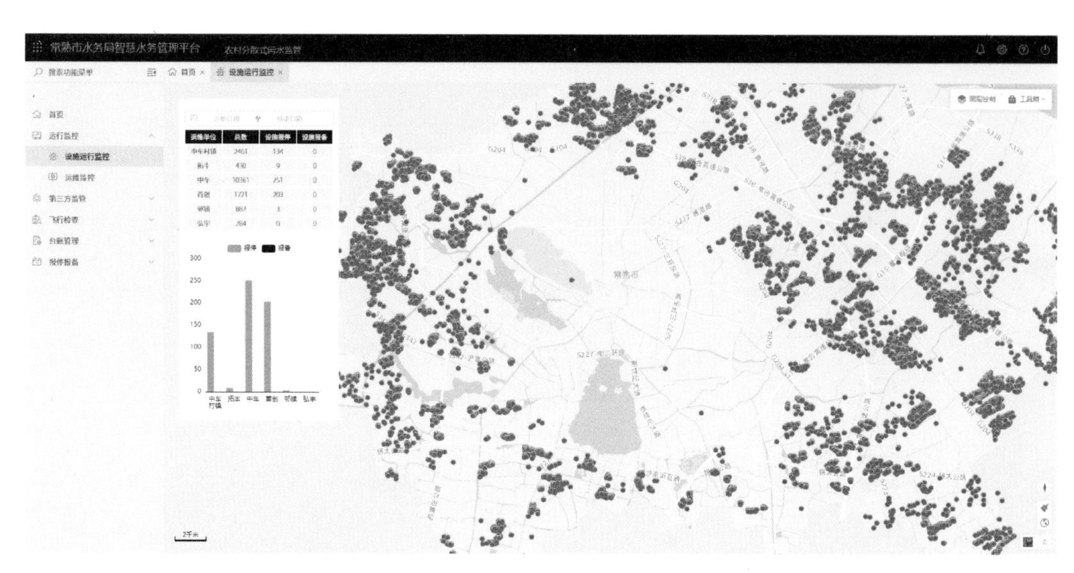

图18-6 农村分散式污水管理页面

能会存在不一致的情况，这也是系统的设计初衷之一。通过不一致现象，结合现场复勘，能够发现有价值的信息，例如GIS数据错误、格栅堵塞、外水入侵等。

供水排水数据分析模块的应用，是以设备全景数据为基础，深度挖掘潜在的数据价值，在生产运行方面创造价值，如全域数据综合关联查询、分析和展现，协助业务分析与决策，实现了用水异常分析、排水异常分析、厂站运行分析、能耗分析等。分析层面的运行示例页面如图18-7～图18-10所示。

常熟市水务局智慧水务管理平台　智慧污水业务

条件：事件编号　模糊
养护类型　等于
时间：上报时间　2022-07-18 00:00:00　至：2022-08-17 23:59:59

事件编号	养护类型	紧急程度	问题描述	收水区域	管理区域	处理状态	上报人	上报时间	发生位置	操作
YHSJ-2990	污水走水不畅	B	有垃圾堵塞	八字桥污水厂	常熟市董浜镇人民...	未处理	盛安	2022-08-17 16:29...	江苏省苏州市常熟...	明细 一键转工单 事件关闭 已处理
YHSJ-2966	污水走水不畅	A	珠海路豪盟地产马...	虞山污水厂	常熟市人民政府常...	已转工单	邦达	2022-08-04 13:45...	珠海路33号(珠海...	明细 工单详情
YHSJ-2965	污水走水不畅	A	谢桥大街今世缘门...	虞山污水厂	常熟市人民政府常...	已转工单	邦达	2022-08-04 10:22...	苏州市常熟市谢桥...	明细 工单详情
YHSJ-2964	污水走水不畅	B	谢桥大街锦江时代...	虞山污水厂	常熟市人民政府常...	已转工单	邦达	2022-08-04 10:17...	苏州市常熟市谢桥...	明细 工单详情
YHSJ-2963	井内水位偏高	B	福圩路与谢桥大街...	虞山污水厂	常熟市人民政府常...	已转工单	邦达	2022-08-04 09:26...	谢桥大街131号(常...	明细 工单详情
YHSJ-2962	污水走水不畅	A	福圩路卖鱼摊位处...	虞山污水厂	常熟市人民政府常...	已转工单	邦达	2022-08-04 09:07...	谢桥大街131号(常...	明细 工单详情
YHSJ-2957	污水走水不畅	B	忠欣路与双福路交...	虞山污水厂	常熟市人民政府常...	已转工单	邦达	2022-08-03 09:33...	苏州市常熟市双福...	明细 工单详情
YHSJ-2956	污水走水不畅	B	忠新路路灯牌026...	虞山污水厂	常熟市人民政府常...	已转工单	邦达	2022-08-03 08:53...	苏州市常熟市虞山...	明细 工单详情
YHSJ-2953	污水走水不畅	B	方圩路东民便利店...	虞山污水厂	常熟市人民政府常...	已转工单	邦达	2022-08-02 09:09...	因当前网络异常，...	明细 工单详情
YHSJ-2952	污水走水不畅	B	方圩路农村商业银...	虞山污水厂	常熟市人民政府常...	已转工单	邦达	2022-08-02 08:43...	苏州市常熟市健豪...	明细 工单详情
YHSJ-2951	污水走水不畅	B	新欣路与海虞北路...	虞山污水厂	常熟市人民政府常...	已转工单	邦达	2022-07-31 10:26...	苏州市常熟市方桥...	明细 工单详情
YHSJ-2950	污水走水不畅	B	新欣路车棚前面井...	虞山污水厂	常熟市人民政府常...	已转工单	邦达	2022-07-31 10:11...	江苏省苏州市常熟...	明细 工单详情
YHSJ-2949	井内水位偏高	B	新欣路创富针织机...	虞山污水厂	常熟市人民政府常...	已转工单	邦达	2022-07-31 09:59...	苏州市常熟市(黄...	明细 工单详情
YHSJ-2944	污水走水不畅	B	民安路路灯牌处01...	虞山污水厂	常熟市人民政府常...	已转工单	邦达	2022-07-30 10:07...	苏州市常熟市民安...	明细 工单详情
YHSJ-2943	污水走水不畅	B	国新路诚天纺织品...	虞山污水厂	常熟市人民政府常...	已转工单	邦达	2022-07-30 09:37...	苏州市常熟市二零...	明细 工单详情

显示1到15,共71条　15　第1　共5页

图18-7 智慧污水业务页面

图18-8　管道完整性评价页面

图18-9　污水在线水力模型

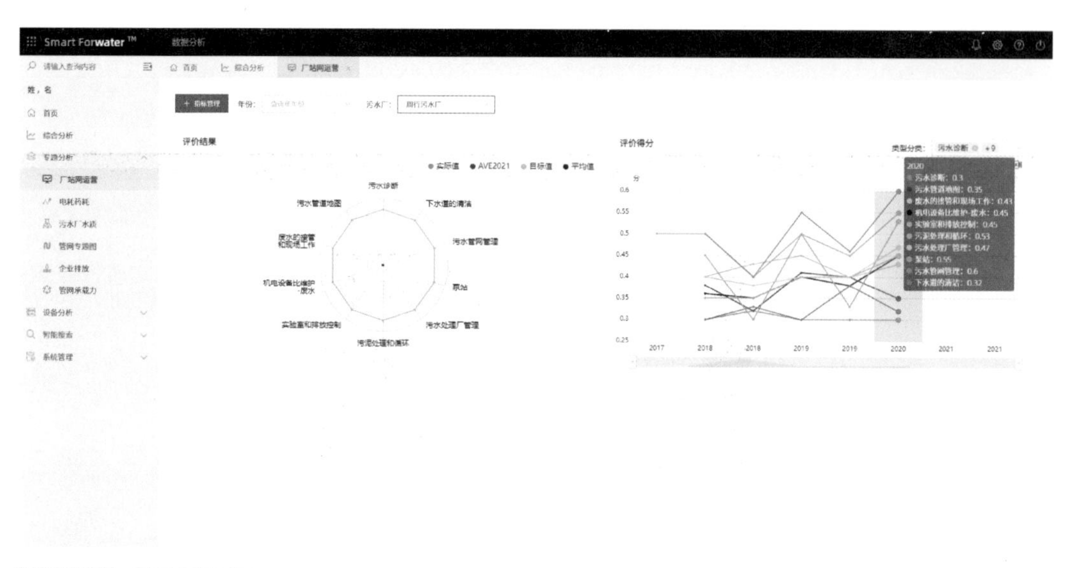

图18-10 数据分析页面

18.8 建设成效

18.8.1 投资情况

本项目建设投资结算造价2050.36万元（不含供水运营、智能消火栓等先期投入）。

18.8.2 经济效益

项目建设过程中采取多种成本控制手段，如外部数据的接入，在提升监管水平的同时显著降低项目支出，最终投资结算造价比项目预算节约了14.8%。

18.8.3 环境效益

通过本项目建设，政府对水务运营的有效监管水平得到提升。政府通过监管平台可以掌握一手运营数据，对相关单位开展工作有极大的帮助，使生态环境和居住环境持续向好，在生态环境方面，特别是水环境的水质提升和生态系统恢复方面效果明显。例如加强对农村分散式设施的监管，使得居民满意度持续提高，超过97%的居民感觉到水质有明显的改善，对农村分散式生活污水治理的支持度也不断提高。

18.8.4 管理效益

本项目运行至今，有效满足了各个层面的原始需求，达到了项目设计初衷。

1）明确监管指标，建立管理体系，使管理者在制定政策前，拥有完整的数据支撑和理论基础，有的放矢，避免朝令夕改，提升领导决策力。

2）基于实时监测数据与在线模型结果，实时掌握管网运行状态。当上下游监测设备之间的液位差增加到一定数值，系统将提示管段淤积或堵塞可能发生，有利于运维人员缩小管网排查范围，为管网安全运行助力，也能了解污水系统余量空间，优化泵站运行调度模式，保障管网安全运行，以减少溢流事件、污水冒溢情况的发生，避免影响居民的生活环境和造成河道水系的污染，提升居民满意度。

3）打通了企业与企业、政府与企业、政府与政府之间的“数据壁垒”，减少重复投资，降低项目成本，实现数据的交叉对比与分析，验证数据有效性，保障数据质量，增强政府公信力。

4）通过全链路的问题追踪，实现事件闭环；基于预定算法可以快速准确地评估设施运行状态；辅助制定合理的设施维护计划，可减少维护投入；聚焦问题根源，制定有效解决方案，从而避免人员投入和资金投入上出现浪费情况，实现降本增效，降低企业费效比。

18.9 项目经验总结

近年来，无论是常熟市还是周边，无论是大城市还是小城市，都在快速落地智慧水务项目。通过此次项目的成功实施与建成运行来看，我们认为智慧水务建设可以参考以下几条经验或建议。

1）“兵马未动，粮草先行”。在项目建设之前，需要对未来智慧水务提前规划，以实际需求为导向，制定建设路径，小步快跑，逐步加强自身信息化建设。

2）大基建、大投资固然成效能够立竿见影，但受特殊事件影响时，政府财政压力也是巨大的。水务行业收益率低，基础建设投资大，因此智慧水务建设应当竭尽所能避免浪费，通过外部数据来弥补自身缺陷，如通过测点、地形、管线数据以及在线监测数据等，优化投资内容。

3）建议以行业主管部门牵头，整合多家企业，一个平台、不同模块，通过功能权限、数据权限拆分业务流程，满足各自需要，从统一中寻求丰富与独立，有效降低建设资金压力。

业主单位：江苏中法水务股份有限公司
设计单位：江苏中法水务股份有限公司
建设单位：江苏中法水务股份有限公司
管理单位：江苏中法水务股份有限公司
案例编制人员：
江苏中法水务股份有限公司：李陆泗、王建国、龚礼明、王福忠、何通、王天元、范锦柯、乔建江、时超、李杨、吴沂、蒋一凡

附录　缩略语中文译名表

序号	外语词缩略语	外语词全称	中文译名
1	COD	chemical oxygen demand	化学需氧量
2	GPR	general-purpose register	通用寄存器
3	DFM	dynamic factor model	传统动态因子模型
4	AI	artificial intelligence	人工智能
5	PDA	personal digital assistant	个人数字助手
6	KPI	key performance indicators	关键绩效指标
7	PAC	polyaluminum chloride	聚合氯化铝
8	BIM	building information modeling	建筑信息模型
9	HACCP	hazard analysis and critical control point	危害分析及关键控制点
10	DMA	district metering area	独立计量区域
11	GIS	geographic information system	地理信息系统
12	B/S	browser/server	浏览器/服务器
13	ETL	extract-transform-load	抽取-转换-加载
14	MNF	minimum night flow	夜间最小流量
15	LMNF	lowest minimum night flow	最低可达夜间最小流量
16	PE	poly ethylene	聚乙烯
17	OPC UA	object linking and embedding for process control unified architecture	开放性生产控制和统一架构
18	CNCF	cloud native computing foundation	云原生计算基金会
19	NB	narrow band	窄波段
20	AMQP	advanced message queuing protocol	高级消息队列协议
21	MQTT	message queuing telemetry transport	消息队列遥测传输
22	SEC-MQ	security-message queuing	安全消息队列
23	NB-IoT	narrow band internet of things	窄带物联网
24	TTS	text to speech	语音合成技术
25	AR	augmented reality	增强现实

续表

序号	外语词缩略语	外语词全称	中文译名
26	VR	virtual reality	虚拟现实技术
27	CDP	chrome devtools protocol	谷歌开发者工具协议
28	EDR	event data recorder	事故数据记录器
29	VPN	virtual private network	虚拟专用网络
30	TDS	total dissolved solid	总溶解固体
31	MIS	management information system	管理信息系统
32	PVC	polyvinyl chloride	聚氯乙烯材料
33	COD_{Mn}		高锰酸盐指数
34	TOC	total organic carbon	总有机碳
35	HTTP	hypertext transfer protocol	超文本传输协议
36	IME	international mobile equipment	国际移动模组标识
37	CCID	circuit card identity	集成电路卡序号标识
38	SCADA	supervisory control and data acquisition	数据采集与监视控制系统
39	LBS	location based services	基于位置的服务
40	ERP	enterprise resource planning	企业资源计划
41	BPM	business process management	业务流程管理
42	SOA	service-oriented architecture	面向服务的体系结构
43	ESB	enterprise service bus	企业服务总线
44	EMM	enterprise mobile management	移动终端管理
45	API	application programming interface	应用程序编程接口
46	PLC	programmable logic controller	可编程序控制器
47	EMQX	erlang/enterprise/elastic MQTT broker	基于Erlang/OTP语言平台开发，支持大规模连接和分布式集群，发布订阅模式的百万级开源MQTT消息服务器
48	NAT	network address translation	网络地址转换
49	C/S	client-server	服务器-客户机
50	BFM	moving biofilm & magnetic separation	集生化处理与物化处理于一体的完整工艺系统
51	OT	operational technology	运营技术
52	CIM	city information modeling	城市信息模型
53	ETL	extract-transform-load	描述将数据从来源端经过抽取（extract）、转换（transform）、加载（load）至目的端的过程
54	CCTV	closed-circuit television	闭路电视监控系统
55	RTU	remote terminal unit	远程终端单元

续表

序号	外语词缩略语	外语词全称	中文译名
56	BOD	biochemical oxygen demand	生化需氧量
57	EIP	enterprise integration patterns	企业集成模式
58	REST	representational state transfer	表现层状态转化
59	RDS	relational database service	关系型数据库服务
60	OA	office automation	办公自动化
61	QV	pipe quick view inspection	潜望镜检测
62	PC	personal computer	个人电脑端
63	M/S	mobile/server	行动伺服器